LES

GRANDS MAITRES

DU

DIX-SEPTIÈME SIÈCLE

DEUXIÈME SÉRIE. — Format grand in-8.

LES
GRANDS MAITRES

DU

DIX-SEPTIÈME SIÈCLE

ÉTUDES LITTÉRAIRES ET DRAMATIQUES

PAR

ÉMILE FAGUET

ANCIEN ÉLÈVE DE L'ÉCOLE NORMALE SUPÉRIEURE
PROFESSEUR DE RHÉTORIQUE AU LYCÉE JANSON DE SAILLY
DOCTEUR ÈS LETTRES

—

Nouvelle édition, revue, augmentée et ornée de portraits
(reproductions du Musée de Versailles)

—

OUVRAGE ADOPTÉ
PAR LE MINISTÈRE DE L'INSTRUCTION PUBLIQUE POUR LES
BIBLIOTHÈQUES POPULAIRES ET PAR LA
VILLE DE PARIS

—➤✠←—

PARIS

H. LECÈNE ET H. OUDIN, ÉDITEURS

17, RUE BONAPARTE, 17

—

1889

A MADAME VICTOR FAGUET

TÉMOIGNAGE DE PIEUSE AFFECTION

E. F.

AVANT-PROPOS

Nous avons réuni, dans les pages qui suivent, douze études sur les écrivains du XVIIe siècle les plus grands, les plus originaux, ou les plus intéressants, à l'égard des questions littéraires que soulève l'examen de leurs écrits. Nous ne croyons pas que tout ait été dit sur ces rares et puissants esprits, et nous estimons que les chapitres d'histoire littéraire que nous présentons au public pourront avoir leur utilité pour les étudiants, et pour les simples curieux des choses de lettres.

On pourra remarquer certaine inégalité dans la longueur de ces différents articles. Nous nous sommes inquiétés en effet moins de la valeur propre de l'écrivain étudié que des questions d'esthétique, de critique, d'art dramatique, que comportait naturellement l'étude que noue faisions de lui. C'est ainsi que Boileau est étudié dans un assez grand détail parce qu'une foule de discussions littéraires ont dans son livre leur point de départ, et que ceux-là mêmes qui sont le moins de son avis sont peut-être ceux qui en parlent le plus. De là encore les développements que nous avons consacrés aux trois grands poètes dramatiques du XVIIe siècle. Nous avons cru qu'à une époque où le théâtre a si grande part aux préoccupations du public, cette préférence dût-elle être considérée comme un engoûment, les créateurs de la scène française devaient être analysés tout particulièrement, en leur conception géné rale du théâtre, en leur méthode, et, s'il se pouvait, en leurs secrets. C'est pour cela qu'à l'étude attribuée à chacun d'eux, nous avons joint une discussion portant sur celle de leurs œuvres qui marque le mieux, selon nous, le point où aboutit leur penchant propre, et le plein développement de leur génie. Nous avons cru que pour Corneille c'était Polyeucte qu'il convenait d'examiner à ce titre, pour Molière le Misanthrope, et pour Racine Athalie. Cette dernière nous a même paru être une époque si importante dans l'histoire générale de l'art dramatique, que nous y avons insisté avec un soin particulier.

Tel qu'il est, ce volume se recommande par sa sincérité et, il nous sera permis de l'ajouter, par un vif, respectueux et reconnaissant amour des lettres françaises, auxquelles nous devons les plus purs plaisirs et les plus pénétrantes consolations.

E. F.

CORNEILLE

PIERRE CORNEILLE

CORNEILLE

I

Pierre Corneille naquit à Rouen le 6 juin 1606. Il était fils d'un maître particulier des eaux et forêts, d'une famille de magistrats. On le destinait au barreau. Il fut reçu avocat en effet (18 juin 1624), et plaida mal, étant fort timide et parlant avec difficulté. Son goût et certains incidents de sa vie de jeune homme le portèrent à la poésie. A vingt-trois ans, il fit jouer à Rouen sa première pièce, *Mélite.* Dès lors, son histoire n'est presque que celle de ses ouvrages. A ce titre, elle se divise en quatre périodes.

De 1629 à 1636, Corneille est un écrivain d'un grand talent, plein d'imagination et de ressources, mais très inégal, qui compose surtout des pièces d'intrigue compliquées et qui a une préférence pour le comique. A cette période appartiennent *Mélite,* comédie (1629) ; *Clitandre,* tragi-comédie (1632) ; *la Veuve,* comédie (1633) ; *la Galerie du Palais,* comédie (1633) ; *la Suivante,* comédie (1634) ; *la Place Royale,* comédie (1634) ; *Médée,* tragédie (1635) ; *l'Illusion comique* (1636). Ces pièces furent jouées à Paris, presque toutes avec un succès retentissant. Le jeune poète, vers 1634, fut appelé par Richelieu à faire partie de la société des

« *cinq auteurs* » (L'Estoile, Boisrobert, Guillaume Colletet, Rotrou, Corneille), qui aidaient le cardinal à composer ses pièces de théâtre. Il en sortit vite, n'ayant pas, comme disait Richelieu, *l'esprit de suite*, c'est-à-dire d'obéissance,

— En 1636, Corneille donna *le Cid*, le premier chef-d'œuvre de la scène française ; puis coup sur coup les tragédies merveilleuses qui forment en ces années de pure gloire, comme un groupe majestueux : *Horace* (1640), *Cinna* (1640), *Polyeucte* (1643), *La mort de Pompée* (1643), auxquelles il faut ajouter *le Menteur*. comédie très amusante (1643), et *la Suite du Menteur*, moins agréable (1644).

— De 1645 à 1652 se succèdent un certain nombre d'œuvres estimables encore, mais de valeur très inégale : *Rodogune* (1645) ; *Théodore*, qui échoua (1645) ; *Héraclius*, qui eut un succès contesté (1647) ; *Andromède*, opéra agréable (1650) ; *Don Sanche d'Aragon*, drame romanesque, qui a des passages très brillants (1650); *Nicomède*, vrai chef-d'œuvre, très original, dans un goût tout nouveau (1651) ; *Pertharite*, tragédie curieuse, où Voltaire signale tout le sujet de l'*Andromaque* de Racine, mais qui échoua (1652).

— A partir de l'échec de *Pertharite*, Corneille garda le silence pendant sept ans. Il était de l'Académie française depuis 1647. Il était marié depuis 1641. On avait donné les lettres de noblesse à son père après le succès du *Cid* (1636). Il vivait en famille, dans la plus étroite union avec son frère Thomas Corneille, auteur dramatique aussi, et très applaudi. Il traduisait l'*Imitation de Jésus-Christ* en vers français, souvent d'une éclatante beauté (1656). En 1659, il rentra au théâtre devant une génération nouvelle de spectateurs, avec *OEdipe*, qui fut accueilli favorablement ; mais dès lors il ne compta plus guère que des échecs : *la Toison d'or* (1660), *Sertorius*, belle pièce, bien accueillie (1662), *Sophonisbe* (1663), *Othon* (1664), *Agésilas* (1666), *Attila* (1667), *Tite et Bérénice* (1670), *Pulchérie* (1672), *Suréna* (1674). Notons encore *Psyché*, tragédie-ballet, ou plutôt opéra fait en collaboration avec Molière et Quinault, où l'on trouve des morceaux délicieux, qui sont de Corneille (1671)

Après *Suréna*, dix ans de silence, d'oubli, d'obscurité, presque de pauvreté, et le jeudi 5 octobre 1684, Dangeau écrit dans son *Journal* : « On apprit à Chambord (où était la cour) la mort du bonhomme Corneille. » Il s'était éteint le 1er octobre.

II

CARACTÈRE DE CORNEILLE.

Corneille était d'une bonté et d'une douceur extraordinaires, timide et embarassé dans le monde, d'une parole basse et bégayante. Il ressemblait, disent les contemporains, à un honnête marchand plus qu'à un poète qui a vécu dans la familiarité des grands. Sa grandeur était ailleurs qu'en sa personne. Elle était dans son cœur profondément simple, généreux et tendre, dans son esprit « qu'il avait sublime », dit La Bruyère, c'est-à-dire porté au grand d'un mouvement spontané, et s'y établissant à l'aise, tant il s'y trouvait dans son naturel. Il n'a connu ni l'esprit de dépendance, ni l'aigreur dans la pauvreté, ni le dénigrement dans le succès des autres, à peine quelque jalousie de son jeune et glorieux rival, Racine, jalousie plutôt savamment cultivée par son neveu Fontenelle et la coterie de celui-ci, que développée de soi-même dans son cœur simple et candide.

Il est mort pauvre, après avoir enrichi les comédiens, tranquille du reste et sans plainte, assidu et modeste à l'Académie et « laissant ses lauriers à la porte ».

Voici le portrait qu'en traçait Racine comme académicien : « Il aimait, il cultivait les exercices de l'Académie : il y apportait surtout cet esprit de douceur, d'égalité, de déférence même si nécessaire pour entretenir l'union dans les compagnies. L'a-t-on jamais vu se préférer à aucun de ses confrères ? L'a-t-on jamais vu vouloir tirer avantage des applaudissements qu'il recevait du public ? Au contraire, après avoir paru en maître et pour ainsi dire régné sur la scène, il venait, disciple docile, chercher à s'instruire dans nos assemblées, et laissait ses *lauriers à la porte de l'Académie.* »

Ce n'est pas qu'il doutât de son génie. Il en a toujours parlé avec une mâle fierté et une généreuse franchise, bien préférable aux feintes modesties qui ne trompent personne ; toujours fidèle à son caractère qui était fait de simplicité et de générosité, de timidité et de courage, de bonhomïe et de grandeur. Tel était Pierre Corneille « surnommé *le Grand*, a dit Voltaire, pour le distinguer non de son frère, mais du reste des hommes ».

III

LA POÉTIQUE DE CORNEILLE.

Corneille n'apportait pas précisément au monde une poétique nouvelle ; il apportait un génie nouveau. Sa poétique, sa manière d'entendre la tragédie, est celle de ses prédécesseurs, élevée, agrandie, et mieux comprise par lui que par eux. Les maîtres du théâtre de 1600 à 1630 avaient un goût marqué pour l'extraordinaire et le surhumain. Le héros invraisemblable à force de vaillance, d'audace et de bonheur, est partout dans les romans du temps et dans les tragédies de du Ryer, de Scudéry et de Mairet. Même goût pour ce qui est de la constitution intérieure du drame. « La plupart de ceux qui régnent à l'hôtel de Bourgogne, dit un auteur du temps, veulent que l'on contente leurs yeux par la diversité et le changement de la scène, et que le grand nombre des accidents et des aventures leur ôte la connaissance du sujet. » Des héros surhumains et des intrigues compliquées et romanesques, voilà quelle était la poétique des prédécesseurs immédiats de Corneille.

Il ne l'écarta point ; il l'adopta, et eut même pour elle grande tendresse d'âme ; mais il l'élargit et l'épura. Il chercha les grands et beaux sujets « qui remuent fortement les passions », les actions « illustres et extraordinaires »; il y attacha des intrigues compliquées et rigoureuses à la fois, soutenant et réveillant sans cesse l'intérêt de curiosité; enfin il chercha son personnage sympathique dans l'homme énergique et indomptable, au-dessus de l'humanité, « invraisemblable », comme il le dit lui-même, et qui excite dans les âmes un « pathétique d'admiration », comme on a dit depuis lui, mais d'après lui. Ce qu'il a ajouté à ces éléments déjà accoutumés de la tragédie de son temps, c'est lui-même, son « esprit sublime », son goût pour les choses « qui étonnent, qui enlèvent, qui font frissonner » (Mme de Sévigné), son génie, pour tout dire, sa faculté de faire grand, d'où vient qu'il n'a rien inventé, et tout transfiguré.

Du *sujet extraordinaire*, qui était une loi dramatique de son temps, il a fait le *sujet héroïque*, allant chercher la matière de ses pièces dans l'extraordinaire vrai, c'est-à-dire dans l'histoire des peuples nés pour la grandeur. De là son goût pour les Romains, les Espagnols du moyen âge, les chrétiens des premiers temps. — De l'intrigue compliquée et rigoureuse, que trop souvent il a gardée telle qu'elle était chez ses rivaux, il a, souvent aussi, en ses heureuses rencontres, fait l'action serrée et vraiment forte qui « oppose l'impétuosité des passions aux lois du devoir ou aux tendresses du sang » (Corneille), et qui forme, comme on a dit tant de fois depuis, « *le conflit de la passion et du devoir* ». — Du *personnage surhumain* enfin, toujours déclamatoire et affecté chez ses contemporains, il a fait, parce que lui-même était grand, le personnage *extraordinaire qui ne se trouve pas extraordinaire lui-même*, et qui est simple dans la grandeur.

A cela se rattache la haute moralité du théâtre de Corneille. Si ses héros sont souvent au-dessus de l'humanité sans cesser d'être simples, c'est qu'ils trouvent l'héroïsme naturel, parce qu'ils l'appellent *devoir*. Le goût de l'aventureux et du brillant devient chez les héros de Corneille la passion du devoir. C'était une grandeur sans but, pour le plaisir, c'est une grandeur qui sait ce qu'elle est, ce qu'elle veut et où elle va.

Cette transformation de la poétique de son temps, il ne faut pas croire que Corneille l'ait soutenue toujours. Mais toujours il y a visé. Dans la première période de sa carrière dramatique (1629-1636), il a cherché des sujets bizarres et des intrigues infiniment complexes (*Mélite*, *Clitandre*), ou des situations étranges (*Illusion comique*), « ce monstre dramntique », comme il l'appelle, ou des forfaits épouvantables (*Médée*).

Dans la seconde période, la plus glorieuse (1636-1645), il s'est élevé de plus en plus dans le sentiment et dans la création de la grandeur vraie et simple, allant de l'héroïsme de la piété filiale (le *Cid*), à l'héroïsme du patriotisme (*Horace*), à l'héroïsme de la victoire sur soi-même (*Cinna*), à l'héroïsme enfin de la sainteté, au pur détachement, à l'immolation de tout l'être, corps et cœur, à une loi supérieure, état absolument surhumain, au delà duquel il n'y a rien (*Polyeucte*).

Plus tard, par *Pompée*, par *Nicomède*, par *Sertorius*, il est revenu à l'expression forte de la grandeur humaine, mais toujours avec quelque chose de tendu et qui sent l'effort ; et, le plus souvent, en ces années de déclin, plus tard de décadence, il est revenu à *l'extraordinaire matériel*, pour ainsi dire, aux sujets monstrueux ou bizarres (*Théodore*, *Attila*), enveloppés d'une intrigue laborieuse et quelquefois inextricable.

Il était temps alors qu'un autre tragique revînt au simple par des voies toutes différentes de celles de Corneille, comme nous le verrons, et à une simplicité d'un tout autre ordre, mais enfin à la tragédie claire et aisée en son développement, et répondant ainsi à des exigences impérieuses de l'esprit français.

IV

CORNEILLE ÉCRIVAIN.

Corneille est un écrivain très inégal. Il a écrit parfois aussi mal que personne, c'est-à-dire d'un style absolument pénible et obscur. Mais il a trouvé très souvent pour l'expression des sentiments nobles et fiers, qu'il éprouvait et qu'il prêtait à ses héros, le langage le plus mâle, le plus énergique, le plus sobre à la fois et le plus plein qui ait été parlé en France ; et les plus beaux vers qui soient partis d'une main française sont de lui.

C'est qu'en vérité c'était plutôt un génie d'orateur en vers qu'un génie d'artiste. L'orateur a besoin d'être animé et échauffé d'une passion forte. L'expression languit avec le sentiment, quand celui-ci tombe ; elle se relève et éclate en brusques et sublimes fiertés quand la passion se dresse et s'élance. Corneille ne sait pas faire un vers élégant et agréable par lui-même pour exprimer une idée ordinaire, au courant d'une scène de préparation, de transition ou de remplissage. Ceci est l'affaire de l'artiste, de l'ouvrier en vers, et qui aime le style pour le style. Mais quand l'idée est grande ou le sentiment puissant, l'expression chez Corneille vient avec eux aussi grande qu'eux et aussi forte, d'une admirable plénitude, d'un accord parfait avec la pensée, l'étreignant au plus juste, serrée et mêlée à elle, corps qui ne fait qu'un avec l'âme.

De là ces vers *bien frappés*, comme on a dit, c'est à savoir d'un relief net, vigoureux et rude, qui laisse leur empreinte profonde dans la mémoire qui les reçoit, ces vers « *cornéliens* », faits d'une idée forte s'exprimant en quelques mots simples, solidement liés ou puissamment opposés l'un à l'autre :

> J'ai fait ce que j'ai dû, je fais ce que je dois.
>
> A vaincre sans péril on triomphe sans gloire.
>
> Faites votre devoir et laissez faire aux dieux.

Peu d'images, peu de comparaisons, jamais de figures prolongées, quelquefois une métaphore sobre et grande, qui d'un trait esquisse un large tableau :

> Nouvelle dignité fatale à mon bonheur :
> PRÉCIPICE ÉLEVÉ D'OU TOMBE MON HONNEUR!

De ces quelques ressources, très restreintes, et avec le vocabulaire du temps qui était peu riche, qui avait perdu, par la faute de Malherbe et de son école, l'abondance et l'éclat du xvie siècle, et qui n'avait pas encore les habiletés et les souplesses de la fin du xviie, Corneille a créé un style, d'une originalité saisissante, qui étonne et transporte quelquefois Voltaire lui-même, si dédaigneux pour la langue cornélienne ; qui a été infiniment utile, comme Voltaire a eu la justice de le remarquer, aux prosateurs du xviie siècle ; qui, aux époques d'éclat, de richesse et d'imagination dans le style, produit encore une impression singulièrement forte de grandeur nue et austère, aux lignes nettes et graves, à ce point que, pour obtenir un succès de contraste, ou de réaction, ou de curiosité, certains se sont avisés, de nos jours, d'aller chercher dans un pastiche de Corneille une originalité pénible et laborieuse.

POLYEUCTE

I

LE DRAME RELIGIEUX.

Polyeucte est une « tragédie chrétienne », comme le portent les titres du temps. C'est un drame religieux. Le drame religieux est de toutes les époques, de toutes celles du moins où le drame a été une préoccupation populaire, intimement mêlée à la vie morale de la nation. Il en fut ainsi en Grèce, au temps d'Eschyle, de Sophocle et d'Euripide, ainsi en Espagne au temps de Cervantès, en Angleterre au temps de Marlowe et de Shakespeare, en France pendant tout le moyen âge, et, chose frappante, au XVIe siècle même, où le souci de calquer l'antiquité classique, dont ils étaient possédés, n'a pas empêché les tragiques de faire un grand nombre de tragédies chrétiennes ou bibliques.

Au XVIIe siècle, avant Corneille, le drame religieux avait été complètement mis en oubli, remplacé par le drame romanesque ou la tragédie romaine. Les contemporains de Saint-Evremond ne trouvaient tragiques que le héros espagnol, ou le Romain de convention, ou l'Alexandre légendaire. Nous avons vu que Corneille était parfaitement de son temps en cela ; mais sa conception particulière de la grandeur morale l'a amené à dépasser son époque. Étudiant sans cesse l'héroïsme sous tous ses aspects, il devait arriver à se représenter l'héroïsme absolu, celui qui sacrifie tout son être à une idée. Cet héroïsme c'est le martyre.

Chrétien lui-même, Corneille devait trouver naturel de mettre son génie au service d'une foi qu'il aimait, et de faire entrer ou rentrer la religion dans le théâtre; naïf et simple, il ne songea pas à s'inquiéter si le goût du temps pouvait répugner à ce mélange qui, grâce à l'ignorance générale, paraissait une nouveauté. Il conçut *Polyeucte* comme un drame sérieux et édifiant, comme une illustre matière surtout à étaler dans tout son jour ce que l'âme humaine, enchantée et charmée d'une passion divine, peut faire éclater de force, d'énergie morale, d'obstination au bien, de résistance invincible, de grandeur simple dans le sacrifice.

II

LA QUESTION DE LA GRACE.

Les préoccupations morales et religieuses de son temps, qui auraient peut-être détourné un autre de ce dessein, y ramenaient plutôt Corneille et y poussaient son âme candide, qui ne voyait aucun mal à mêler les affaires de la foi au drame si pur qu'il avait créé en France. Les esprits religieux étaient alors tournés vers les questions de *la Grâce divine*, cette aide et ce secours d'en haut, nécessaire, selon les chrétiens, à notre faiblesse, sans laquelle ils estiment que la volonté de bien faire est insuffisante, et qui agit aussi sur les âmes les plus perverses et les plus désespérées en apparence.

Il faut remarquer, sans sortir de la question dramatique, et au simple point de vue littéraire, que la Grâce ainsi conçue est un miracle, un miracle permanent, qui peut créer un acte sans mobile, tout au moins mettre plus d'œuvre dans l'acte qu'il n'y avait de poids dans le motif ou de force dans la volonté. Accepter cette doctrine et en faire un ressort dramatique, c'était introduire plus que le religieux dans le drame, c'était y mettre le miraculeux, ce merveilleux chrétien dont plus tard Boileau ne voudra pas. C'était, dans une œuvre qui est, en son fond, un ouvrage de logique, montrant dans le dénouement ce que contenait en germe l'exposition, faire entrer l'irrationnel et ce qui est humainement inexplicable ; c'était doubler les difficultés déjà grandes de l'entreprise.

Corneille s'inquiétait peu des obstacles. On peut croire même, non pas qu'il les méconnaissait, les *Examens* de ses pièces et ses *Discours sur le poème dramatique* sont pour prouver le contraire, mais qu'il les aimait. Ils rentraient dans son goût et de l'extraordinaire dans le sujet, et du compliqué dans l'intrigue. Il a, faisant un drame chrétien, accepté et admis tout le christianisme comme matière, comme ressort et comme couleur. Il a introduit dans sa pièce la doctrine de la grâce, et l'a fait paraître, avec intention, dès les scènes d'exposition, comme il devait la faire éclater en son dénouement.

III

L'ACTION. — LES CARACTÈRES.

Pauline, fille de Félix, a été jadis sollicitée en mariage par Sévère, chevalier romain, officier des armées impériales, et l'a aimé. Trop pauvre, le prétendant a été repoussé. Félix a été nommé par l'empereur Décius (247) gouverneur d'Arménie, et, au moment où l'action commence, Pauline vient d'épouser, par obéissance aux désirs de son père, Polyeucte, riche seigneur de cette province. Celui-ci, depuis longtemps chrétien de cœur, à peine marié, reçoit secrètement le baptême. Pauline, effrayée par un songe où elle a vu Polyeucte massacré par des meurtriers au nombre desquels était son père lui-même, se plaint de l'absence de Polyeucte et de ce qu'elle n'a pas réussi à l'empêcher de sortir du palais. Au même instant on annonce que Sévère, qu'on croyait mort, est devenu général, a été vainqueur, est le premier dans l'Empire après l'Empereur, et qu'il arrive sans doute dans le dessein d'épouser Pauline. C'est sur cette *péripétie* que la toile tombe.

Sévère est arrivé. Il apprend le mariage de Pauline, et se

désespère. Pauline, par condescendance envers son père, consent
à le voir. Ferme dans son devoir, elle impose silence aux plaintes
de Sévère et à ses propres regrets. — Cependant Polyeucte, tout
enflammé de *la Grâce* que le baptême a versée en lui, s'ouvre à
son ami Néarque du dessein où il est de briser les idoles du
temple des païens. Néarque, après quelque hésitation, se laisse
entraîner et part avec lui.

Polyeucte et Néarque ont brisé les idoles. Pauline l'apprend de
sa confidente Stratonice. Elle en frémit, mais fait taire, par devoir
conjugal, les révoltes de sa foi païenne. — Félix, qui tient à son
poste, qui redoute l'Empereur et Sévère, fait mettre immé-
diatement Néarque à mort. Quant à Polyeucte, s'il ne se rétracte
pas, Félix ne cache pas à Pauline qu'il subira le même sort. —
Pauline est désolée, mais espère fléchir le cœur de Polyeucte.

Polyeucte est en prison. Il se confirme et s'assure dans sa résolution d'accepter le martyre. — Pauline le vient supplier de
dissimuler au moins jusqu'au départ de Sévère, et de compter
ensuite sur l'indulgence de Félix.

Polyeucte s'obstine dans son dessein. Que lui importent la vie,
la puissance, les honneurs, les devoirs même envers le Prince et
envers l'Etat ? Rien ne vaut devant Dieu. — Mais Pauline, qui
l'aime, qui le lui dit avec des larmes ? — Il l'aime aussi, mais moins
que Dieu, et il espère, par le mérite de son martyre, faire tomber
sur elle la grâce divine, la convertir, l'entraîner, à sa suite, au
ciel. — Il rompt ainsi toutes les attaches qui le retiennent à la
terre, et pour mieux les briser derrière lui, il fait appeler Sévère,
et le prie d'épouser Pauline après que le martyre sera consommé.
— Restée seule avec Sévère, Pauline, sans vouloir remarquer
le secret espoir ranimé au cœur de Sévère, le supplie d'intercéder
pour Polyeucte, de le sauver : démarche digne du grand cœur de
son ancien amant. Sévère comprend cette grandeur de sentiments,
et se propose de s'en montrer digne. Il se résout à intervenir en
faveur de Polyeucte, et laisse même percer, devant son confident
Fabian, une vive estime pour ces païens persécutés et si cou
rageux.

Sévère a prié Félix en faveur de Polyeucte. Mais Félix croit à un piège du favori de l'Empereur. Il s'obstine à demander à Polyeucte une rétractation. Pauline joint ses instances à celles de Félix. Polyeucte demeure inébranlable et marche « *à la mort* », c'est-à-dire « *à la gloire* ». Pauline le suit au lieu du supplice, le voit mourir. Baptisée du sang du martyr, touchée de la grâce, elle reparaît sur la scène pour déclarer à son père qu'elle est chrétienne et veut mourir comme Néarque, comme Polyeucte :

> Je vois, je sais, je crois, je suis désabusée !

Sévère survient, accable Félix de reproches, de menaces même... Félix l'interrompt, en lui déclarant que lui aussi sent les effets de la grâce, et qu'il est chrétien. Sévère s'incline devant ces coups d'une puissance supérieure, que « *peut-être un jour il connaîtra mieux* ».

Les caractères de *Polyeucte* forment comme un degré au bas duquel est Félix, au sommet duquel est Polyeucte, et qui va de l'intérêt égoïste dans tout ce qu'il a de plus franc et de plus cru, jusqu'à l'absence complète et absolue de tout intérêt terrestre, même le plus noble. Au-dessus de tout plane *la grâce*, puissance mystérieuse qui descend où elle veut et relève ceux qu'elle touche.

Tout au bas de cette échelle de Jacob sont Stratonice et Félix. Stratonice, la confidente de Pauline, représente *le peuple*, le peuple païen, ignorant et aveugle. Créature d'instinct et de passion, elle a pour les chrétiens une haine d'autant plus violente qu'elle ne se rend pas compte de son objet. Elle vomit les injures contre cette secte abhorrée en racontant à sa maîtresse *le sacrilège* de Polyeucte et de Néarque. Elle est de ceux que même la grâce ne touche pas. On ne la verra plus dans le cours de la pièce. Il est inutile qu'elle soit mêlée à ces scènes de luttes et de dévouements sublimes, qu'elle ne comprendrait pas.

Félix, plus intelligent, est aussi bas. C'est l'ambitieux vulgaire, pâlissant au nom du prince, courbé devant le favori, prêt à tout sacrifier aux intérêts de sa place. Il ne voit que le danger qu'il court, et, pour le détourner, sacrifie tout. Signe frappant de sa bassesse, il ne comprend pas la générosité chez les autres, et la prend pour un piège. Quand Sévère le prie pour Polyeucte, il croit à une ruse, à une fourbe. — La grâce daigne le toucher à la fin, peut-être aidée d'une crainte en sens inverse de la première, que la nouvelle attitude de Sévère lui inspire.

Néarque et Sévère sont tous deux, chacun de son côté, dans les régions moyennes. Néarque, chrétien fervent, mais ayant besoin de l'entraînement d'un Polyeucte pour devenir martyr ; Sévère, honnête homme, sage, tempéré, philosophe éclairé, plein d'un grand esprit de justice et de tolérance, mais un peu froid, et ayant besoin que Pauline l'anime pour aller jusqu'au dévouement, à la générosité héroïque qui fait taire la passion et parle contre elle.

Pauline et Polyeucte sont tout au haut du degré : Pauline un peu plus bas que Polyeucte, et celui-ci lui tendant la main pour l'aider à gravir. Pauline est généreuse et héroïque du fond de l'âme ; mais elle est femme, c'est-à-dire un être chez lequel l'héroïsme est sentiment, non idée, et qui, quand il se sacrifie, se sacrifie à une personne, non à une foi, ou du moins à cette foi à cause de cette personne. L'instinct du devoir la détache de Sévère, l'attache à Polyeucte. Toutefois, elle est païenne, et désapprouve le *sacrilège* de Polyeucte. Mais Polyeucte devient si grand qu'elle est comme enflammée de l'admiration qu'il lui inspire. La contagion des grands exemples agit sur elle. L'affection l'entraîne sur les pas du martyr ; la grâce fait le reste.

Polyeucte est divin. Il est de ceux qui ont le signe d'en haut ; destiné aux folies sublimes, aux grands sacrifices, aux dévouements surhumains, il est le plus haut, du regard et du front, peut-être le plus cher, de cette famille d'hommes extraordinaires que Corneille a enfantés avec amour. Mais Corneille s'est bien gardé de lui ôter tout caractère humain. Car s'il était, dès le principe, tout au ciel, il n'aurait pas à lutter contre l'homme qui doit être en lui, et, où il n'y a pas lutte, il n'y a pas drame. Polyeucte est homme, et tout son rôle est le combat douloureux qu'il livre pour dégager, par rudes efforts et fortes secousses, l'ange qu'il veut être, de l'homme

qu'il est. On le voit d'abord si enfoncé encore dans l'amour qu'il
a pour sa femme qu'il hésite à sortir, quand, effrayée d'un songe,
elle le prie de rester près d'elle; puis, après le baptême, rêvant
un coup d'éclat qui *le force au martyre*, et l'exécutant; puis, *quand
il pourrait obtenir sa grâce*, luttant contre tout ce qui le rappelle
encore à la terre : contre les « honneurs », les « plaisirs » qui
lui livrent la guerre, « contre Félix, contre Pauline, contre lui-
même »; enfin, tout à Dieu, s'élançant, comme ravi au ciel, « dans
la mort et dans la gloire ». — Admirable conception, digne des
génies les plus élevés, les plus audacieux, les plus avides d'art
supérieur et divin, que l'humanité ait produits. Nous verrons ce
qu'une critique étroite en a pensé. Mais, tout de suite, remarquons
que même cette critique-là a été au moins étonnée de la singulière
audace de la conception de ce rôle. Voltaire, qui poursuit le mari
de Pauline de ses épigrammes comme un ennemi personnel, ne
peut s'empêcher d'écrire : « Que Polyeucte ne soit pas propre au
théâtre parce que ce personnage n'excite ni pitié ni crainte, cette
opinion est assez générale; mais il faut avouer *qu'il y a de beaux
traits* dans le rôle de Polyeucte, et *qu'il a fallu un très grand génie
pour manier un sujet si difficile.* »

IV

HISTOIRE DE POLYEUCTE DANS L'OPINION EN FRANCE

Polyeucte fut lu par Corneille à l'hôtel de Rambouillet, qui
était alors le grand « bureau d'esprit » et le temple des oracles
littéraires. La pièce fut peu goûtée. Le miraculeux étonna; le ren-
versement des idoles scandalisa. On ne dissimula pas à Corneille
que sa pièce était destinée à un échec. Encouragé d'une autre part,
il persista à la donner, et eut un grand succès. Seulement l'admiration du public se prit à un côté du drame qui n'est pas celui
que nous admirons aujourd'hui, et l'histoire de ce revirement

est importante à connaître, au moins en ses traits généraux.

Il y a deux drames dans *Polyeucte*, étroitement unis et concourant ensemble, du reste, mais dont l'un peut attirer l'attention à l'exclusion de l'autre. Il y a Pauline, partagée entre son ancien amour pour Sévère et ses devoirs d'abord, son admiration ensuite pour Polyeucte. Il y a Polyeucte partagé entre son amour pour Pauline et l'entraînement de sa foi, hésitant d'abord à recevoir le baptème, puis emporté, par son ardeur de néophyte, à un coup d'éclat, enfin rompant les attaches qui le retiennent au monde, tuant son amour en lui, s'arrachant aux bras de Pauline et se jetant aux bras de Dieu.

Deux *situations*, et deux *progressions* et *évolutions* de caractères.

C'est au drame dont le fond est Pauline que s'attacha l'estime des hommes au xviie siècle. Saint-Evremond le dit très nettement : « Ce qui eût fait un beau sermon faisait une misérable tragédie, *si les entretiens de Sévère et de Pauline*, animés d'autres sentiments et d'autres passions, n'*eussent conservé* à l'auteur la réputation *que les vertus chrétiennes de nos martyrs lui eussent fait perdre.* » Au xviiie siècle, on s'enfonça bien davantage dans cette interprétation, et Voltaire traduisit l'arrêt de Saint-Evremond en une épigramme narquoise qui renferme toute sa doctrine :

> De Polyeucte la belle âme
> Aurait faiblement attendri,
> Et les vers chrétiens qu'il déclame
> Seraient tombés dans le décri,
> N'eût été l'amour de sa femme
> Pour ce païen, son favori,
> Qui méritait bien mieux sa flamme
> Que son bon dévot de mari.

Il disait encore que la « situation piquante » de Pauline en face de Sévère était le fond de l'intérêt de l'ouvrage, et qu'il avait cru remarquer au théâtre, parmi les spectateurs, un mouvement de joie quand Polyeucte part pour briser les idoles, le parterre espérant que Polyeucte va trouver la mort dans cette entreprise et que Pauline pourra épouser Sévère. C'était, ce qui est arrivé souvent en France, juger d'une tragédie en la prenant pour une comédie. Mais enfin c'était une manière de s'intéresser à *Polyeucte*.

Au xixe siècle, après le retour aux idées religieuses qui s'est produit au commencement du siècle, et qui a été signalé et hâté par le *Génie du Christianisme*, le revirement fut complet. On s'avisa de s'apercevoir du drame dont Polyeucte lui-même est le fond, on sentit ce qu'il souffrait dans son amour, dans sa pitié pour Pauline, et l'on admira son énergie à sacrifier son cœur à son Dieu, son indomptable courage, sa sublime « *folie de la Croix* ». C'est là, en effet, qu'était le drame religieux, celui qu'avait conçu, senti et voulu Corneille. Il semble qu'on était, en se plaçant à ce point de vue, bien plus près de la vérité, et qu'on admirait le traducteur de l'*Imitation de Jésus-Christ* comme il eût voulu être admiré.

V

CONCLUSION.

Ce n'est point pourtant encore ainsi que nous interpréterons cette tragédie si profonde.

Dans l'un et dans l'autre point de vue, c'est toujours un des deux drames qu'elle contient que l'on admire aux dépens de l'autre, et il resterait encore cette imperfection qu'il y aurait deux actions différentes dans *Polyeucte*. Y en a-t-il donc vraiment deux ? Non, il n'y en a bien qu'une. Il y a deux *situations*, qui, influant l'une sur l'autre, forment une seule *action* marchant droit à son but unique. Le lien de ces deux situations et le ressort par où elles pèsent l'une sur l'autre, c'est Pauline.

C'est que l'on n'a pas compris quand on ne s'attachait qu'aux « tendres sentiments » de Sévère et de Pauline, ou quand on ne voyait dans le drame que la grande figure de Polyeucte, c'est que Pauline aime Sévère au commencement du drame, et qu'elle aime Polyeucte à la fin ; c'est que du sentiment du « *devoir* » qui l'attache à Polyeucte au début, elle passe successivement, en présence de l'héroïsme de cette grande âme, au respect, à l'estime, à l'admiration, et de l'admiration à l'amour. « *Ne désespère pas une âme qui t'adore !* » — *Et ton cœur... se figure un bonheur où je ne serais pas !* » — « *Mon Polyeucte touche à son heure dernière !* »

Madame la Dauphine montrait qu'elle n'entendait pas l'âme de Pauline quand elle disait, à ce que nous rapporte Madame de Sévigné : « Voilà pourtant la plus honnête femme du monde qui n'aime pas son mari ». Si ! Pauline aime Polyeucte, et dès lors il y a bien deux évolutions de caractères, mais il n'y a plus qu'une action. Polyeucte, par l'amour qu'il inspire à Pauline, amène Pauline au sacrifice, et par elle Sévère à la magnanimité, et par Sévère, Félix au repentir tardif; il tire tout le drame à lui, l'entraîne à son dénoucment, qui est la prosternation émue et étonnée de tous les personnages de la pièce devant la tombe ouverte d'un martyr de la foi. Voilà le drame chrétien tel que Corneille l'a sans doute conçu dans son cœur de croyant et dans son esprit de poëte.

— Mais voilà la tragédie expliquée sans qu'il soit dit un mot de la grâce, que l'on nous donnait comme un des ressorts de la pièce. — Les moyens empruntés au merveilleux ne peuvent réussir au théâtre que si tout ce qui s'explique par eux peut s'expliquer, à la rigueur, sans qu'on y ait recours. Dès que la pièce est vraisemblable au point de vue purement humain, les ressorts miraculeux s'ajoutent par surcroît, et à la raison satisfaite unissent l'imagination séduite. Celle-ci suffirait au besoin, mais la raison fait le fond solide, où il vaut mieux que le reste s'appuie. Tous les grands tragiques, ceux même qui croyaient le plus fermement au merveilleux qu'ils employaient, les anciens d'un côté, Shakespeare de l'autre, ont, d'instinct, compris cette loi.

Corneille l'a merveilleusement appliquée. Polyeucte peut au

sortir du baptême, par le seul effet d'une passion ardente qu'allume la grande pensée qu'il vient d'embrasser, avoir la vive impatience de déclarer hautement sa croyance ; il peut, les idoles brisées, échauffé par le scandale même qu'il a provoqué avoir la soif de la confession de sa foi par la mort. — Pauline peut, son époux mort sous ses yeux, entraînée par une admiration contagieuse et enflammée d'une émulation qui n'est qu'une forme de l'amour, vouloir rejoindre Polyeucte dans la tombe. — Félix peut, insulté et menacé formellement par Sévère, penche brusquement du côté où le pousse le bras toujours adoré du pouvoir, et aller à un excès d'acquiescement aux sentiments du favori, comme il donnait tout à l'heure dans un excès de complaisance à ses désirs supposés.

Et maintenant soyons chrétiens, et à toutes ces raisons humaines, ajoutons la puissance mystérieuse qui mène et ploie les volontés d'ici-bas ; nous ne serons que plus touchés et ébranlés de tout ce dont nous étions déjà convaincus.

Mais il suffit d'être critique informé et avisé pour sentir de quelle puissance est cette création incomparable, si simple que par ses moindres côtés elle séduisait déjà une époque prévenue contre l'emploi du sentiment religieux au théâtre, si savante et profonde qu'il a fallu toute la science en histoire religieuse de notre siècle pour bien pénétrer la vérité de ce grand rôle de Polyeucte, pour bien entendre que *Polyeucte* c'est l'idée chrétienne opposée à la philosophie du bon sens éclairé (Sévère), aux intérêts mondains (Félix), aux idées de famille (Pauline).

Toute une histoire de l'établissement du christianisme est dans ce drame. Par *Polyeucte* tout seul on peut apprendre que, pour s'établir, le christianisme a dû briser aux cœurs de ses disciples l'intérêt personnel, cela va de soi, et aussi les plus légitimes affections humaines, et l'idée de patrie, et la raison même. Il n'y a peut-être pas de drame qui ouvre tout autour de lui de plus profondes perspectives, et qui pénètre plus loin dans l'âme humaine.

PASCAL

Blaise Pascal

PASCAL

I

SA VIE.

Blaise Pascal naquit à Clermont-Ferrand le 19 juin 1623. Sa famille était de bonne noblesse de robe et assez riche. Son père, président à la cour des aides de Clermont, était un homme très instruit, très curieux de savoir et particulièrement de sciences mathématiques, en relation avec un grand nombre de savants du temps. Devenu veuf en 1626, il éleva son fils avec une méthode particulière, qui devait en faire, pour peu que la nature s'y prêtât, un penseur et un savant : conversations et réflexions sur les réalités qui nous entourent, *leçons de choses*, sciences naturelles, appel à l'examen personnel, éducation du jugement, enfin étude des langues anciennes. Dès que son fils avait eu huit ans (1631), M. Pascal était venu à Paris, se démettant de sa charge pour se consacrer entièrement à achever l'éducation du jeune Blaise.

Celui-ci avait une précocité extraordinaire, effrayante, maladive. A douze ans il écrivait un traité sur les sons, à seize un traité sur les sections coniques qui fut remarqué par Descartes. Sans ajouter une foi aveugle aux récits de Madame Périer (sœur de Pascal) sur la géométrie *inventée* par son frère, à qui on refusait des livres, de peur de le trop fatiguer, on voit très bien que cette enfance a été non seulement studieuse, mais enflammée de la fièvre du travail et de la soif de connaître. A vingt ans le jeune Pascal comptait parmi les savants du temps. Il découvrait une machine arithmétique, un instrument à porter les fardeaux nommé *haquet*; il donnait, dit-on, l'idée première de la presse hydraulique, faisait des travaux remarqués et suivis par toute l'Europe savante sur la pesanteur de l'air, l'équilibre des liquides, le calcul des probabilités, la cycloïde, la roulette, etc.

Cependant il était mondain et dissipé. Maître de sa fortune à vingt-cinq ans par la mort de son père, il mena pendant quelques années, tout en continuant ses travaux scientifiques, la vie d'un grand seigneur fastueux et élégant. Le monde brillant et spirituel des chevaliers de Méré, duc de Roannez, Thévenot le voyageur, l'admit et lui fit fête. Ces jeunes gens, curieux de tous les plaisirs, faisaient à Paris grande figure dans le monde, et bonne figure dans les laboratoires, s'occupaient de vers, de théâtre, de réunions, de jeu et de chimie. Le Père Rapin, dans ses Mémoires, les prend un peu pour des démons, et littéralement pour des magiciens. A cette date (vers 1650), Pascal semble même et déjà avoir eu une saison de scepticisme. Il avait un buste de Montaigne dans sa chambre, et les *Essais* étaient son livre de chevet. Le *Discours sur les passions de l'amour*, qu'on y voie une confidence de ses sentiments intimes ou une simple analyse de mondain moraliste sur un sujet indifférent (ce qui paraît plus invraisemblable), remonte à cette époque.

La *conversion* de Pascal eut lieu en 1654. Il avait toujours conservé, ce nous semble, au moins des souvenirs tendres pour la religion de son enfance. Un accident de voiture au pont de Neuilly, où il vit la mort de très près, lui fit faire de sérieuses réflexions sur la vie de dissipation qu'il menait depuis quelques années, et ces réflexions l'amenèrent ou plutôt le ramenèrent à la dévotion. Depuis ce jour-là il porta sur son corps un amulette contenant une magnifique oraison jaculatoire qui marquait pour lui le moment de son retour à Dieu : « Joie, joie ! pleurs de joie ! réconciliation totale et douce !... »

Bien des légendes littéraires se sont établies sur ce revirement dans la vie morale de Pascal. On a prétendu qu'au moment, ou à partir de l'accident de Neuilly, une crise de folie s'était déclarée chez Pascal ; qu'il avait eu des visions, qu'il croyait toujours voir un abîme ouvert à côté de sa chaise, et, sans doute, les uns estiment que c'était du côté gauche, tandis que d'autres se croient fondés à soutenir que c'était à droite. Ces légendes ne commencent à paraître que longtemps après la mort de Pascal, en plein XVIIIe siècle, et ont été répandues avec un peu trop de complaisance par les philosophes intéressés à faire croire à une faiblesse de cerveau chez l'auteur des *Pensées*. Il faut s'en défier. Sans entrer dans un détail, très intéressant du reste et qu'on pourra lire dans le *Port-Royal* de Sainte-Beuve, il suffit peut-être, pour écarter cette idée singulière d'un Pascal ne jouissant pas de la plénitude de ses facultés, de faire remarquer que l'accident de Neuilly est de 1654 et les *Provinciales* de 1656. Qu'un exalté et un déséquilibré écrive les *Pensées*, à la rigueur cela peut se soutenir ; mais les *Provinciales*, œuvre de discussion subtile, de chicane habile et retorse, de raillerie froide, d'ironie mesurée et précise, les *Provinciales*, cette bataille où tous les coups sont calculés par un tacticien de premier ordre, sont de 1656 ; elles ont été écrites par un homme qui se possède aussi pleinement que possible, et sûr de lui jusqu'à en être effrayant.

Et maintenant que l'on se borne à dire que l'accident de Neuilly ébranla fortement l'imagination de Pascal, le jeta dans la dévotion, et que, plus tard, de la dévotion Pascal poussa jusqu'à une ardeur de piété sombre et violente qui l'a épuisé et dont il est mort, non seulement cette hypothèse est acceptable, mais elle est certainement la vérité.

En effet, après l'accident de Neuilly, Pascal entre en relations avec les solitaires de Port-Royal. L'*Entretien avec M. de Saci sur Epictète et Montaigne*, qu'on trouvera dans ses œuvres complètes, est de 1655. Dès 1654 il avait fait une première « retraite » à Port-Royal-des-Champs. En 1655 il en fit une autre. Bientôt il fut presque continuellement l'hôte ou le visiteur quotidien des solitaires. Il y causait avec le grand Arnauld, Arnauld d'Andilly, Nicole, Le Maître de Saci. Il répandait, au sortir du pieux asile, les idées religieuses dans le monde. Sa conversion entraîna celle du duc de Roannez et de Domat le jurisconsulte.

L'affaire des Provinciales, qui fit alors tant de bruit, et qui va du 23 janvier 1656 au 24 mars 1657, resserra étroitement les liens qui l'unissaient à Port-Royal. A partir de 1657, sa vie est occupée par la préparation de son grand livre pour la défense de la Religion, livre qu'il n'a pas écrit, et dont les matériaux, notes, indications, plans, idées détachées, morceaux commencés, morceaux achevés, sont devenus le volume que nous appelons *les Pensées* de Pascal. Elle se passe surtout en actes de charité, en exercices de piété exaltée, macérations et véritables martyres pour ce corps épuisé et devenu si frêle : ce ne sont que ceinture à pointes de fer, cilices, etc.

En 1662, il est très faible, exténué. Une maladie nerveuse le minait ; des évanouissements fréquents le mettaient aux portes du tombeau. Il se retire d'abord chez sa sœur, puis témoigne le désir de mourir en pauvre, aux Incurables. Dans la première quinzaine d'août, il sentit que sa fin approchait, et il réclama avec insistance le viatique. Le prêtre le lui apporta en disant : « Voilà Celui que vous avez tant désiré ». Il aurait pu ajouter « et que vous servez depuis huit années avec l'énergie d'un soldat et l'abnégation d'un martyr ». Pascal mourut dans un ravissement de joie chrétienne, le 19 août 1662. Il fut enterré à Saint-Etienne-du-Mont ; il n'était âgé que de 39 ans.

II

CARACTÈRE DE PASCAL.

On voit déjà, par cette simple esquisse biographique, quel caractère, complexe et difficile à pénétrer, a été celui de Pascal. Il a étonné ses contemporains, et le jugement de la postérité hésite sur lui. Les audaces de certains passages des *Pensées* ont effrayé ses amis de Port-Royal, premiers éditeurs de ce livre étrange et profond, qui ont atténué des expressions, donné un tour plus acceptable à certaines idées, supprimé des parties entières. Tour à tour, de nos jours, on le traite comme le plus grand génie philosophique des siècles classiques et comme un cœur tourmenté et un esprit obscurci, sur les limites de l'égarement.

A le considérer en son ensemble, tantôt on se représente en lui un homme du moyen âge hanté de terreurs, ascète et mystique, sombre et désespéré, et se réfugiant, de guerre lasse avec lui-même, dans une sorte de torpeur et d'abandonnement craintif et prosterné aux mains d'un Dieu plutôt redoutable que bon. — Tantôt au contraire on pense découvrir en lui les traits d'un moderne, d'un contemporain, nerveux et ardent, curieux, intrépide à la recherche de la vérité, avide de science et, en même temps, d'un œil pénétrant et d'un cœur désabusé, sondant le vide de cette science même, la vanité des efforts pour l'atteindre, l'imbécillité de l'intelligence qui la croit saisir. — Tantôt le chrétien énergique et robuste, sûr de sa foi et l'embrassant comme la colonne inébranlable du temple, apparaît à nos yeux dans sa grandeur imposante et grave. — Tantôt nous croyons voir se dessiner à nos yeux un Montaigne, sceptique, amèrement malicieux, douloureusement ironique, un *Montaigne malade*, et qui se torture, au lieu de s'y reposer, sur « l'oreiller » du doute universel. Il ne faut pas se flatter d'arriver à une définition exacte de cette âme aux profonds replis.

On peut estimer, sans craindre de se tromper trop grossièrement, que le fond de Pascal est bien la croyance ; qu'il a été croyant de naissance, d'éducation, d'instinct intime du cœur, et peut-être sans interruption, sinon sans orage. Mais sur ce fond de foi solide, la science est venue qui l'a entraîné et agité ; la vie mondaine qui l'a dissipé un instant ; la vie de luttes et de polémique qui a laissé chez lui des traces de sophisme ; la maladie enfin qui l'a tourmenté, exalté et assombri, qui a fait de son savoir une arme à persécuter les hommes dans leurs croyances naïves et à les terrasser dans leur superbe ; de son génie oratoire, déjà un peu sophistique, une éloquence âpre, étrange, à la fois rudoyante et captieuse, curieuse des détours, des pièges et des surprises triomphantes ; de sa foi même, une religion sombre et dure, sans onction et sans sourire, qui pousse à Dieu comme une fatalité, et ouvre le ciel comme un abîme.

III

PHILOSOPHIE DE PASCAL.

La pensée de Pascal, comme il arrive toujours, a été aussi tourmentée que son caractère. Si nous essayons néanmoins de nous figurer la marche et la suite de cette pensée, le mouvement de cet esprit, et d'où il semble partir, et où il aboutit, voici ce qu'on est le plus naturellement amené à imaginer.

Quand il se met volontairement hors la foi, sans du reste perdre jamais le dessein de s'y ramener, Pascal est d'abord un pur Montaigne. Sa pensée philosophique est tout entière dans l'*Apologie de Raimond Sebond*. Se convaincre, par mille observations morales, de l'imbécillité incurable de la nature humaine, de l'impuissance de l'homme à saisir quelque vérité que ce soit pour s'y appuyer, voilà la première préoccupation, impérieuse et ardente, de son esprit. Montaigne est en lui, le remplit, le tourmente et l'anime. Les mêmes traits dont Montaigne marque la faiblesse de l'intelligence humaine reparaissent à chaque instant sous la plume de Pascal.

Montaigne dit avec ses grâces nonchalantes : «... Ce grand corps à tant de visages et de mouvements, ce furieux monstre à tant de bras et à tant de têtes, c'est toujours l'homme, faible, calamiteux et misérable... Un souffle de vent contraire, le croassement d'un vol de corbeaux, le faux pas d'un cheval, un songe, une voix, un signe, une brouée matinière suffisent à le renverser et porter par terre. Donnez-lui seulement d'un rayon de soleil par le visage, le voilà fondu et évanoui. » — Pascal s'écrie : L'esprit de ce « souverain juge du monde n'est pas si indépendant qu'il ne soit sujet à être troublé par le premier tintamarre qui se fait autour de lui. Il ne faut pas le bruit d'un canon pour empêcher ses pensées : il ne faut que le bruit d'une girouette ou d'une poulie. Ne vous étonnez pas s'il ne raisonne pas bien à présent ; une mouche bourdonne à ses oreilles ; c'en est assez pour le rendre incapable de bon conseil. Si vous voulez qu'il puisse trouver la vérité, chassez cet animal qui tient sa raison en échec... Le plaisant Dieu que voilà ! *O ridicolosissimo eroe !* »

La débilité de la raison humaine, flexible et ployable en tous sens, au gré de l'âge, de la santé, des circonstances, est signalée presque en mêmes termes dans Montaigne et dans Pascal. — Montaigne : «... N'avons-nous pas l'esprit plus éveillé, la mémoire plus prompte, le discours plus vif en santé qu'en maladie ? La joie et la gaieté ne nous font-elles pas recevoir les sujets qui se présentent à notre âme de tout autre visage que le chagrin et la mélancolie ?... » — Pascal : « Si on est trop jeune, on ne juge pas bien ; trop vieil, de même ; si on n'y songe pas assez...; si on y songe trop, on s'entête, et on s'en coiffe. Si on considère son ouvrage incontinent après l'avoir fait, on en est encore tout prévenu ; si trop longtemps après, on n'y entre plus. Aussi les tableaux... Il n'y a qu'un point indivisible qui soit le véritable lieu [pour les bien voir]. La perspective l'assigne dans l'art de la peinture. Mais dans la vérité et la morale, qui l'assignera ? »

L'impossibilité où est l'homme de trouver un fondement solide à sa certitude inspire à Montaigne une page merveilleuse de
verve : « Pour juger des apparences que nous recevons des sujets,
il nous faudrait un instrument judicatoire; pour vérifier cet instrument, il nous faut de la démonstration ; pour vérifier la démonstration, un instrument : nous voilà au rouet..... Aucune
raison ne s'établira sans une autre raison : nous voilà à reculons
jusqu'à l'infini..... Finalement il n'y a aucune constante existence,
et nous, et notre jugement, et toutes choses mortelles vont coulant et roulant sans cesse : ainsi il ne se peut établir rien de certain de l'un à l'autre, et le jugeant et le jugé étant en continuelle
mutation et branle. » — Pascal dit précisément la même chose
avec une brûlante éloquence : « Nous voguons sur un milieu
vaste, toujours incertains et flottânts, poussés d'un bout vers
l'autre. Quelque terme où nous pensions nous attacher et nous
affermir, il branle et nous quitte; et si nous le suivons, il échappe
à nos prises, nous glisse et fuit d'une fuite éternelle... Nous brû-
lons du désir de trouver une assiette ferme et une dernière base
constante pour y édifier une tour qui s'élève à l'infini ; mais tout
notre fondement craque, et la terre s'ouvre jusqu'aux abîmes. »

L'inquiétante assimilation de la vie humaine à un songe est
une pensée commune aux deux philosophes : « Nous veillons
dormant, et veillant dormons, dit Montaigne... Encore le sommeil, en sa profondeur, endort parfois les songes ; mais notre
veiller n'est jamais si éveillé qu'il purge et dissipe les rêveries. »
— « Personne n'a d'assurance... s'il veille ou s'il dort, dit
Pascal.... Qui sait si cette autre moitié de la vie où nous pen-
sons veiller n'est pas un autre sommeil, un peu différent
du premier ?... La vie est un songe, un peu moins inconstant. »

On lit, non sans trouble, dans Pascal cette théorie sur l'obéissance due aux lois, non parce qu'elles sont justes et raisonnables,
elles ne sauraient l'être étant humaines, mais parce qu'elles
existent, et qu'autant valent celles-là que d'autres. — Montaigne : « Les lois se maintiennent en crédit non parce qu'elles

sont justes, mais parce qu'elles sont lois. C'est le fondement mystique de leur autorité. »

« Plaisante justice qu'une rivière borne ! dit Pascal, vérité en deçà des Pyrénées, erreur au delà ! » — Montaigne : « Quelle bonté est-ce que je voyais hier en crédit ; et demain ne l'être plus, et que le trajet d'une rivière fait crime ? Quelle vérité est-ce que ces montagnes bornent, mensonge au monde qui se tient au delà. »

Ainsi de toutes les idées générales de Pascal. La théorie du « *divertissement* » nécessaire à l'homme, qui « *tend au repos par l'agitation* » , paraît bien originale dans les admirables pages que Pascal y consacre. Prenez garde. Elle est de Montaigne : « Ce même chatouillement et aiguisement qui se rencontre en certains plaisirs, et semble nous élever au-dessus de la santé simple et de l'indolence, cette volupté active, mouvante, et je ne sais comment cuisante et mordante, celle-là même ne vise qu'à l'indolence comme à son but. »

Les *deux infinis*, ce tableau effrayant de la petitesse et misère de l'homme perdu comme un point imperceptible entre l'infini de grandeur qu'il sent au-dessus de lui et l'infini de petitesse qu'il sent au-dessous, est un morceau que Pascal a marqué souverainement de son empreinte ; mais il n'est, comme idée générale , que le développement de la page de Montaigne. « Considérons donc pour cette heure l'homme seul, sans secours étranger... Qui lui a persuadé que ce branle admirable de la voûte céleste... ? »

Il en va de même de toutes les considérations de Pascal sur l'homme, la société, les mœurs, les lois, le monde. Il le sait, et il le dit. Il se réclame de Montaigne comme d'un maître merveilleux dans l'art de faire réfléchir l'homme sur son néant. Dès 1654, avant les *Provinciales*, il disait à M. de Saci : « Montaigne est admirable pour confondre l'orgueil de ceux qui, hors la foi, se piquent d'une véritable justice ; pour désabuser ceux qui s'attachent à leurs opinions et qui croient trouver dans les sciences des vérités inébranlables ; pour convaincre si bien la raison de son peu de lumière et de ses égarements qu'il est difficile, quand on fait un bon usage de ses principes, de trouver quelque répugnance dans les mystères. » Voilà précisément le dessein de Pascal : faire un bon usage des principes de Montaigne pour amener les âmes à ne pas trouver de répugnance aux mystères. Les *Pensées* seront l'*Apologie de Raymond Sebond* reprise, fortifiée, et prise plus au sérieux par le commentateur que par l'auteur. La pensée générale sera la même, avec plus d'énergie et de conviction dans les conclusions.

La méthode même ne sera point différente. Elle consistera presque toujours, dans Pascal comme dans Montaigne, en *digressions* et en *oppositions* (1). Tantôt opposer l'une à l'autre les doctrines extrêmes, Epictète à Montaigne, les « Pyrrhoniens » aux « dogmatiques », pour ruiner les opinions humaines les unes par les autres, et réduire l'esprit du lecteur à une douloureuse incertitude ; — tantôt, sans les opposer, courir à travers la multitude des croyances et préjugés des hommes, en les marquant vivement de ridicule, toujours en laissant supposer qu'au delà il y a une certitude où l'on pourra trouver le repos. C'est ce dernier procédé que Pascal définit lui-même ainsi : « *la digression sur chaque point qui a rapport à la fin pour la montrer toujours.* »

Le plan des *Pensées,* enfin, devait être, à bien peu près, celui de l'*Apologie de Sebond.* Tout l'effort, très méritoire, des critiques modernes dans le dessein de retrouver la suite du livre inachevé de Pascal aboutit à supposer un ouvrage qui aurait reproduit la disposition générale de l'*Apologie.* Il est fort probable qu'il en eût été ainsi en effet. Faire l'analyse complète de l'homme: le prenant « dans l'ample sein de la nature », le montrer petit, perdu, misérable, aveugle, point imperceptible dans l'infini de l'espace, moment dans l'infini du temps ; l'examinant dans la société qu'il a faite, le faire voir là encore incertain et livré au hasard, obéissant

---

(1) Voir l'article sur Montaigne dans nos *Notices littéraires sur les Auteurs français* (1885). Librairie Lecène et Oudin.

à des opinions sans fondement, à des coutumes sans raison, à des préjugés, à des mensonges et à des mines ; le considérant en soi, le montrer borné en tous sens, trompé par tout ce qui est en lui, par ses sens qui l'abusent, par ses appétits qui le poussent au bonheur pour l'amener à une pure déception, par ses sentiments qui l'aveuglent, par son imagination qui crée autour de lui un monde faux, par son intelligence incertaine et incohérente, par sa raison impuissante et ruineuse ; — en cet état, accabler d'un rude mépris « l'imbécile ver de terre » incapable de rien connaître, à commencer par lui-même, et lui crier : « Humiliez-vous, raison impuissante ; taisez-vous, nature imbécile, et entendez de votre maître votre condition véritable que vous ignorez. Écoutez Dieu ! » — Voilà, d'après toutes les apparences, la marche qu'eût suivie Pascal dans cette campagne contre l'incrédulité, contre l'orgueil, contre les vanités humaines ; contre l'homme même, au profit de l'homme ; contre la terre pour la rattacher au ciel.

C'est encore là du Montaigne, si l'on se rappelle les dernières lignes de l'*Apologie* ; mais, comme l'a dit excellemment Prévost-Paradole, un Montaigne plus touché des arguments de Montaigne que Montaigne lui-même. Ce que Pascal ajoute à son maître, c'est d'abord une force de conviction et une sincérité dans le scepticisme qui fait du scepticisme un système pour en faire une arme, une doctrine pour le rendre fécond. Le scepticisme de Montaigne « s'emporte soi-même, à savoir s'il doute » (Pascal), c'est-à-dire va jusqu'à douter du doute même, et pousse l'indifférence de toute opinion jusqu'à se trouver lui-même indifférent. Le scepticisme de Pascal déclare énergiquement qu'il faut douter, ce qui est une première affirmation, d'où il pourra arriver que d'autres sortent.

Voilà une première différence, et Montaigne déjà dépassé, ou abandonné. Il en est d'autres. Montaigne doute en souriant ; Pascal n'est sceptique, ou ne se fait tel, que pour en gémir. Il n'est pas exagéré de dire que l'imbécillité de la nature humaine amuse Montaigne ; Pascal en souffre. Montaigne trouve l'homme petit ; Pascal trouve l'homme petit et misérable. L'immense énigme de l'univers pesant sur l'homme et l'écrasant fait sourire Montaigne de la vanité de nos prétentions. Elle épouvante Pascal : « Qui se considérera de la sorte *s'effraiera* de soi-même... » — « Le silence éternel de ces espaces infinis *m'effraie*. » Dès lors l'aspect des choses change, et la tournure d'esprit de celui qui les regarde. Du pur scepticisme le pessimisme sort. Non plus seulement un grand dédain pour l'homme, mais une grande pitié et une immense douleur apparaît. Pascal voit la faiblesse des hommes, mais, derrière elle, et plus au fond du problème, il aperçoit leur incurable blessure, leur tourment éternel, la vanité de leurs plaisirs, la cruelle réalité de leur souffrance.

C'est le second pas. A ce point, et s'il y demeurait, Pascal écrirait un livre de désenchantement amer et de rude ironie, dans la manière de La Rochefoucauld. Bien souvent les *Pensées* touchent aux *Maximes*, et les unes font songer aux autres (1). Le sceptique passionné, nerveux, souffrant en son corps et blessé au cœur, prend un douloureux plaisir à faire toucher du doigt aux hommes leur secrète plaie.

Mais prenons garde. La ruine des illusions peut ne pas atteindre le fond de l'âme des hommes purs, qui est la bonté, et la croyance au mal universel peut ne pas rendre l'homme mauvais. Il est resté à Pascal la charité, qui le conduira à l'espérance et à la foi. Ces hommes qu'il trouve aveugles, ces hommes qu'il trouve mauvais, il les aime. Remarquez encore qu'il n'est ni un solitaire nonchalant, ni un grand seigneur dédaigneux. Il est homme d'action. Il a travaillé pour la science, il a rudement et violemment bataillé pour un parti. Les hommes d'action peuvent malaisément être sceptiques, ou se retrancher dans un pessimisme tout négatif. Le besoin de croire est une partie du besoin d'agir, parce qu'il en est la condition. Par charité et par

----

(1) « Plaindre les malheureux n'est pas contre la concupiscence ; au contraire : on est bien aise d'avoir à rendre témoignage d'amitié et à s'attirer la réputation de tendresse sans rien donner. » Cette *maxime* est de Pascal

instinct de créateur, Pascal reconstruit tout l'édifice qu'il a renversé d'une si rude secousse.

— Mais sur quoi? Car il n'y a plus rien. Tout est nivelé. La certitude humaine a été ruinée jusqu'à sa base, extirpée jusqu'en ses racines. — Sur nulle certitude humaine, en effet; sur la certitude divine. Quand toute voix humaine a été démontrée menteuse, il faut, si l'on veut croire, se fier à la révélation d'en haut. Quand tout se montre ruineux sur terre, il faut se fonder au ciel. Soyez chrétiens. « Ecoutez Dieu ! »

Et alors toutes les puissances de conviction, d'action, d'ardeur et d'enthousiasme de Pascal se retrouvent, et tout son scepticisme et tout son pessimisme en sont transformés en foi et en espérance. Oui, la raison humaine est impuissante à elle seule ; mais bienheureuse impuissance, puisqu'elle force l'homme à recourir à la raison suprème ! Oui, l'homme est misérable, mais glorieuse misère si elle se sent elle-même ; car avoir conscience du mal, c'est avoir désir du remède. Et dès lors qu'importe ? Ou plutôt tant mieux ! Plus l'homme pénétrera dans son ignorance, plus il se jettera d'un transport ardent à celui qui sait tout. Plus il se remplira de sa misère, plus il adorera le guérisseur. Il sera savant de toute son ignorance et fort de toute sa faiblesse. « *Cum infirmus tum potens sum.* » Plus il était bas tout à l'heure, et plus le voilà redressé, rien qu'à comprendre sa bassesse. On le dégradait tout à l'heure parce qu'il était fier d'une élévation illusoire. On le rehausse maintenant parce que la seule manière pour l'homme d'être grand est de comprendre son infirmité. « S'il s'élève, je l'abaisse ; s'il s'abaisse, je l'élève. »

Et le voilà bien tel qu'il est : « imbécile ver de terre », il est vrai, mais « juge aussi de toutes choses » ; « cloaque d'incertitude et d'erreur », mais aussi « dépositaire du vrai » ; « rebut de l'univers », mais aussi il en est « la gloire ». — Qu'il aille maintenant, savant de la connaissance qu'il a de son ignorance, fort du sentiment qu'il a de son néant ; heureux, car le bonheur n'est ni en nous, comme le croient les stoïques, ni hors de nous,

comme les mondains le veulent croire ; il est « hors de nous et
en nous » à la fois : il « est en Dieu ! »

À cette hauteur, à ce point de communion intime et sûre entre
la créature et le créateur, le sceptique et le pessimiste ont disparu,
et non seulement l'homme de charité et d'amour, l'apôtre éloquent,
mais le grand poète lyrique apparaît et éclate. Un dialogue sublime
s'établit entre l'homme et Dieu *(Mystère de Jésus)* : « Je pensais
à toi dans mon agonie, j'ai versé telles gouttes de mon sang pour
toi (1)... Veux-tu qu'il me coûte toujours du sang de mon humanité, sans que tu donnes des larmes ?... Les médecins ne te guéri-
ront pas, car tu mourras à la fin. C'est moi qui guéris, et rends
le corps immortel.... Qu'à moi en soit la gloire et non à toi, ver
et terre. »

Le chemin est parcouru. Des inquiétudes du scepticisme, des
tristesses de la désespérance, l'homme d'action et d'amour s'est
élancé aux plus purs sommets. Les avait-il vraiment quittés ?
Non, car, dans une pareille nature, si ardente et insatiable de
vrai et de bien, s'acharner à douter de tout n'allait pas sans cette
réserve et cette espérance que quelqu'un existe, qui sait ; trouver
le monde mauvais était un chemin à chercher le réparateur, et
déjà une clarté pour l'entrevoir. Le dernier mot de Pascal, qui
résout ses contradictions apparentes ou volontaires, et fait voir
d'un seul regard tous les points de sa doctrine, est encore dans
le *Mystère de Jésus.* Au milieu de ses alarmes Dieu lui a dit :
« Console-toi : *tu ne me chercherais pas, si tu ne m'avais déjà trouvé.* »

Tel est cet homme si grand, qui a vécu comme un ouvrier de
la science, puis comme un soldat de Dieu, et est mort comme
un martyr. Il a eu la soif du vrai jusqu'à en avoir la fièvre. Il a
tout ignoré de ce qui est bas, et même de ce qui est simple. Il
n'a jamais eu une pensée intéressée dans toute sa vie, et n'a pas
même su ce que ce pouvait être. Ses colères, et ses audaces, et

---

(1) Cf. dans le *Faust* de Marlowe : « Voyez ! le sang du Christ ruisselle à
plein ciel : une goutte de ce sang me sauverait. O mon Christ ! »

ses désespoirs avaient leur principe, leur excuse et leur récompense dans une grande cause ardemment servie. Il peut étonner les timides et effrayer les cœurs simples. Nous croyons peu aux victoires qu'il a pu remporter sur les esprits intraitables et les cœurs orgueilleux, qui étaient l'objet de son argumentation et de ses ardents appels. Un saint François de Sales exerce plus de séductions qu'un Pascal ne fait de conquêtes. Mais chacun sert sa foi avec sa complexion et son naturel, et ceux-là sont les plus vénérables, sinon les plus utiles, qui la servent avec une âpreté fiévreuse dont ils sont les premiers à souffrir, et « qui cherchent en gémissant ».

IV

PASCAL ÉCRIVAIN.

Pascal est le véritable créateur de la prose classique française, comme Corneille est le véritable créateur du vers classique français.

Avant Pascal, Balzac, avant Corneille, Malherbe, ont été des initiateurs très judicieux, très heureux souvent, préparant les grands écrivains et leur permettant de naître. Avant ceux-ci, le quinzième et surtout le seizième siècle ont eu des prosateurs et des poètes de génie dans une langue incertaine, qu'ils créaient à mesure qu'ils s'en servaient, qui n'était pas fixée encore et destinée à demeurer le patrimoine commun des générations suivantes. La langue, telle qu'on peut la parler et telle qu'on devrait l'écrire, deux siècles et demi écoulés, est celle qui vient au jour avec le *Cid* pour ce qui est de la poésie, avec les *Provinciales* pour ce qui est de la prose. Il faut faire remonter à cette date, comme l'a dit Voltaire avec sa netteté un peu impérieuse, la naissance de la langue classique. Cela est vrai parce que cette langue est claire, forte, courte en son tour, d'un relief arrêté et vigoureux, défini-

vement dégagée du latin, tant comme expression que comme
allure ; cela est vrai surtout pour Corneille et pour Pascal, parce
que cette langue est infiniment souple et variée. La langue des Malherbe et des Balzac est bonne, mais coulée dans un moule uniforme.
La langue des Montaigne et des Ronsard est variée et souple,
mais traînante. La force de l'expression, la souplesse et la variété,
la rigueur et la brièveté d'une phrase sûre et réglée dans sa
marche, l'union de ces qualités diverses, c'est la langue classique
française, et c'est l'invention de Corneille et de Pascal.

Comme qualités particulières, Pascal a l'énergie concise de
l'expression qui frappe comme une arme ou luit comme un éclair,
l'élan brusque et fier du tour, une étonnante imagination dans
quelques mots très simples simplement unis (« le silence éternel
de ces espaces infinis m'effraie » ; « l'homme est un roseau
pensant » ; « la terre, ce raccourci d'atome ») ; il a la vigueur
de l'éloquence dans la démonstration la plus rigoureuse, ou,
comme a dit Victor Cousin, « la géométrie enflammée : » enfin,
dans les *Provinciales* et dans les *Pensées* même, nous rencontrons
une puissance incroyable d'ironie, qui glisse et coule un trait
effilé et aigu dans la phrase la plus unie et la plus simple, qui
donne une valeur extraordinaire à un mot jeté avec une appa-
rente négligence, qui court et serpente dans le tissu du discours sans l'interrompre, le charger ou y laisser un pli, toujours
sentie pourtant et inquiétante, pour éclater enfin dans toute la
fougue emportée et le transport enivrant d'une imprécation et
d'une victoire.

LA ROCHEFOUCAULD

FRANÇOIS DE LA ROCHEFOUCAULD

LA ROCHEFOUCAULD

I

SA VIE.

François VI, duc de La Rochefoucauld, prince de Marsillac, naquit à Paris le 15 septembre 1613. Il appartenait à une des plus grandes familles du royaume. Il parut à la cour à l'âge de seize ans, brillant, spirituel, aventureux, le modèle même de la jeunesse ardente, batailleuse, romanesque du temps de Louis XIII. Son héros, à cette époque, semble avoir été le hasardeux et hardi Buckingham. Il eut des projets et des coups de tête qui sont d'un héros de roman de cape et d'épée, le dessein, par exemple, d'enlever la Reine et de l'amener à Bruxelles pour y former autour d'elle un parti contre Richelieu : « Quelque difficulté et quelque péril qui me parussent dans un tel projet, dit-il dans ses Mémoires, je puis assurer qu'il me donna plus de joie que je n'en avais eu de ma vie. J'étais dans un âge où l'on aime à faire des choses extraordinaires et éclatantes, et je ne trouvais pas que rien le fût davantage. »

Compromis dans un complot dont Madame de Chevreuse était l'âme, il eut huit jours de Bastille et trois ans d'exil à Verteuil 1639-1642). Il s'était marié en 1628 avec Andrée de Vivonne. Il vécut de la vie de famille, dont il savait s'accommoder, en attendant l'occasion d'aventures nouvelles. Elle se présente avec la Fronde, en 1648. Il se jeta avec ardeur dans cette affaire, moitié ambition, moitié humeur et désir de plaire à ceux qu'il aimait. Il y joua un rôle à la fois brillant et bizarre, comme tous les hommes d'imagination égarés dans l'action. Le cardinal de Retz, qui le vit à l'œuvre en ce temps, dit de lui en souvenir de ce qu'il s'y montra : « Il y a eu toujours du *je ne sais quoi* dans M. de La Rochefoucauld. » Au combat de la Porte-Saint-Antoine (1652), il fut blessé d'un coup de mousquet, qui, pour un temps, le priva de la vue. Sa vie active était finie.

Goutteux, les yeux affaiblis, toujours valétudinaire, supportant ses infirmités avec un chagrin dédaigneux, disant à ce propos : « C'est une ennuyeuse infirmité que de conserver sa santé par un trop grand régime », il se confina chez lui, dans une société choisie et restreinte de personnes de grand esprit : M. l'abbé de la Victoire, M. le cardinal de Retz, M. Esprit, Madame de Sablé, Madame de La Fayette, Madame de Sévigné. Là furent écrits, soumis au jugement d'esprits judicieux et raffinés, discutés, remaniés, amenés à leur perfection, quelques rares et excellents écrits, les *Mémoires* de M. de La Rochefoucauld, qui parurent en 1662, et les immortelles *Maximes* (1665). La pensée, non d'une époque, mais d'un groupe d'élite, un peu séparé de son époque et un peu dédaigneux d'elle, est dans ces pages hautaines et exquises. Il vieillissait, chéri et soutenu par d'illustres et touchantes amitiés, à l'écart sans hostilité, ses fils servant avec distinction et très aimés du roi, lui-même honoré comme un grand nom de France noblement porté, appelé et retenu à Versailles assez souvent, revenant à son hôtel de Liancourt avec joie.

Il eut de rudes afflictions dans ses dernières années. Deux de ses fils étaient au *passage du Rhin* (1672) et avec eux le jeune Longueville, qu'il chérissait. Longueville fut tué, un des La Rochefoucauld tué, l'autre blessé. Le vieux duc mourut lentement, « s'approchant de telle sorte de ses derniers moments qu'ils n'eurent rien de nouveau ni d'étrange pour lui (Madame de

Sévigné). « Il y a deux choses, avait-il dit, qu'on ne saurait regarder fixement, le soleil et la mort. » Il semble avoir regardé la mort en face, et n'en avoir pas été troublé. Aux derniers moments Bossuet l'assista. Il s'éteignit le 17 mars 1680.

II

SON CARACTÈRE.

La Rochefoucauld est un cœur haut, un génie pénétrant et une humeur inquiète. Sa vie s'explique par ces caractères divers de son âme. A l'âge de l'action, il a été romanesque, entreprenant, avec un « je ne sais quoi » d'agité, de fiévreux et de dégoûté, « faisant tous les matins une brouillerie et tous les soirs un rhabillement » (Comte de Matha); « jamais guerrier, quoique très soldat ; jamais bon courtisan, quoique ayant toujours bonne intention de l'être ; jamais homme de parti, quoique toute sa vie y ait été engagée » (de Retz). C'est que son humeur le poussait à agir, sa prompte connaissance des hommes à s'en détacher, son mépris à les confondre, pour se reprendre le lendemain à se rengager parmi eux.

Tout cela fait un homme d'action qui entreprend toujours, n'achève jamais, et recommence sans cesse, jusqu'à ce que l'âge vienne, qui apaise et épure tout. Timide avec cela, comme tous ceux qui ont plus d'orgueil que de vanité. Il ne pouvait se résoudre à parler devant un public nombreux, et l'obligation du discours de réception l'empêcha, dit-on, de se laisser porter à l'Académie. En vieillissant, l'inquiétude d'esprit s'effaça d'elle-même Il resta un dégoûté très clairvoyant, triste, comme tous ceux que leur carac-tère a empêchés de donner la mesure de leur intelligence, trop superbe pour se plaindre et pour se consoler de la fortune par en médire, ayant assez pratiqué les hommes pour les bien connaître, trop détaché d'eux pour les haïr, s'y intéressant assez encore pour les mépriser ; Alceste à demi dans le désert, assez près des humains encore pour en sentir l'approche et pour se complaire à les avoir fuis.

Très bon du reste pour les rares élus de son cœur, comme tous les pessimistes qui ne sont pas de simples méchants, ramassant sur quelques personnes chères ce besoin d'aimer qui est le fond même de l'amertume des misanthropes, exquis pour ces personnes-là en proportion de ses répulsions à l'endroit des autres, et chéri d'elles. « Je l'ai vu pleurer la mort de sa mère, dit Madame de Sévigné, avec une tendresse qui me le faisait adorer. » — « Il y a un homme dans le monde, dit-elle encore à propos de la mort du jeune Longueville, qui n'est guère moins touché [que Madame de Longueville]: j'ai dans la tête que s'ils s'étaient rencontrés tous les deux dans ces premiers moments, et qu'il n'y eût eu que le chat avec eux, tous les autres sentiments auraient fait place à des cris et à des larmes, qu'on aurait redoublés de bon cœur. C'est une vision... » — « Je vous conseille d'écrire à M. de La Rochefoucauld sur la mort de son fils le chevalier et sur la blessure de son autre fils M. de Marsillac. J'ai vu son cœur à découvert dans cette cruelle aventure; il est au premier rang ce que j'ai jamais vu de courage, de mérite, de tendresse et de raison. »

Grand cœur aigri sans être gâté. Il est un âge où il faut que le cœur « se brise, ou se bronze » (1), ou se corrompe. Le cœur de La Rochefoucauld était trop noble pour se gâter ou s'endurcir, trop vigoureux pour se rompre. Il s'est élevé pour se garantir, s'est réfugié dans le sanctuaire altier et peu accessible de quelques affections nobles, éprouvées et fidèles; et de là, le sage sans illusion, par une dernière faiblesse, dont nous ne saurions nous plaindre, a laissé tomber sur le reste des hommes quelques regards perçants, et quelques jugements pleins d'un hautain et savant mépris.

---

(1) Chamfort.

III

LA PHILOSOPHIE DE LA ROCHEFOUCAULD.

La Rochefoucauld est un *pessimiste*. D'une manière générale on appelle pessimistes ceux qui voient le monde en laid. Il s'ensuit qu'il y a diverses formes, et très différentes, de pessimisme. Il y a le pessimisme chrétien, celui de Pascal, qui est une méthode plus encore qu'un sentiment, et qui consiste, en étalant à l'homme toute sa misère, à confondre son orgueil et à le plier aux pieds de Dieu.

Il y a le pessimisme philosophique, qui est un *système*, et qui consiste, en montrant à l'homme son malheur et son abjection tenus pour irréparables, à combattre en lui le goût de vivre, considéré comme une erreur.

Il y a le pessimisme qui n'est qu'un mouvement de mauvaise humeur et d'amertume passagère, dont sont capables les hommes les plus épris de vie et d'action ; c'est celui de Voltaire dans *Candide :* on peut le considérer comme une crise et un malaise, précieux au point de vue de l'art, d'un grand esprit.

Il y a le pessimisme artistique et poétique, dérivant, à coup sûr, d'un fond de chagrin et d'une blessure secrète, sans quoi il aurait un air faux qui sauterait à tous les yeux, mais cependant caressé dans le cœur de l'artiste bien moins comme un mal intime que comme une riche matière à brillantes lamentations et à beaux désespoirs: c'est celui de plusieurs poètes modernes.

Le pessimisme de La Rochefoucauld n'a rien de systématique, presque rien d'artistique, rien de passager et superficiel ; il faut ajouter, rien de chrétien. C'est un pessimisme de grand seigneur beaucoup plus dédaigneux qu'amer, qui ne cherche pas à conclure, qui ne s'enquiert pas de l'utilité dont il peut être, qui ne se soucie même pas d'être logique jusqu'au bout, encore qu'il soit très lié et d'une structure solide ; c'est le pessimisme très tranquille et très peu ambitieux d'un homme qui trouve mauvais les hommes et qui juge intéressant de le leur dire, de loin, dans tout le détail. On ne trouve chez lui ni les révoltes et les indignations de La Bruyère, ni les brusques incartades d'Alceste. Il ne se fâche pas ; il constate, avec un sourire triste et une moue grave. Il est si peu indigné qu'il n'est pas éloquent, avec toute l'imagination qu'il faut pour l'être. Il est bien plus misanthrope qu'Alceste ; il l'est comme un Philinte vieilli, retiré, ne se souciant plus d'aller dans le monde promener ses railleries déguisées en compliments, conservant son « flegme philosophe » et son tranquille mépris des hommes, et n'aimant plus qu'Eliante.

Ce pessimisme, avons-nous dit, n'est point systématique ; mais il est bien lié et bien construit. Nous entendons par là qu'il est méthodique. La Rochefoucauld a une idée d'ensemble sur l'humanité, et une méthode pour ramener toutes les notions et observations de détail à cette idée. Son idée générale est que l'homme n'est guidé que par l'intérêt ; que « l'amour-propre » [amour de soi] est le mobile de tout ; que « toutes les vertus vont se perdre dans l'intérêt comme les fleuves dans la mer ». — « Il n'y a qu'une vérité dans ce livre », dit Voltaire. C'est celle-là. Cette idée d'ensemble, on sent assez que La Rochefoucauld n'y est arrivé *qu'à la suite* de toutes les observations qu'il a faites sur le monde. Ce n'est pas une idée *a priori*, c'est une conclusion. Mais, une fois qu'il est en possession de cette pensée générale, pour l'exposer dans son jour, il revient en arrière sur toutes les observations qu'il a faites, et examine si chacune ne se ramène point à son jugement universel ; et c'est ici que la *méthode* intervient, très sûre, très constante, toujours fidèle à elle-même et uniforme.

Cette méthode consiste en ceci : *dissoudre chaque vertu dans les passions qui l'avoisinent ;* montrer de chacune qu'elle est tout près de tel vice, de tel défaut, de tel mobile intéressé, qu'elle se confond, dans la pratique, avec lui, et que c'est par une erreur ou un prestige de notre vanité, que nous lui donnons son nom de vertu, au lieu du nom du vice voisin, son frère ou son père. « Ce que nous prenons pour des vertus n'est souvent qu'un assemblage de divers intérêts que la fortune ou notre industrie savent arranger. » — Par exemple, nous croyons à la clémence « dont on fait une vertu ». Elle est peut-être, de soi, une vertu en effet. Mais elle « *se pratique* tantôt par vanité, quelquefois par paresse, souvent par crainte, presque toujours par tous les trois ensemble ». Voilà la clémence non pas niée formellement, mais chaque acte de clémence dissous dans l'un des trois vices qui peuvent y contribuer, ou dans les trois à la fois, et s'y « perdant », comme « un fleuve dans la mer ».

Nous admirons le mépris des richesses. D'accord. Mais examinons les contempteurs de la fortune. L'un n'obéit-il pas » au désir caché de venger son métier de l'injustice de la fortune par le mépris des mêmes biens dont elle le prive ? » Orgueil. — L'autre n'a-t-il pas là « un secret pour se garantir de l'avilissement de la pauvreté ? » Adresse. — L'autre ne prend-il pas là « un chemin détourné pour aller à la considération qu'il ne peut avoir par les richesses ? » Ambition. — Voilà la vertu stoïque ramenée soit à l'ambition, soit à la vanité, soit à une simple habileté de conduite.

La modération est une belle chose. Mais les modérés, pourquoi le sont-ils ? par « crainte de tomber dans l'envie » : prudence — ; par « vaine ostentation de la force de leur esprit » : vanité — ; par « désir de paraître plus grands que leur fortune » : orgueil. — Ainsi de suite. Chaque vertu humaine est montrée, comme elle est dans le train des choses, accompagnée de tous les défauts qui ont accoutumé de la précéder ou de la suivre, et est malignement enveloppée et confondue dans son cortège ; jusqu'à ce que l'auteur arrive à ce résumé de sa pensée : « Les vices entrent dans la composition des vertus, comme les poisons entrent dans la composition des remèdes. La prudence les assemble et les tempère, et s'en sert utilement contre les maux de la vie. »

Cette méthode en notre main, nous pourrions reconstruire tout La Rochefoucauld, moins le tour et le style. Que pense-t-il du courage ? Il suffit de se demander de quoi le courage est d'ordinaire accompagné. Il s'accompagne à l'ordinaire de vanité, de plaisir à paraître brave aux yeux des hommes..... Et il n'est que cela, dit La Rochefoucauld. La valeur consisterait « à faire sans témoin ce qu'on est capable de faire devant tout le monde ». — Que dirons-nous de la fermeté d'âme, de la constance à supporter le malheur?... Quel est le défaut voisin? C'est la fausse constance, l'hypocrisie de stoïcien qui souffre et dit que la douleur n'est point un mal. La Rochefoucauld : « La constance des sages n'est que l'art de renfermer leur agitation dans leur cœur. » — Quel est le mobile intéressé qui se déguise en sincérité? C'est cette adresse qui provoque la confiance des autres en leur en donnant l'exemple. La Rochefoucauld : « La sincérité n'est d'ordinaire qu'une fine dissimulation pour attirer la confiance des autres. » — De quels sentiments l'amitié est-elle souvent accompagnée? D'un désir d'échange de bons procédés où l'on se flatte de recevoir plus qu'on ne donnera. La Rochefoucauld : « Ce que les hommes ont nommé amitié n'est qu'une société, un ménagement réciproque d'intérêts, un échange de bons offices ; ce n'est enfin qu'un commerce où l'amour-propre [amour de soi] se propose toujours quelque chose à gagner. » — A côté de l'instinct de justice que nous sentons en nous, n'apercevons-nous pas un certain désir de n'être point lésé et une crainte de l'être ? C'est ce désir et cette crainte qui pour La Rochefoucauld sont tout l'amour de la justice. « L'amour de la justice n'est le plus souvent qu'une vive appréhension qu'on ne nous ôte ce qui nous appartient ; *de là vient* cette considération et ce respect pour les intérêts du prochain, et cette scrupuleuse application à ne lui faire aucun préjudice. » — « On blâme l'injustice, non point par l'aversion que l'on a pour elle, mais pour le préjudice que l'on reçoit. »

Ainsi va La Rochefoucauld, ôtant le masque à toutes les fausses vertus, peut-être aussi en mettant un aux véritables.

Que devient l'homme dans une conception de ce genre? Un être misérable sans doute, et vil, mais surtout faux, et c'est où la pensée de La Rochefoucauld se ramène sans cesse. L'homme se trompe lui-même éternellement, égaré par ce subtil conducteur qui est l'amour-propre. Il se croit parfait : « Nous n'avons pas le courage de dire en général que nous n'avons point de défauts, et que nos ennemis n'ont point de bonnes qualités ; mais en détail nous ne sommes pas trop éloignés de le croire. » — Il ne doute jamais de son intelligence. « Tout le monde se plaint de sa mémoire, et personne de son jugement. » — Il se croit toujours supérieur à autrui, même à ses amis, même à ceux dont il sollicite la direction : « Celui qui demande un conseil paraît avoir une déférence respectueuse pour les sentiments de son ami, bien qu'il ne pense qu'à lui faire approuver les siens. » — Il se plaît à être trompé par les autres en profitant de leur ignorance pour être admiré d'eux, dégoûté d'eux dès qu'il en est trop connu pour en être loué. De là son humeur changeante : « Ce qui nous fait aimer les nouvelles connaissances n'est pas tant la lassitude que nous avons des vieilles, ou le plaisir de changer, que le dégoût de n'être pas assez admirés de ceux qui nous connaissent trop, et l'espérance de l'être davantage de ceux qui ne nous connaissent pas tant. » — Il s'aime tout entier d'un amour sans borne. Il aime ses défauts : « Nous essayons de nous faire honneur des défauts que nous ne voulons pas corriger. » — Il aime ses malheurs et y trouve une gloire : » « Ceux qui croient avoir du mérite se font un honneur d'être malheureux pour persuader aux autres et à eux-mêmes qu'ils sont dignes d'être en butte à la fortune. » — Il médit de lui-même plutôt que de s'oublier : « On aime mieux dire du mal de soi-même que de n'en point parler. »

Si l'homme est ainsi, que sera la société ? Comme se tromper soi-même est tout l'homme, se tromper les uns les autres, c'est toute la société. Le mensonge est roi du monde. La *coutume* (voir Montaigne et Pascal) est une convention, un préjugé, une illusion, qui mène les hommes. Elle leur donne jusqu'à leurs sentiments les plus intimes : « Il y a des gens qui n'auraient jamais été amoureux s'ils n'avaient jamais entendu parler de l'amour. » Les hommes ont inventé des mensonges d'extérieur pour s'en imposer les uns aux autres : « La gravité est un mystère

du corps inventé pour cacher les défauts de l'esprit. » — « Dans
toutes les professions, chacun affecte une mine et un extérieur
pour paraître ce qu'il veut qu'on le croie. Ainsi on peut dire
que le monde n'est composé que de mines. » — On a imaginé
une « fausse monnaie » qui est la flatterie « et qui n'a cours que
par la vanité ». — Et c'est sur tous ces mensonges que la société
repose et subsiste : « Les hommes ne vivraient pas longtemps en
société s'ils n'étaient les dupes les uns des autres. »

Ce pessimisme si tranchant est-il absolu ? Non pas complètement, et on l'a trop dit et trop cru. La méthode de La Rochefoucauld est rigoureuse, mais il n'est pas pour cela un systématique, et ne se pique pas de s'enfermer dans une pensée
inflexible. On a supposé un peu légèrement que les formules
dont il use sans cesse : « *le plus souvent, d'ordinaire, généralement,
presque tous, presque toujours* », n'étaient que des ménagements
de convenance. Il est trop hautain, pour s'être imposé ces
tempéraments par simple courtoisie ou indulgence. Il les prodigue parce qu'il croit en effet que la vertu pure existe, mais
qu'elle est infiniment rare. La preuve en est que, ces formules
il les retranche quelquefois, ce qui laisse à croire qu'il y attache
importance là où il les met : « L'esprit est *toujours* la dupe du
cœur. » — La preuve en est encore qu'il est affirmatif, très
rarement, mais quelquefois, dans un sens favorable : « La sincérité
est une ouverture du cœur. On la trouve en fort peu de gens,
et celle qu'on voit d'ordinaire n'est qu'une fine dissimulation
pour attirer la confiance des autres. » Ne faut-il pas traduire :
La sincérité existe. Il y en a une vraie, qui est une expansion
naturelle de l'âme. Il y en a une fausse. La fausse est celle de
tout le monde. La vraie est celle de quelques-uns ; mais *elle
existe.* — Nous avons dit qu'il ne croit *guère* au courage. Il parle
pourtant de l'*intrépidité* en homme qui l'a vue et qui l'admire
sans réserve, sans restriction, sauf celle-ci, très naturelle, qu'elle
est chose rare : « L'intrépidité est une force extraordinaire de
l'âme qui l'élève au-dessus des troubles, des désordres et des
émotions que la vue des grands périls pourrait exciter ; c'est

par cette force que les héros se maintiennent en un état paisible, et conservent l'usage libre de leur raison dans les accidents les plus surprenants et les plus terribles. » Ceci, certainement, n'est pas négatif. La Rochefoucauld n'est point, en fait de vertu, un incrédule ; c'est un raffiné, qui, à force de ne la vouloir voir que là où elle est *pure,* est tout près, mais seulement tout près, de ne la voir jamais.

Le point délicat et la difficulté qu'il devait rencontrer dans son dessein, on le pressent bien, c'est cet ensemble de sentiments que les philosophes désignent sous le nom d'*altruisme,* les sentiments naturels de sympathie de l'homme pour l'homme. On croit généralement que l'homme s'aime lui-même ; et à le prouver la tâche de notre philosophe est facile. Mais on croit aussi qu'il aime son semblable. S'il est vrai, que devient l'amour de soi considéré comme le tout de l'homme ? La Rochefoucauld va-t-il s'appliquer, ici encore, à dissoudre l'amour d'autrui dans l'amour de soi et à montrer que l'amour d'autrui n'est qu'un subtil déguisement dont l'amour de soi sait se couvrir ? Il n'y manque pas, mais ici encore, sans aller tout à fait jusqu'au bout et sans pousser sa conception jusqu'au système.

La pitié, par exemple, ou la compassion, n'est-elle pas souvent accompagnée dans notre cœur d'un certain plaisir à nous sentir plus heureux que ceux que nous plaignons? Ce plaisir pour La Rochefoucauld sera la pitié tout entière : « Il y a souvent plus d'orgueil que de bonté à plaindre les malheurs de nos ennemis : c'est pour leur faire sentir que nous sommes au-dessus d'eux que nous leur donnons des marques de compassion. » — Mais si je n'*exprime* pas ma compassion à celui qui souffre, si je l'éprouve au dedans de moi sans la montrer, il est probable alors qu'elle est sincère. — Non pas sûrement, nous répond le moraliste. Vous avez pitié des malheurs où vous avez peur de tomber vous-même. C'est sur la condition malheureuse de l'humanité que vous vous apitoyez. Au fond c'est sur vous que vous pleurez. « La pitié est souvent un sentiment de nos propres maux dans les maux d'autrui, et une habile prévoyance des malheurs où nous pouvons tomber. »

La reconnaissance trouvera-t-elle grâce devant La Rochefoucauld? D'abord elle est bien rare. La raison en est simple : « L'orgueil ne veut pas devoir, et l'amour-propre ne veut pas payer. »
Ensuite n'est-elle pas, quand elle se montre, une adresse encore
de notre égoïsme? N'est-elle pas tout simplement de l'avidité?
Eh ! sans doute : « La reconnaissance dans la plupart des hommes
n'est qu'une forte et secrète envie de recevoir de plus grands
bienfaits. »

L'amitié, nous l'avons déjà vu, est souvent, pour La Rochefoucauld, un simple trafic. Elle est aussi mêlée de jalousie : « Il
y a toujours, dans le malheur de nos amis, quelque chose qui ne
nous déplaît pas. » Enfin elle se ramène à l'amour de soi, comme
la pitié à la compassion de nous-mêmes : « Nous ne pouvons
rien aimer que par rapport à nous, et *nous ne faisons que suivre notre goût et notre plaisir* quand nous préférons nos amis
à nous. »

Ainsi, de même que les *vertus*, pour La Rochefoucauld, se
fondent dans les vices et défauts qui les entourent, de même les
sentiments qui paraissent nous attacher aux autres se ramènent,
en leur fond, à un instinct unique qui est notre attache à
nous-mêmes. — Ne fait-il aucune exception ? Il est bien certain
qu'il n'aime point à en faire, et qu'il en fait peu. Il nous semble
cependant qu'il en fait quelques-unes, et que, pour ce qui est
des bons sentiments comme pour ce qui est des vertus, il se garde
d'être systématique, pour rester juste. Ne laissons pas, ici encore,
de remarquer qu'il use des formules légèrement restrictives
d'ordinaire, souvent, presque tous, » etc. Remarquons de plus que,
dans ce travail si complet sur le cœur de l'homme, il y a des
sentiments très importants, de premier ordre, dont il ne parle
pas. Il analyse toutes les sortes d'amour, et il ne dit rien ni de
l'amour de Dieu, ni des sentiments de famille. Sans doute il n'a
pas osé dire que l'amour de Dieu n'est que l'amour de soi.
Passons sur ce point. Il se peut que l'abstention de La Rochefoucauld ne soit ici que la réserve de bon goût d'un homme bien
élevé. Mais il ne dit pas un mot ni de l'amour filial, ni de

l'amour paternel, ni de l'attachement de la mère au fils. Sans doute il n'a pas osé dire qu'une mère, en aimant san fils, s'aime soi-même. Disons mieux : il ne l'a pas cru, et il a abanddonné son système, là où son système devenait faux.

Notons enfin *qu'il reconnaît*, non plus par abstention et par son silence, mais *formellement*, des *sentiments désintéressés*. Cela est rare, mais cela est. On ne l'a pas assez dit. Nous l'avons déjà vu pour ce qui est de la sincérité : « *La sincérité est une ouverture de cœur. On la trouve en fort peu de gens.* » C'est reconnaître qu'elle existe, et lui donner son vrai nom, et non celui d'un calcul intéressé. — La reconnaissance spontanée et d'entraînement de cœur existe pour La Rochefoucauld : « Il y a une certaine reconnaissance vive qui ne nous acquitte pas seulement des bienfaits que nous avons reçus, mais qui fait même que nos amis nous doivent en leur payant ce que nous leur devons. »

Il reconnaît l'amour pur, désintéressé, sans retour de l'égoïsme à lui-même : « *Le plaisir de l'amour est d'aimer. On est plus heureux par la passion que l'on a que par celle que l'on donne.* » Ce n'est pas un pessimiste systématique, ce n'est même pas un La Rochefoucauld logique qui dit cela. C'est un homme qui croit que l'égoïsme est le sentiment dominant dans l'homme, mais que quelques hommes, et quelquefois, y échappent : et tant pis pour le système, si, dans ces cas très rares, il se trouve être en défaut ! — Seulement, voyez comme il est convaincu que le cas est presque insaisissable. Cet amour pur existe, il vient de le dire ; mais il n'existe qu'à la condition qu'il soit perdu au plus profond de nous-mêmes, et que nous ne nous en rendions pas compte : « *S'il y a un amour pur et exempt du mélange de nos autres passions, c'est celui qui est caché au fond du cœur, et que nous ignorons nous-mêmes.* »

Ce dernier trait n'est pas seulement une pensée profonde et pénétrante comme toutes les pensées de La Rochefoucauld : c'est peut-être la clef de toute la théorie de La Rochefoucauld sur l'âme humaine. — Quand il considère les prétendues vertus de l'homme en société, il les nie, sauf exceptions ; ces vertus sont trop mêlées de l'intérêt qu'on a à les pratiquer ou à les feindre, pour qu'on puisse démêler si vraiment elles sont. Creusant davantage, quand il arrive aux vertus instinctives, aux bons sentiments spontanés et qui semblent tenir au fond de l'homme, il nie encore, mais moins rudement, s'arrête et se tait devant certains mouvements naturels qui semblent irréductibles à l'intérêt personnel, et sont comme une nécessité de notre complexion même à se répandre hors d'elle.

Ces mouvements enfin, il lui arrive parfois d'en reconnaître formellement la pureté. Seulement il fait remarquer qu'ils ne sont purs en effet que s'ils sont cachés au fond de nous. Rien qu'à voir le jour, ils s'altèrent. Dès qu'ils viennent à la lumière, ils se mêlent malgré nous à nos intérêts, à nos passions, à notre désir de les montrer, ce qui déjà forme un mauvais alliage, à notre plaisir à les sentir, ce qui déjà est une prise à notre égoïsme. Le bon sentiment ignoré de nous-mêmes est pur ; senti par nous, et caressé avec complaisance (par cela seul que nous le sentons), il est moins pur ; venant au jour, subissant la complicité de notre orgueil, il n'est presque plus que de l'orgueil même ; mis en pratique constante, devenu procédé ordinaire, mêlé et sali de toute la rouille des satisfactions égoïstes que nous trouvons à en user, il se fond et s'absorbe dans tout ce qui l'enveloppe, et perd son nom, comme sa nature. — Voilà, selon nous, toute la pensée de ce raffiné de vertu, qui n'admet le bien dans l'homme qu'à l'insu de l'homme, et croit que l'homme, rien qu'à prendre possession de l'étincelle divine qui est en lui, la ternit ou la voile de cendres.

Telle est l'âme humaine pour lui, sauf quelques cœurs d'élite, qu'on sent bien qu'il excepte toujours et met à part avec insistance, ne fût-ce que par amitié, ne fût-ce que par orgueil de caste, ne fût-ce, pour le prendre à ses propres théories, que par amour-propre. — Il a beaucoup contesté les vertus par amour de la vertu pure, et beaucoup méprisé les hommes avec le secret dessein de relever d'autant les rares privilégiés qui s'en distinguent, grand dédaigneux, chez qui le pessimisme est surtout une pensée aristocratique.

IV

IMPRESSION PRODUITE. — RÉFUTATIONS ESSAYÉES. — INFLUENCE.

De pareilles idées, et le ton dont elles sont exprimées, devaient soulever bien des protestations et presque des colères. La Rochefoucauld le savait, et l'avait dit, du même ton que tout le reste: « Il n'y a que ceux qui sont méprisables qui craignent d'être méprisés. » Et dans un *Avis au lecteur* de l'édition de 1665: « Il n'y a rien de plus propre à établir la vérité de ces réflexions que la chaleur et la subtilité qu'on mettra à les combattre... Le meilleur parti que le lecteur ait à prendre est de se mettre d'abord en l'esprit qu'il n'y a aucune de ses maximes qui le regarde en particulier, et qu'il en est seul excepté. Après cela, je lui réponds qu'il sera le premier à y souscrire. »

Au temps de La Rochefoucauld, le public, très raffiné du reste, auquel s'adressaient les *Maximes,* n'était pas très éloigné de partager les idées de l'auteur. Il y était préparé par la morale de la chaire, moins dure que celle de La Rochefoucauld, mais rude aussi, qu'elle se sentît de Port-Royal ou qu'elle vînt de Bourdaloue, et nourrissant peu d'illusions sur la bonté naturelle de l'homme. L'applaudissement fut grand. La Fontaine, Boileau ont exprimé à plusieurs reprises leur admiration. Madame de Maintenon, dans son expérience de la vie et sa pensée sans illusion aussi, donne ce grand éloge: « *Job* et les *Maximes* sont mes seules lectures », oubliant un moment François de Sales, qu'elle lit aussi, et fait bien de lire, comme tempérament. Saint-Evremond applaudit surtout « à la facilité de l'expression et à la netteté de la pensée ». Madame de Sévigné, toujours juge incomparable des choses d'esprit, dit le mot décisif, très élogieux, avec une réserve touchant l'excès de subtilité : « Je lis ces *Maximes*. Il y en a de divines. Il y en a, à ma honte, que je n'entends pas. » Mais déjà les âmes droites et simples, sans profondeur, protestent. Madame de Schomberg (Mlle de Hautefort) se révolte contre des arrêts si impérieux et tranchants contre l'homme.

Plus tard, Vauvenargues, qui représente, au commencement du xviiie siècle, l'esprit de réaction généreuse, et un peu naïve, contre les moralistes amers du xviie siècle, réclame avec éloquence en faveur de l'homme calomnié : « L'homme est maintenant en disgrâce chez ceux qui pensent, et c'est à qui le chargera de plus de vices; mais peut-être est-il sur le point de se relever, et de se faire restituer toutes ses vertus, et bien au delà... Peut-être ne faisons-nous le bien que parce que notre plaisir se trouve dans ce sacrifice. Etrange objection ! Parce que je me plais dans l'usage de la vertu, en est-elle moins profitable, moins précieuse à tout l'univers, ou moins différente du vice qui est la ruine du genre humain ? Le bien où je me plais change-t-il de nature ? Cesse-t-il d'être bien ?... Nous sommes susceptibles d'amitié, de justice, d'humanité, de compassion. Oh ! mes amis ! qu'est-ce donc que la vertu ? » — Vauvenargues résume très heureusement l'impression produite sur les cœurs bons et étrangers aux finesses par l'impitoyable grand seigneur. Les simples se révoltent contre ces sentences, et les réfutent presque d'un mot qui vaut qu'on y fasse attention : « Je jure que je ne me reconnais pas. » — Les hommes d'action observent que ce ne sont pas là des vérités bonnes à dire, et que la vertu fût-elle mêlée, encore est-il qu'elle est « profitable, précieuse à l'univers », lien et appui du « genre humain ».

Le vrai est qu'il est très difficile d'en parler avec franchise, et sans tomber dans un des pièges de l'amour-propre qu'il ne tarderait pas à nous signaler. Il y a une hypocrisie qui consiste à le repousser, pour faire croire qu'en niant la vertu il nous fait tort. Il y a une fanfaronnade de scepticisme, hypocrisie à rebours qui consiste à le proclamer vrai pour insinuer qu'on est désabusé, qu'on n'est dupe ni de soi ni des autres. Il triomphe toujours; car le soin de le réfuter trahit le sentiment qu'on a de sa pénétration, et la résignation à accepter ses conclusions est l'aveu qu'on les mérite.

Que faire? L'accepter, non pas comme ayant dit tout le vrai,

mais comme donnant un avertissement très salutaire à nous faire
réfléchir sur le peu que vaut ce que nous avons de meilleur. Il est
le fléau de notre orgueil comme Molière est « le fléau du ridicule ».
Il nous amène à n'être point trop pressés de nous complaire même
en nos vertus. Il nous invite sans cesse à les surveiller, et à démêler
à quel degré elles sont mêlées de parties moins pures. Il peut nous
être comme une forme raffinée et maligne de la conscience. Au
moment où, tout bien pesé, en pleine sincérité avec nous-mêmes,
nous nous révoltons contre ses arrêts, nous avons raison contre
eux, et il est probable qu'alors il nous donnerait raison. Et
encore le plaisir que nous aurions à le réfuter ainsi pourrait lui
paraître un mobile intéressé ; d'où il suit, en dernière analyse,
qu'on ne le réfute que par des actes. Soyons généreux, intrépides
et magnanimes sans savoir pourquoi, sans y chercher aucune
récompense, même d'orgueil satisfait, et il n'aura plus rien à dire.
Si c'est à cette résolution dernière qu'il voulait nous conduire,
son livre a une belle conclusion.

Essayons pourtant, non pas de le réfuter autrement que par
notre conduite, mais de démêler l'excès et l'outrance d'une pensée
qui, au fond, est très juste. Oui, dès qu'une vertu, dès qu'un bon
sentiment est mêlé de motifs intéressés, il s'y perd, à nos yeux
mêmes, et nous ne pouvons plus distinguer si c'est par amour de
lui ou de l'intérêt qui s'y joint que nous agissons. Et il est encore
vrai que, dans l'acte, jamais l'un ne va sans l'autre, puisque le
devoir même, le pur devoir, il n'est pas certain que nous ne
l'accomplissions point à cause du plaisir que le réaliser nous
donne. C'est ce que Kant a la hardiesse d'avouer quand il dit :
« Il n'y a peut-être pas eu une action désintéressée depuis la
création. »

Oui, les bons sentiments ne sont purs qu'au fond de nous,
qu'ignorés de nous ; car rien qu'à les connaître nous prenons plaisir
à les découvrir, ce qui est déjà une satisfaction égoïste qui les
altère. Il n'est pas mauvais de dire cela aux hommes, d'abord parce
que c'est la vérité, ensuite parce que cela rabat leur vanité si
prompte à s'élever dans leur cœur. Mais ce qui est mauvais, c'est

de ne pas établir, ou de ne pas sembler voir des degrés entre des manières si évidemment différentes d'être égoïste. Tous les actes humains sont mêlés de mal. Soit; mais il y en a qui sont mauvais absolument, en leur fond et en leur racine secrète, comme en leur développement. Il y en a d'autres où le bon sentiment initial et le mobile intéressé ont, semblent avoir, peuvent avoir égale part. Il y en a qui n'ont d'intéressé que la jouissance que l'homme éprouve à être bon, ce qui à peine peut s'appeler un mal. Il ne faut pas mettre ces divers actes au même plan, ni sous le poids d'un égal mépris. L'homme qui fera le bien toute sa vie pour le plaisir de se sentir homme de bien, est, tout au moins, un égoïste très distingué, et on ne doit pas le décourager en affectant de croire qu'il n'y a aucune différence entre lui et un scélérat.« Il ne faut pas permettre à l'homme de se mépriser tout entier, dit excellemment Bossuet, de peur que, croyant que notre vie n'est qu'un jeu où règne le hasard, il ne marche sans règle et sans conduite au gré de ses aveugles désirs. »

Le malaise que l'on sent en lisant La Rochefoucauld vient de là. Si l'on est sincère et humble de cœur, on n'aura jamais l'impertinence de lui dire qu'il nous calomnie ; on ne peut s'empêcher pourtant de lui en vouloir de ce qu'il tient si peu compte des bonnes intentions. Déclarer qu'aucun de nos actes n'est pur d'égoïsme, c'est dire vrai ; mais croire qu'il n'est guère d'acte mauvais qui ne soit mêlé aussi d'un peu de vertu, d'un peu de remords du moins, ce qui est un souvenir de la vertu, ou d'un peu d'hypocrisie, ce qui est encore « un hommage rendu à la vertu », c'est vrai aussi ; et c'est plus charitable, et plus encourageant au bien.

Il a un peu manqué à La Rochefoucauld d'être chrétien. Au fond de sa morale, il y a cette dure doctrine stoïque qui considère que toutes les fautes sont égales ; que le bien a un niveau rectiligne et rigide au-dessous duquel peu importe qu'on soit à cent coudées ou à une ligne, comme on est aussi bien noyé le front à la surface de l'eau, qu'au fond de l'abîme. Le christianisme a cru qu'à se tenir le plus près possible de l'atmosphère pure et de la lumière, on a au moins plus de chance d'être repêché.

L'influence de La Rochefoucauld a été très grande. Nous ne ferons ici qu'en indiquer la trace. Le *Candide* de Voltaire en procède en partie. L'abbé Galiani, au XVIIIe siècle, a pour principe fondamental de ses considérations morales une idée de La Rochefoucauld qui est que « l'homme est constamment dupe de lui-même ». Chamfort, le grand moraliste pessimiste de la fin du XVIIIe siècle, est un La Rochefoucauld plébéien, plus amer et plus échauffé, poussant les observations sagaces de La Rochefoucauld jusqu'à l'ironie, et les ironies de La Rochefoucauld jusqu'au sarcasme. Même méthode du reste, et mêmes idées générales, quelquefois imitation très directe. — Plus tard, en France, Beyle-Stendhal reprend la pensée et surtout le tour et le ton de Chamfort, pour en habiller son scepticisme affecté et paradoxal, pendant que Schopenhauer en Allemagne s'empare des plus profondes idées de Chamfort, sans le citer suffisamment, et construit sur elles tout un système de découragement et de désespérance universelle. — Tous dérivent de La Rochefoucauld, tous ont puisé dans ce petit livre plein de pensée ramassée et concentrée, coupe étroite, pleine d'une essence subtile et amère.

V

LA ROCHEFOUCAULD ÉCRIVAIN.

« Un des ouvrages qui contribuèrent le plus à former le goût de la nation et à lui donner un esprit de justesse et de précision est le *Livre des Maximes* de François duc de La Rochefoucauld. On lut avec avidité ce petit recueil. *Il accoutuma à penser* et à renfermer des pensées dans un tour vif, précis et délicat. » Voltaire nous dispense du soin de nous étendre sur les qualités de style de La

Rochefoucauld. Il a tout dit, comme il fait presque toujours, dans ces quelques lignes. Le fond de La Rochefoucauld écrivain est bien, en effet, concision, précision, justesse et propriété étonnante d'expression. C'est le modèle même du style travaillé jusqu'au dernier degré où l'art infatigable du plus habile et du plus persévérant ouvrier peut atteindre. La Rochefoucauld distille sa pensée. Ce qui se présente à lui sous forme de dissertation morale, ce qu'il écrirait, ce que très probablement il écrit d'abord en une ou deux pages, il le ramasse et le condense jusqu'à ce qu'il tienne en une ligne. Il attend, pour nous servir d'une jolie métaphore de Joubert, qui convient mieux à La Rochefoucauld qu'à tout autre, « que la goutte de lumière qui se forme au bout de sa plume tombe sur le papier ». Ce n'est pas tout encore. Chacune de ses pensées a été contrôlée, remaniée, retouchée, passant de main en main, allant de La Rochefoucauld à Madame de Sablé, de Madame de Sablé à M. Esprit, et de M. Esprit revenant à La Rochefoucauld, qui l'arrête en sa forme définitive et immortelle.

De là des qualités de premier ordre : une exactitude absolue dans un tour net, arrêté et bref, qui est un charme : « Nous promettons selon nos espérances, et nous tenons selon nos craintes. » — « Nous n'avons pas assez de force pour suivre toute notre raison. » — « Si nous résistons à nos passions, c'est plus par leur faiblesse que par notre force. » — « Quelque bien qu'on nous dise de nous, on ne nous apprend rien. »

Cette précision affinée, s'aiguisant encore, mène naturellement à l'épigramme : « Les vieillards donnent de bons préceptes pour se consoler de ne plus pouvoir donner de mauvais exemples. » — « Il y a des reproches qui louent et des louanges qui médisent. » — Parfois à des mots d'auteur comique : « Nous nous vantons souvent de ne nous point ennuyer… Nous ne voulons pas nous trouver de mauvaise compagnie. » Coupez la phrase à son milieu : vous avez un trait et une réplique de comédie. De même : « Celui qui croit pouvoir trouver en soi-même de quoi se passer de tout le monde se trompe fort ; — mais celui qui croit qu'on ne peut se passer de lui se trompe encore plus. » Et celui-ci : « Il y a des gens qui sont comme les vaudevilles, qu'on ne chante qu'un certain temps. »

A côté de ces finesses savantes de l'esprit, on trouve dans La Rochefoucauld une véritable imagination dans l'expression. C'est par là qu'il est artiste, trop rarement, et comme dédaigneusement encore. Il laisse échapper quelques images courtes et vives, avec une sobriété qui est une distinction : « L'amour prête son nom à un nombre infini de commerces qu'on lui attribue, et où il n'a non plus de part que le doge à ce qui se fait à Venise. » — « Les vices nous attendent dans la vie comme des hôtes chez qui il faut successivement loger. » — « La grâce de la nouveauté est à l'amour ce que la fleur [le duvet] est sur les fruits : elle y donne un lustre qui s'efface aisément et qui ne revient jamais. » — « L'absence diminue les médiocres passions et augmente les grandes, comme le vent éteint les bougies et allume le feu. »

L'excès et la *manière*, en ce style aiguisé et affilé, est un certain degré de préciosité et un certain air énigmatique : « L'esprit est la dupe du cœur. » — « L'esprit ne peut pas longtemps jouer le personnage du cœur. » — « La *constance* en amour est une *inconstance perpétuelle*, qui fait que notre cœur s'attache successivement à toutes les qualités de ce que nous aimons... De sorte que cette *constance* n'est qu'une *inconstance arrêtée* et renfermée dans un même sujet. » — C'est que M. de La Rochefoucauld ne hait pas d'avoir en ce qu'il dit quelque chose d'un peu mystérieux où l'on n'entre point aisément, et souffre volontiers de n'être point compris de tout le monde. Il destine son livre à ceux qui ont presque autant de finesse que lui. Comme l'a dit très heureusement Montesquieu, ce sont « *les proverbes des gens d'esprit* ». Il les a écrits d'un air de confidence à demi voilé, aristocrate jusque dans sa manière de dire et son tour de style.

LA FONTAINE

Jean de La Fontaine
de l'Académie Françoise

LA FONTAINE

I

SA VIE.

Jean de La Fontaine est né à Château-Thierry, à quelques lieues de la Ferté-Milon, où devait naître son ami Racine.

Il est né le 8 juillet 1621, le premier des « quatre amis », Molière étant de 1622, Boileau de 1636 et Racine de 1639. Ses parents étaient de modestes bourgeois. Il fut élevé dans sa petite ville, presque à la campagne, courant les prés et les bois, prenant goût aux choses des champs, aux beaux ombrages, aux eaux vives, aux scènes rustiques ; voyant monter péniblement par le chemin « sablonneux, malaisé », « le pauvre bûcheron tout couvert de ramée », guettant « l'alouette à l'essor, dans les blés quand ils sont en herbe » ; surprenant le lièvre « en son gîte songeant », ravi du silence et de la paix qui règne sur les étangs « et leurs grottes profondes » ; suivant les bords des ruisseaux, « quand l'onde est transparente ainsi qu'aux plus beaux jours », ou quand « d'aventure » un léger vent « fait rider la face de l'eau » ; contemplant, « à l'heure de l'affût », les lapins « l'œil éveillé, l'oreille au guet », qui vont « faire à l'aurore leur cour parmi le thym et la rosée ». Ces choses l'enchantaient. Longtemps plus tard c'est pour les peindre qu'il trouve ses plus beaux vers :

> L'innocente beauté des jardins et du jour
> Allait faire à jamais le charme de ma vie...

Il serait resté volontiers dans ces lieux si chers. Le soin d'achever ses études le conduisit à Reims. Là il connut des jeunes gens instruits, parmi lesquels Maucroix, qui le mirent en goût de lire les grands écrivains de l'antiquité, et quelques modernes. Il se prit de passion pour Platon. Il récita avec ravissement Malherbe et Racan, qu'il n'oublia jamais, et il s'écria : « Moi aussi je suis poète ». Sa vocation était décidée et plus forte désormais que ce qui pouvait la traverser. On voulut le marier, l'établir. Son père lui transmit sa petite charge de maître des eaux et forêts et lui fit épouser une jeune fille du pays. Il se laissa faire, nonchalamment, mais rêvant poésie et lettres. Bientôt sa vie de Château-Thierry lui fut insupportable. Il abandonna sa charge, quitta sa femme, dont il ne se préoccupa jamais beaucoup, non plus que de son fils, et il vint à Paris, sans grandes recommandations, et comme au hasard.

Il fut admirablement accueilli. Sa conversation était charmante avec les gens qu'il aimait, et il aimait les gens d'esprit et les gens du monde. Fouquet, le surintendant des finances, le pensionna, à la charge d'une ballade par mois à rimer ; les nièces de Mazarin, et particulièrement la duchesse de Bouillon, lui firent fête. Le beau monde s'engoua de lui. Non qu'il fût alors un grand poète. Son génie ne se déclara **que vers** la quarantaine, à l'époque de la disgrâce de Fouquet (1661) ; mais il était délicieusement aimable dans un petit cercle de gens bien nés et qui savaient le mettre à l'aise. Il était enjoué avec un air de naïveté, et spirituel surtout pour louer agréablement. Personne n'a su tourner les compliments comme lui. Les siens sont faits de véritable affection, avec un grain de malice dans une galanterie fine et caressante. Fouquet fut frappé. Ce

poète de salon montra qu'il avait du cœur. Les premiers vers de
génie qu'il écrivit lui furent inspirés par l'amitié et la gratitude.
L'Elégie aux nymphes de Vaux, supplique à Louis XIV en faveur
du proscrit, renferme déjà des vers qui sont vraiment de La
Fontaine :

> Lorsque sur cette mer on vogue à pleines voiles,
> Qu'on croit avoir pour soi les vents et les étoiles,
> Il est bien malaisé de régler ses désirs :
> Le plus sage s'endort sur la foi des Zéphirs.
>
> . . . .
>
> Il est assez puni par son sort rigoureux,
> Et c'est être innocent que d'être malheureux.

Pour se distraire d'un coup si sensible, La Fontaine fit un
voyage en Limousin, dont il écrivit la relation dans une sorte de
journal moitié vers, moitié prose, adressé à Madame, ou, comme
on disait alors, à *Mademoiselle* de La Fontaine, sa femme. Cette
relation est amusante, spirituelle, d'un tour aisé, quelquefois
touchante. La Fontaine se fait montrer, par exemple, à Amboise
la prison où avait été enfermé Fouquet. Il reste à rêver devant la
porte du cachot. « La nuit me surprit en cet endroit... » Tout le
passage est d'une douleur vraie et simple, qui émeut profondément.

Sa vie, à partir de cette époque, n'offre aucun incident. Il loge
à Paris, chez des amis dévoués, qui lui épargnent le soin, dont
il était absolument incapable, de s'occuper de ses affaires, chez
la duchesse de Bouillon, chez Madame de la Sablière ensuite, et
le plus longtemps, puis chez Madame d'Hervart. Il est, de 1659 à
1665 environ, de la société des « quatre amis », ou plutôt des
cinq : Molière, La Fontaine, Boileau, Racine et Chapelle. Il reste
toujours l'ami de Molière, de Racine et de Boileau, même après
que Racine et Molière se furent séparés. Il était très recherché
des Condé, des Conti, de La Rochefoucauld, de Madame de
Sévigné, gâté plus tard par les Vendôme. La cour lui était,
cependant, fermée, parce que Louis XIV ne l'aimait pas.

La Fontaine avait, d'abord, à la prière de la duchesse de Bouillon, puis entraîné par son succès et par son goût propre, rimé des contes dans la manière italienne. Louis XIV ne goûtait pas ce genre, et sa répulsion alla si loin que ce fut une affaire d'état que la nomination de La Fontaine à l'Académie française. Il y eut d'abord une lutte très vive au sein de l'Académie. Boileau et La Fontaine se trouvaient en concurrence. Le parti de la cour était pour Boileau. Le parti des purs littérateurs, soutenu de toutes les victimes de Boileau, était pour La Fontaine. On discuta avec aigreur. Benserade luttait avec énergie pour La Fontaine : « Allons ! il vous faut un Marot ! » lui crie-t-on : « Et à vous une marotte ! » réplique-t-il gaillardement. Enfin La Fontaine fut élu ; mais le roi, qui avait le droit de ratification, refusa son agrément à cette élection. Une autre vacance s'étant produite dans le courant de l'année, Boileau fut nommé. Le roi dit alors aux délégués de l'Académie : « Le choix que vous avez fait de M. Despréaux m'est fort agréable. Il sera approuvé de tout le monde. Vous pouvez maintenant recevoir M. de La Fontaine. *Il a promis d'être sage* » (1684).

Le reste de la vie du poète s'écoula sans rien de notable. Cette existence tranquille, sans incidents, qui ne contenait d'autre événement qu'un poème nouveau, une fable charmante ajoutée à tant d'autres, un conte rimé lestement pour un groupe d'amis rieurs, une promenade dans les bois au printemps, « quand les tièdes zéphyrs ont l'herbe rajeunie », une petite visite à l'Académie française, où il allait « afin que cela l'amusât » [pour se distraire], cette existence, simple et comme enfantine, l'avait conduit insensiblement et sans secousse de la jeunesse insouciante à la vieillesse un peu triste, non chagrine, et toujours entourée d'affections dévouées et attentives. Il écrivit jusqu'au dernier jour, toujours passionné pour son art et fidèle à ses douces et légères muses.

Il mourut chrétiennement, mais en poète et en distrait, comme il avait vécu, déclaré digne de l'indulgence de Dieu par sa garde-malade, sur ce qu'il était « si simple que Dieu n'aurait pas le

courage de le damner ». C'était en 1695. Il avait près de 74 ans.
Il était de l'Académie depuis onze ans. Il écrivait depuis cinquante ans, et depuis trente-cinq des chefs-d'œuvre. Molière l'avait précédé depuis douze années dans la tombe. Racine allait l'y suivre. Il avait vu *les Femmes savantes*, *le Misanthrope* ; il venait de voir *Athalie*. A vivre davantage, il aurait vu les *Fables* de la Motte. Il pouvait mourir.

II

CARACTÈRE DE LA FONTAINE.

Ce qui domine au xviie siècle, c'est l'esprit de société et ses suites naturelles, mesure et finesse de goût, bienséance de langage, sentiments un peu artificiels, oubli ou méconnaissance de la nature primitive, noblesse de ton, mépris des choses basses et vulgaires. — Cela est vrai, et le contraire n'est pas loin d'être vrai aussi ; car ce siècle a adoré La Fontaine, qui est tout l'opposé de cet esprit-là. Grands seigneurs, grandes dames et grands écrivains ont à l'envi chanté les louanges de ce poète modeste, si incapable de se faire valoir. Racine, Boileau, Molière (surtout), Fénelon, La Bruyère, La Rochefoucauld, Madame de Bouillon, Madame de la Sablière, Madame de Sévigné (avec des ravissements), sans compter Benserade, Segrais, Huet, Madame de La Fayette, se sont récriés d'admiration devant les histoires simples et apparemment enfantines du « bonhomme ».

C'est qu'il est certain que cette société polie avait été élevée à l'école des élégances de salon et du ton noble des cours, et qu'aussi elle avait, vers 1660, un secret et sensible désir de retour au naturel, que Racine en partie, Molière beaucoup, La Fontaine en toute perfection, ont amené. A cette société il fallait des artistes, non plus comme Voiture et Benserade et Segrais

lui-même, élevés dans son sein et par elle, mais élevés ailleurs
et par eux-mêmes, et capables de rajeunir l'art par le sentiment
de la nature et du simple.

La Fontaine était plus que tout autre le poète inattendu et
instinctivement désiré. C'est un provincial, un homme de petite
ville, presque un campagnard, venu tard à Paris, dont l'éducation
s'est faite toute seule, au hasard des rêveries et des entraî-
nements de son imagination. Rien, en lui, n'a ployé le naturel,
imposé un moule, marqué une empreinte artificielle. Aussi, et
c'est le premier trait, aucun pli n'a été pris. Il est infiniment inégal
et inconstant. A une époque où chacun se fixe dans un genre et
s'y retranche, où chacun est un *caractère* et répond à un *portrait*,
il est changeant et insaisissable. Il s'essaie à mille sujets divers :

> Papillon du Parnasse et semblable aux abeilles...
> Je suis chose légère et vole à tout sujet...
> J'irais plus haut peut-être au temple de mémoire,
> Si dans un genre seul j'avais usé mes jours...

Cette inconstance ne venait pas d'un prompt dégoût de chaque
chose ; au contraire, elle tenait à un penchant à aimer tout ce qui
produit une sensation douce et forte, ce qui est la marque même
de l'artiste. Ce penchant est ce qu'il appelle *volupté :*

> Volupté ! Volupté qui fut jadis maîtresse
> Du plus bel esprit de la Grèce,
> Ne me dédaigne pas ; viens-t'en loger chez moi,
> Tu n'y seras pas sans emploi...

Et plus loin :

> Il n'est rien
> Qui ne me soit souverain bien,
> Jusqu'aux sombres plaisirs d'un cœur mélancolique...

Ce caractère était particulier à cette époque. Pour peu que La
Fontaine eût été d'humeur susceptible et difficile, il eût vécu absolument isolé. Il eût pu lui arriver ce qui, un siècle plus tard, arriva

à Rousseau. Mais il avait un fond de bonté confiante qui le fit au
contraire rechercher. On l'aima ; on respecta son originalité
parce qu'il n'eut jamais la sottise de la vouloir imposer ou
étaler ; il eut cette fortune de vivre dans une société brillante,
et d'être aimé d'elle, sans être obligé de s'y asservir. Elle ne lui
fut qu'une seconde éducation aussi libre que la première. Il y
garda son amour de la nature et de la naïveté, son allure libre
et sa grâce abandonnée. Il y prit une certaine politesse qui lui
manquait, le goût des entretiens délicats, une certaine philosophie de poëte, brillante et gaie, une certaine réserve même,
enfin le goût de la perfection de la forme, qu'il acquit sans rien
perdre de son naturel.

De tout cela s'est formée très tardivement, de quarante à qua-
rante-cinq ans, une exquise complexion de poète, forte et douce,
réfléchie et naïve, naturelle et fine, capable de tout sentir, et aimant
à indiquer seulement d'un trait les sensations les plus fortes et
profondes, une merveille de vigueur assouplie, de grâce tendre
qui sait ne pas s'abandonner jusqu'à la mollesse, une rencontre de
qualités diverses en un point juste et une parfaite harmonie,
comme il n'y en a pas deux peut-être dans l'histoire de l'art.

C'est ainsi qu'il a apporté à la société du xviie siècle des sentiments nouveaux, dans une forme nouvelle aussi, mais qui n'était
pas d'un novateur, et qui fut acceptée sans résistance. C'est le
sentiment de la nature d'abord, ce qu'on a trop dit, mais ce qui
ne laisse pas d'être en partie vrai. Ce sentiment, Malherbe et
Racan l'avaient eu, Madame de Sévigné l'avait, Fénelon n'est pas
sans en donner de sensibles marques. Poussin, Claude Lorrain
sont de grands paysagistes. Ce qu'il faut dire, c'est que ce sentiment n'était pas général, ni même très répandu. La Fontaine en
fut pénétré. Ses fables sont toutes mêlées de ses souvenirs de
promeneur solitaire. Paysages gracieux et sobres, une chaumine,
un ruisseau aux joncs penchants, un char embourbé dans la lande,
un petit enclos campagnard, moitié jardin, moitié potager, un
troupeau à midi, endormi, moutons, chien, berger et houlette,
un crépuscule, une aube, l'heure de l'affût à la lisière d'un bois :

voilà les fraîches senteurs des champs, des prés, des forêts et des eaux que La Fontaine apportait, sans indiscrétion ni fracas à la Rousseau, dans les salons et ruelles de cette société polie et un peu dédaigneuse.

C'était encore une nuance nouvelle de l'amour, non plus *cet amour de tête*, comme on a dit, qui est de mode au commencement du xviie siècle, où l'imagination et l'esprit entraient pour beaucoup, et qui inspirait ou les raffinements guindés des tragédies, ou les fadeurs laborieuses du madrigal, mais l'amour naïf, avec une nuance bien française de grâce malicieuse et de finesse légère. Ses compliments, qui servent d'avant-propos à certaines fables, ont un abandon, des longueurs caressantes, relevées par un trait piquant, un charme insinuant et enveloppant, où se cache à moitié et se révèle à demi une tendresse vraie, une jeunesse de cœur, discrète encore, mais vive et fraîche, presque inconnue en son temps, rare en tout temps. Il s'y mêle quelquefois une nuance de mélancolie (*les Deux Pigeons*), dans une mesure étonnante, s'arrêtant juste où le regret devient souffrance et blesse à se trahir, ou s'étaler.

L'amitié elle-même, ce sentiment grave, qui ne semble pas poétique, qui a inspiré très peu de belles pages, que Montaigne seul chez nous a exprimé avec une profondeur émouvante, La Fontaine lui donne tout le charme que d'autres savent donner à de plus tendres engagements, que Madame de Sévigné prête à l'amour maternel. Les *Amis du Monomotapa* ont la grâce d'une idylle ou d'une élégie, avec des délicatesses charmantes :

> Qu'un ami véritable est une douce chose !
> Il cherche nos besoins au fond de notre cœur ;
> *Il nous épargne la pudeur*
> *De les lui découvrir nous-même.*
> Un songe, un rien, tout lui fait peur,
> Quand il s'agit de *ce qu'il aime.*

Et cette « société des quatre amis », c'est lui qui l'a nommée ainsi pour la postérité, et des quatre, c'est lui seul qui a senti le besoin d'en parler, et qui l'a peinte d'une touche légère et douce, avec discrétion, mais sans une ombre, avec la complaisance attendrie d'un cœur ému des *plaisirs délicats*, qu'il a donnés.

III

L'ÉDUCATION DE SON ESPRIT.

Ses études aussi ont été originales ; car il a porté son caractère dans sa manière d'apprendre. Il a étudié seul d'abord, non pas en élève de Descartes, du collège de Navarre, de Port-Royal ou de Gassendi. Il a étudié, ensuite, avec cette inconstance passionnée qu'il a portée en tout. Il a *découvert* tous ceux qu'il a étudiés. On connaît la scène de Baruch. Il lit Baruch à vêpres, et puis tout enflammé, court partout : « Avez-vous lu Baruch ? Mais lisez Baruch ! Quel homme que ce Baruch ! » Mais cette scène c'est la vie entière de La Fontaine. Vingt fois, surtout dans sa jeunesse, elle s'est renouvelée. Une ode de Malherbe l'enflamme, et le voilà poète ; Voiture le ravit. Maucroix lui ouvre les anciens, et le voilà amoureux de Platon. Héricourt, chanoine de Soissons, lui prête quelques livres de piété : il songe sérieusement, et avec passion, à la vie ecclésiastique. Dans son âge mûr, Madame de la Sablière le jette dans Descartes. Il le réfute, en le louant avec enthousiasme : « Descartes, ce mortel dont on eût fait un dieu chez les païens, et qui tient le milieu entre l'homme et l'esprit... » Il a lu les Italiens avec délices. Seul des hommes de lettres du xviie siècle, il connaît non seulement les poètes du xvie siècle, mais encore Rabelais, Despériers et l'auteur de l'*Avocat Pathelin*.

Il a lu des inconnus, Martial d'Auvergne, Aurelius Victor, et y trouve quelque chose à glaner, dont il fait des chefs-d'œuvre (*Le Paysan du Danube*). Il paraît assuré aux érudits qu'il a lu certaines branches du *Roman de Renart*, ou au moins quelque compilation en prose de ces branches, faite au xv° siècle.

Et tout cela avec le feu d'un homme qui va à la découverte et qui s'engoue de tout son cœur. Il parle d'un auteur favori avec un cri de passion: « Malherbe avec Racan, parmi les chœurs des anges, ont emporté leur lyre, et j'espère qu'un jour j'entendrai leurs concerts au céleste séjour. » — « Pour chanter leurs combats [des renards] Achéron nous devrait rendre Homère. Ah ! s'il le rendait!... » Il parle avec effusion à Huet de ses lectures :

> Art et guides, tout est dans les Champs-Elysées.
> J'ai beau les évoquer, j'ai beau vanter leurs traits,
> On me laisse tout seul adorer leurs attraits.
> Térence est dans mes mœurs, je m'instruis dans Horace.
> Homère et son rival [Virgile] sont mes dieux du Parnasse.

Le voilà tout classique, tout entêté d'antiquité, exclusif. — Que non pas! Quelques vers plus loin :

> Je chéris l'Arioste et j'estime le Tasse...

Et enfin :

> *J'en lis qui sont du Nord, et qui sont du Midi.*

Des études ainsi faites eussent été fatales à un autre. Aussi dispersé dans ses lectures que dans ses relations mondaines, il avait son originalité invincible, une puissance intime qui ramassait et concentrait toute cette diffusion. Il le savait bien, et, avec sa grâce aimable, a su le dire : « Je ne prends que la fleur. »

> Sur mille et mille fleurs l'abeille se repose
> Et fait du miel de toute chose.

IV

SA MÉTHODE.

Comment a-t-il fait son miel, et comment transformé en un ouvrage d'une originalité incomparable ce qu'il a emprunté à tout le monde? Car il est bien vrai qu'il n'a inventé aucun sujet. Il ne s'est jamais ni piqué ni soucié d'imaginer le fond. Il a pris ses *fables*, pour ne parler que de celles-ci, à Bidpaïe et aux conteurs indiens; à Esope, à Phèdre, et à quelques conteurs français.

Quelle méthode de transformation a-t-il suivie? Il a beaucoup cherché à s'en rendre compte, et un peu à s'en excuser. Il sentait bien, d'une part qu'il avait constamment des modèles sous les yeux ou dans la mémoire, et, d'autre part, qu'il leur était infidèle à chaque instant. De là une foule de réflexions qu'il jette çà et là sur sa manière de traiter les sujets que d'autres avaient maniés avant lui. Dans la fable il est parfois timide. La fable est un genre qui a été traité par les anciens, et il « adore » les anciens, et il sent bien qu'il les dénature absolument dans sa manière nouvelle de composer une fable. Il le dit modestement dans sa préface, donnant pour une infériorité et une impuissance, ce qui est originalité et supériorité de génie. Il s'excuse sur la nécessité de plaire au goût moderne, et aussi de peindre les mœurs. — Quelquefois il s'enhardit, et indique à mots couverts, avec une bonne grâce, modeste encore, déjà un peu malicieuse, les défauts de ces modèles : brièveté excessive, concision qui détruit l'intérêt :

> Mais surtout certain Grec [Babrias] renchérit et se pique
> > D'une élégance laconique.
> Il renferme toujours son conte en quatre vers ;
> Bien ou mal, je les laisse à juger aux experts.

Ailleurs il marque sa méthode d'imitation avec netteté et explicitement :

> Mon imitation n'est point un esclavage.
> *Je ne prends que l'idée*, et les tours [?] *et les lois*
> *Que nos maîtres suivaient eux-mêmes autrefois.*

Trouve-t-il certain trait qui puisse, sans effort, s'accommoder au goût moderne, et prendre, à ce titre, place dans son ouvrage ?

> Je l'y transporte, et veux qu'il n'ait rien d'affecté,
> *Tâchant de rendre mien cet air d'antiquité.*

Enfin, dans la fable I du livre V, véritable profession de foi littéraire de La Fontaine, il indique, avec modestie encore, mais dans toute son étendue, ce qu'il a voulu faire, c'est à savoir instruire, plaire, attaquer les vices ou les travers par les ridicules, agrandir la fable antique, et la transformer en

> Une ample comédie, à cent actes divers,
> Et dont la scène est l'univers.

On voit que La Fontaine, sans s'en vanter le moins du monde, a bien conscience de la transfiguration de l'antique apologue entre ses mains. Il sait qu'il est *libre* en son imitation, qu'il veut *autant plaire qu'instruire*, qu'il *orne* les récits anciens, qu'il les *allonge* et les *agrandit*, qu'il transforme enfin la fable en *comédie*, c'est-à-dire en *récit dramatique*, où les personnages ont des *physionomies* nettes, des *caractères* bien étudiés et bien composés, et où le *dialogue* prend une grande place.

L'idée qu'il donne lui-même ainsi de sa méthode est à peu près complète. Il n'a oublié qu'un point. Il s'est oublié lui-même, comme il faisait toujours. Le plus grand changement qu'il ait fait dans la fable consiste en ce que, dans le récit sec et bref des anciens, d'où la personne de l'auteur est toujours absente, il s'est introduit lui-même, avec son humeur, son esprit, ses sentiments, ses idées, son allure, et comme le ton de sa voix et son geste.

Il mêle ses réflexions à tous ses récits. Il vient d'employer le mot *engeigner* : « *J'ai* regret que ce mot soit trop vieux aujourd'hui ; il *m*'a toujours paru d'une énergie extrême. » — « *Je* ne suis pas de ceux qui disent : ce n'est rien ; c'est une femme qui se noie. » — « Quand *je* songe à cette fable dont le récit est menteur... » — « On conte qu'un serpent voisin d'un horloger (c'était pour l'horloger un mauvais voisinage). » — Telle prétendue fable n'est qu'une *conversation* sur La Fontaine et ses adversaires, vrais ou supposés. (*Contre ceux qui ont le goût difficile.*) — Ses « moralités » ont toujours le caractère de réflexions personnelles : « Trompeur, c'est pour vous que *j'écris*. » — « *Je* blâme ici plus de gens qu'on ne pense. » — Quelquefois la « *moralité* » n'est qu'une véritable confidence et effusion de l'auteur, et se tourne en élégie. «... J'ai quelquefois aimé ; je n'aurais pas alors... »

La *fable* ainsi conçue n'est pas autre chose qu'un récit, où une partie de l'intérêt est dans la personne de celui qui raconte, et dans son air. C'est proprement un *conte ;* et en effet les fables de La Fontaine sont des contes. Il a seulement, guidé par son goût, moins cédé à sa nonchalance, dans les *Fables*, et pressé un peu le mouvement. Il y a des longueurs dans les *Contes ;* il y en a très peu dans les *Fables*, sauf les dernières. Mais, au fond, c'est même chose, un récit fait par un homme aimable et enjoué, mêlé de réflexions où il laisse voir ses propres impressions et ses sentiments intimes. Dans la narration ainsi comprise, le principal personnage est l'auteur. Il n'y a pas d'art moins impersonnel.

Le jeu était périlleux. Mais il faut avouer que les mêmes règles sont vraies ou fausses selon les artistes qui s'y soumettent ou s'y dérobent. C'est le même homme qui a dit : « Le moi est haïssable », et : « on est tout étonné et ravi, quand on croyait trouver un auteur, de trouver un homme. » Or le moyen pour un auteur de montrer l'homme, sinon de se mettre, non pas en scène, mais en confidence et comme « de plain-pied avec son lecteur » ? *(Fénelon.)* Le moraliste ne peut guère faire autrement ; car c'est surtout en soi qu'on étudie l'homme. Montaigne a procédé ainsi. La Fontaine a traité la fable en conteur et en moraliste, et comme Montaigne l'aurait traitée.

Il y a réussi, parce que ce qui serait péril pour un autre est

avantage pour lui, parce qu'il ne risque rien, lui, et gagne tout,
à se faire connaître, à se montrer à nous parmi toutes ses
inventions. De là son succès à *rendre sien l'air* des autres, à imiter
sans esclavage. La fable, et c'est un bonheur pour nous, ne lui
est presque qu'un prétexte à laisser aller son cœur, sa malice,
son esprit, sa fine et exquise imagination. Il est l'auteur qui a
mis le plus de lui-même dans un genre où il était presque de
règle qu'il ne se mît pas, et c'est justement ainsi qu'il en a fait
un genre poétique, parce qu'il est tout poésie.

V

LA COMPOSITION DANS LES FABLES.

De la méthode de La Fontaine dérive sa manière de composer.
La composition au XVIIe siècle est toute didactique. Considérer
une œuvre d'art comme une idée générale à prouver, c'est-à-dire
à entourer de toutes les idées particulières qui la soutiennent, la
fortifient ou l'illustrent, voilà la méthode de composition
presque universelle autour de La Fontaine. Satires, épîtres,
discours, sermons, œuvres dramatiques quelquefois (le *Tartufe*
et les *Femmes savantes* sont des conférences sur l'hypocrisie et sur
le bel esprit); histoire presque toujours (l'*Histoire universelle*
de Bossuet est un *discours*, c'est-à-dire une dissertation); poème
épique dans les idées de la critique du temps (on considère l'*Iliade*
comme une argumentation par un grand exemple destinée à
montrer aux Grecs les funestes effets de la discorde); presque
tous les genres enfin comportent, dans les théories de l'époque,
une composition didactique.

Cette méthode de composition s'offrait à La Fontaine naturellement, puisque l'apologue est la démonstration d'une maxime
par un exemple. Rien ne prouve l'originalité invincible de La

Fontaine comme sa conduite en cette affaire. Tout le poussait à adopter l'ordre logique : le genre du sujet, l'exemple de ceux qu'il croyait ses modèles, le goût universel de son temps. Il a résisté. A la composition logique et didactique, il a substitué une composition insaisissable à première vue et pourtant très forte. Il a fait de la fable une causerie, comme nous l'avons déjà montré. Or quelle peut être l'*unité* d'une causerie ? C'est l'unité de sentiment.

Promener le lecteur, en apparence sans but et sans règle, et faire en sorte que tout l'ouvrage se ramène à un sentiment unique qui circule à travers tout le corps de l'œuvre et l'anime, voilà en quoi consiste l'unité d'une fable de La Fontaine, voilà toute sa composition.

Lisons les *Deux Pigeons*. La fable en soi est peu claire. Est-ce de deux amis, de deux frères, de deux époux qu'il est question ? Il semble que La Fontaine ne le sache pas lui-même, et il est bien vrai qu'il s'en soucie peu. Mais un seul sentiment est partout, et il n'est pas un mot qui n'y ramène : c'est l'horreur des lointaines équipées, des courses aventureuses, de la vie livrée aux hasards ; l'instinct, le goût, le désir et le regret du foyer ; et quand l'épilogue arrive, — en pure logique il ne rime à rien cet épilogue, où le poète se souvient de ses beaux jours passés et se demande si sa jeunesse est finie, — la conclusion paraît toute naturelle, parce que le lecteur éprouve pleinement ce sentiment que le bonheur est dans la maison, et se dit, à entendre les plaintes du poète : voilà un homme qui a été pigeon voyageur, qui a souffert du foyer quitté, de la vie hasardeuse ; et peu importe que le récit soit contradictoire si le sentiment est profond, et si l'on n'a songé à rien autre chose qu'au sentiment.

Bien des fables sont composées ainsi. On n'a qu'à étudier à ce point de vue *le Chêne et le Roseau*, *l'Ane chargé d'éponges*, *le Jardinier et son seigneur*, *l'Alouette et ses petits avec le maître d'un champ*. A peine dans les premières fables (la plupart de celles des deux premiers livres) le récit l'emporte sur l'effusion libre d'un sentiment *réveillé* par une anecdote, et dont l'anecdote finit par n'être plus que l'occasion.

Cette méthode si nouvelle n'a étonné que les purs logiciens (Patru , Boileau). Tel était le charme propre de La Fontaine qu'il a enchanté les esprits , et qu'ils n'ont pas eu la liberté d'analyser ses ouvrages, de remarquer à quel point ceux-ci s'écartaient des règles courantes , pour rentrer dans la règle éternelle, qui est de toucher, d'émouvoir et de faire passer son âme dans l'âme d'autrui.

VI

LA FONTAINE ÉCRIVAIN.

Le style de La Fontaine, comme celui de tous les écrivains originaux, est un style *créé* par l'auteur, continuellement puisé à des sources nouvelles, ou oubliées. Non point que ce style soit très métaphorique , ce qui est le moyen ordinaire aux grands écrivains de créer à leur usage une langue nouvelle. Au contraire , le goût du *mot propre* est le penchant dominant de La Fontaine. Son art consiste à appeler les choses par leur vrai nom , en donnant au terme propre une valeur inattendue par le reflet sur lui des mots qui l'entourent.

Personne mieux que lui n'a connu le pouvoir d'un mot mis en sa place. Il dit la « *chaumine* enfumée » ; mais tout le morceau est du ton d'un langage de paysan, et le mot *chaumine* non seulement passe, mais était le mot nécessaire. — Il dit : « tirant sur le grison... il avait du comptant... on l'allait testonnant », style trivial, en harmonie avec la trivialité du personnage. — Il dit : « avorton, excrément ». Même méthode à l'inverse : expressions triviales au milieu d'un récit épique , pour produire un effet de contraste, qu'il a comme souligné, du reste : « Et cette alarme universelle est l'ouvrage d'un moucheron ». — Il donne à un mot ordinaire une valeur extrême , sans métaphore proprement dite , en le transportant de son emploi accoutumé à un autre, où il est encore le mot juste, mais imprévu :

> ... Où, de tout leur pouvoir, *de tout leur appétit,*
> *Dormaient* les deux pauvres servantes.

> Le chien sur cette odeur ayant *philosophé...*

Son *style pittoresque* est de même sorte. Il peint par le mot juste aidé de la disposition des mots entre eux. Peu de comparaisons, peu de figures, des termes propres bien assemblés : « La *dame* du logis *avec son long museau* ». — Le chat « marqueté, longue queue, *une humble contenance,* un *modeste regard,* et pourtant l'œil *luisant* ». — Le mulet qui « marchait d'un pas *relevé* en faisant *sonner sa sonnette* ».

> On lui lia les pieds, on vous le suspendit [l'âne] ;
> Puis cet homme et son fils le portent *comme un lustre.*

Ici une comparaison, mais combien courte, neuve, imprévue et exacte !

Le *tour* de phrase de La Fontaine est une nouveauté et presque une révolution dans l'art d'écrire en vers au xviie siècle. Le discours en vers au xviie siècle est un peu lent et d'allures posées, sinon pesantes. Les plaisanteries de Boileau, qui a de l'esprit, sont assénées d'une main sûre, mais un peu lourde. Le vers de Corneille est vigoureux, d'une admirable plénitude, mais compacte ; le vers de Racine est plus aisé, mais de tour presque constamment noble, et de mouvement un peu lent. On n'a pas assez remarqué qu'en vers Molière a le moule oratoire, une rhétorique très brillante, mais une rhétorique avec le développement, l'amplification, la progression, et un peu de l'appareil embarrassant que tout cela entraîne. Dans un seul chef-d'œuvre, *Amphitryon,* il a dénoué le vers *d'épître* ou de *discours en vers* dont il a coutume de se servir, et *Amphitryon* est de la même année que les premières fables (1668). La Fontaine lui-même, dans ses *Contes*, très remarquables de style du reste, et qu'on peut bien approuver à ce titre, puisque Madame de Sévigné les admirait, ne laisse pas d'avoir des avant-propos un peu traînants, des explications enveloppées, de ces « longueries d'apprêts » dont parle Montaigne. Dans les *Fables*, il cause avec la nonchalance aimable d'un entretien familier ; mais les parties narratives sont d'une vivacité et d'une brièveté étonnantes. Il y a là des tours qui ont une concision incroyable sans jamais cesser d'être clairs, des *raccourcis* d'une prodigieuse aisance. Ses débuts et ses dénouements sont alertes et enlevés d'un mouvement merveilleux :

> Deux coqs vivaient en paix, une poule survint,
> Et voilà la guerre allumée.
> Amour, tu perdis Troie !...

> Un paon muait, un geai prit son plumage..

> Perrette, sur sa tête ayant un pot au lait,
> Prétendait arriver sans encombre à la ville.

Au troisième vers nous sommes en plein récit.

> Un mort s'en allait tristement
> S'emparer de son dernier gîte.
> Un curé s'en allait gaîment
> Enterrer ce mort au plus vite.

Même procédé pour la conclusion. Voyez la fin de la fable *le Chêne et le Roseau* :

> L'arbre tient bon, le roseau plie,
> Le vent redouble ses efforts...

Au cours même du récit, il y a des vivacités de tour tout originales, du même genre : « Il avait dans sa cave une somme enfouie, *son cœur avec.* » — « Dans sa cave il enserre *l'argent, et sa joie avec lui.* » — On n'a jamais eu en France, même dans les poésies légères de Voltaire, l'image d'une liberté plus souveraine, l'exemple d'un maniement plus aisé des mots, des tours et des mouvements du style, avec une clarté absolue et une sûreté infaillible.

Le maniement des rythmes n'est pas moins merveilleux. Il faudrait une étude entière pour en donner une idée complète. Nous n'en dirons que quelques mots. La Fontaine est presque le seul des poètes classiques qui ait senti toutes les ressources du rythme, et tout ce qu'on en peut tirer pour donner à l'idée ou au sentiment toute sa force. Il a connu et a presque révélé l'harmonie du vers *pris en soi*, du vers considéré comme une phrase musicale, comme un choix de sons destinés à jeter l'esprit dans un certain état voulu par le poète. Tel vers de La Fontaine est un tableau, par le seul effet des sonorités légères et chantantes, ou sourdes et graves, qu'il met dans l'oreille.

> *Sans goûter le plaisir des amours printanières*
>
> *Quand les tièdes zéphyrs ont l'herbe rajeunie.*

> Mais un jour que les vents retenant leur haleine
> Laissaient paisiblement aborder les vaisseaux.

> Sur les humides bords des royaumes du vent.

> Avec grand bruit et grand fracas,
> Un torrent tombait des montagnes.

Mais c'est plus encore l'arrangement des vers entre eux qui fait le rythme. La Fontaine y est passé maître. Il raconte par le rythme. — Il peint par le rythme.

Il raconte par le rythme, c'est-à-dire qu'il donne, par l'arrangement des vers, des coupes, des rejets et des enjambements, la sensation de la rapidité ou de la lenteur, du continu ou du brisé, du facile ou du pénible de l'action.

> Par un chemin montant, sablonneux, malaisé,
> Six forts chevaux tiraient un coche.

> Légère et court vêtue, elle allait à grands pas
> Ayant mis ce jour-là, pour être plus agile,
> Cotillon simple et souliers plats.

C'est ce coup qu'il est bon de partir, mes enfants.
  Et les petits en même temps,
  Voletants, se culebutants,
  Délogèrent tous sans trompette.

Tout *Le lièvre et la Tortue* est une *narration par le rythme.*

Il peint par le rythme. Il ne fait pas de l'harmonie imitative proprement dite, procédé puéril et assez ridicule, qui prétend imiter les bruits de la nature par le son des mots ; mais il produit par le rythme une impression analogue à celle que l'objet ferait sur nous, suivant d'avance le conseil de Lessing, qui ne veut pas que le poète peigne, mais qu'il suggère au lecteur l'état d'esprit où un tableau le mettrait. Par exemple, il donne la sensation d'une foule grouillante et fourmillante par un cliquetis de petits vers à rimes redoublées :

Et l'on ne voyait pas, comme au siècle où nous sommes,
  Tant de selles et tant de bâts,
  Tant de harnais pour les combats,
  Tant de chaises, tant de carrosses ;
  Comme aussi ne voyait-on pas
  Tant de festins et tant de noces.

Il a des sonorités larges et pleines pour exprimer une explosion de joie triomphante :

L'insecte du combat se retire avec gloire ;
COMME IL SONNA LA CHARGE, IL SONNE LA VICTOIRE.

Son vers dans le dialogue se brise à la place juste où l'imprévu de la coupe donne au mot important une valeur double :

Chemin faisant, il vit le col du chien pelé.
Qu'est-ce là ? dit le loup — Rien. — Quoi ! rien ! — Peu de chose.
— *Mais encor !* — Le collier dont je suis attaché
De ce que vous voyez est peut-être la cause.
— *Attaché !* dit le loup ; vous ne courez donc pas
Où vous roulez ? — Pas toujours ; mais qu'importe ?...

Le poète a si bien l'instinct du rythme, que, quand le sujet s'élève, la strophe apparaît, et il improvise une manière de poème lyrique, une sorte d'*ode libre* dont il est le véritable inventeur. Il y a trois strophes de longueur inégale, de même mouvement et de même rythme dans l'épilogue des *Deux Pigeons*. Il y a une strophe très ample, d'un rythme et d'une chute très marqués, dans la *Mort et le mourant*, à partir de :

Et le premier instant où les enfants des rois...

On peut multiplier ces remarques dont le fond est inépuisable. Nous n'en avons pas assez dit pour notre plaisir, assez peut-être pour donner une idée d'ensemble d'un des plus grands *poètes* français, du premier *maître ouvrier en vers* que nous possédions.

MOLIÈRE

JEAN BAPTISTE POQUELIN, DIT MOLIÈRE

MOLIÈRE

I

SA VIE.

Jean-Baptiste Poquelin, qui prit plus tard le nom de Molière, naquit à Paris le 15 janvier 1622. Il était fils de Jean Poquelin, tapissier et valet de chambre du roi *avec survivance*, ce qui veut dire que le jeune Poquelin naissait valet de chambre présomptif du roi de France. Son père était à l'aise. Il fit donner à son fils une éducation de gentilhomme. Le jeune Poquelin fit ses études au collège de Clermont (à Paris), où il fut le condisciple du prince de Conti. Plus tard il suivit les leçons que l'illustre philosophe Gassendi donnait à quelques fils de famille, Chapelle, Bernier, Hesnault, Cyrano de Bergerac. Il étudia le droit à Orléans de 1645 à 1647. Revenu à Paris et entraîné vers le théâtre par une irrésistible vocation, il rassembla une troupe, prit le nom de Molière, et fonda l'*Illustre théâtre*, très obscur malgré son nom, et qui finit par la faillite.

Renonçant à Paris plutôt qu'à son art, Molière passa en province avec sa troupe et se mit à transporter son théâtre de ville en ville. Cette vie errante et peu connue dura douze ans, de 1646 à 1658. A cette période se rattachent les premiers essais de Molière, dont il reprit quelques-uns plus tard pour en faire de véritables comédies. C'est, par exemple, le *Fagotier* (devenu le *Médecin malgré lui*), *Gorgibus dans le sac* (une scène des *Fourberies de Scapin*), le *Médecin volant*, la *Jalousie du Barbouillé* (plus tard *Georges Dandin*), deux grandes comédies seulement achevées, l'*Etourdi*, donné à Lyon vers 1653 ou 1654, et *Le Dépit amoureux*, joué à Béziers en 1656.

Connu en province, protégé par son ancien camarade le prince de Conti, Molière se risqua à Paris, en 1658. Il obtint la permission de jouer devant le roi. Il représenta *Nicomède* (de Corneille) et le *Docteur amoureux* (de lui). Il eut du succès et s'établit à Paris avec le droit de donner à sa compagnie le titre de « *Troupe de Monsieur* ». Il occupa d'abord la salle du Petit-Bourbon, qu'il échangea un peu plus tard pour celle du Palais-Royal.

Comme pièce de début devant le public parisien, il donna les *Précieuses ridicules* (1659), qui eurent un succès de gaîté et d'applications malignes. Très en faveur depuis lors, ses créations se succédèrent avec une rapidité extraordinaire. Directeur, acteur, auteur, et encore sans cesse appelé auprès du roi pour fournir aux représentations de la cour, son activité incroyable suffit à tout. Il donna en treize ans vingt-cinq pièces, dont douze considérables, et dont sept ou huit sont des chefs-d'œuvre de premier ordre. Les voici dans leur ordre chronologique. Nous soulignons le titre des plus importantes :

1659. *Les* Précieuses Ridicules (grand succès).

1660. *Sganarelle.*

1661. *Don Garcie de Navarre*, tragédie (échec), — L'École des maris, les Fâcheux (grand succès).

1662. L'École des femmes (grand succès).

1663. *La critique de l'École des femmes,—L'impromptu de Versailles.*

1664. *Le Mariage forcé, la princesse d'Elide*, les trois premiers actes du Tartufe (à la cour).

1665. Don Juan, *l'Amour médecin.*

1666. Le Misanthrope, *le Médecin malgré lui, Mélicerte* (inachevé).

1667. *Le Sicilien ou l'amour peintre*, le Tartufe (joué une seule fois, puis interdit).

1668. Amphitryon, *Georges Dandin*, l'Avare.

1669. Tartufe (autorisé enfin, grand succès), *Monsieur de Pourceaugnac*.

1670. *Les Amants magnifiques,* — *le Bourgeois gentilhomme.*

1671. Psyché (en collaboration avec Corneille et Quinault), — *les Fourberies de Scapin,* — *la comtesse d'Escarbagnas.*

1672. Les Femmes savantes.

1673. Le Malade imaginaire.

Epuisé par un tel excès de production et de travail, Molière fut pris de convulsions en jouant le *Malade imaginaire* et mourut le 17 février 1673.

II

SON CARACTÈRE.

Molière excite et mérite de telles sympathies qu'on a peine à parler de ses défauts. Il faut les indiquer d'abord, pour se débarrasser de l'ennui d'y revenir. Il avait les mœurs d'un homme de théâtre, très libres et relâchées. Dans ses rapports avec le roi et la cour, il a poussé la flatterie plus loin peut-être qu'il n'était nécessaire aux intérêts de ses camarades. Il avait une irritabilité extrême, trop expliquée par la vie fiévreuse qu'il menait, et les attaques odieuses, il faut le dire, auxquelles il était en butte. Cependant les violences de l'*Impromptu de Versailles* et des *Femmes savantes,* encore qu'elles soient des représailles, sont cruelles.

Maintenant nous n'avons plus à parler que de ses qualités, qui sont séduisantes et même touchantes. Il était très bon quand il n'était pas attaqué, très serviable, très généreux, prodigue dans ses charités. Il a été chéri de sa troupe, ce qui est le plus grand succès qu'ait remporté un directeur de théâtre. Il a été tendre jusqu'à la faiblesse pour une épouse indigne. Il était sans orgueil et sans jalousie avec ses amis : Boileau, Chapelle, La Fontaine. Il a même su pardonner. Racine, dont il joua les premières tragédies, ayant brusquement et déloyalement porté ses œuvres à un autre théâtre, il sut ne jamais attaquer le déserteur, et même applaudir hautement à ses pièces.

Il était pensif et un peu replié sur lui-même, non point mélancolique, comme on l'a trop répété en forçant le trait (il ne faut pas oublier que La Fontaine a dit de Molière jeune : *il était fort gai*) ; mais volontiers songeur, et *contemplateur*, et, vers la fin de sa vie, attristé, malgré son courage, par ses souffrances physiques et par son intérieur malheureux.

Ce qui dominait en lui, c'était l'activité et l'énergie. Se sentant mourir, il se traîna au théâtre, et joua, non pas tant, comme il affecta de le dire, pour ne pas faire perdre leur journée aux ouvriers qui vivaient du théâtre (il était riche, et assez généreux pour les indemniser), que parce que l'ardeur d'agir et de lutter pour son œuvre le possédait jusqu'au dernier souffle.

Il aimait la vie large et brillante. Très artiste en cela, et comme le sont les artistes de notre temps, il se plaisait au luxe de bon goût, aux belles étoffes, à l'argenterie, aux riches ameublements, aux tableaux et aux objets d'art. Il laisse l'impression générale d'une âme forte et tendre, ardente et sensible, un peu égarée et compromise dans un monde trop mêlé, et n'y ayant pris que les défauts et les taches qu'il est presque impossible de n'y pas prendre.

III

LA POÉTIQUE DE MOLIÈRE.

Molière est le vrai créateur de la comédie en France. Il importe de bien entendre comment il a conçu l'art dramatique et la comédie.

C'est Molière qui a ramené le théâtre du goût de l'extraordinaire au goût du naturel. Nous savons par Corneille ce qu'avant 1660 on demandait à un poète dramatique : de grands sujets, des intrigues fortes, des personnages extraordinaires. On les demandait à la comédie comme à la tragédie. Molière, dès son arrivée à Paris, apporta sur la scène des pièces où le sujet n'est rien, l'intrigue très faible ou traitée avec le plus complet sans-gêne, des personnages dont le grand mérite est de ressembler aux hommes réels.

C'était le contre-pied de tout ce qu'on avait vu jusque-là. Ce n'est pas à dire que ce qui avait précédé fût mauvais, loin de là. « Il faut [en art] de l'agrément et du réel » (La Bruyère). Il faut de l'imagination et de l'observation. Or c'est une loi de l'histoire littéraire que l'art pousse tantôt dans un de ces sens, tantôt dans l'autre, donne dans l'imagination, puis, sentant qu'il perd pied, revient à la réalité, pour la trouver bientôt trop nue et sèche, et retourner à la recherche de l'extraordinaire. Molière fut, au milieu du XVIIe siècle, le représentant et le promoteur d'un retour au réel après les beaux efforts vers le sublime dont Corneille est la plus haute expression.

Molière ne veut pas de « grands sujets », pris en dehors de la commune mesure de l'humanité. Il n'aime pas les nombreux incidents, les entre-croisements des fils de l'intrigue, les péripéties multipliées. Il repousse, même avec un dédain excessif, le héros de tragédie romanesque : « braver en vers la fortune, accuser les destins et dire des injures aux dieux », lui paraît trop facile ; il dédaigne de « faire des portraits à plaisir *où l'on ne cherche point de ressemblance, et où l'on n'a qu'à suivre les traits d'une imagination qui se donne l'essor et qui souvent laisse le vrai pour attraper le merveilleux* ».

Au lieu de cela, que faut-il donc faire? Etre vrai, en observant les hommes vrais autour de nous, « entrer comme il faut dans le ridicule des hommes, et rendre agréables sur le théâtre les défauts de tout le monde », peindre « *d'après nature* » et « *faire reconnaître les hommes de son siècle*». Il le dit avec plus de netteté encore : L'affaire de la comédie est de représenter « *en général tous les défauts des hommes, et en particulier des hommes de notre siècle.* »

Le drame devient donc pour lui rien de plus et rien de moins qu'une peinture des mœurs des hommes. Cela, comme on pense, va très loin. Cela va jusqu'à ôter presque au drame le caractère dramatique. Intérêt de curiosité, mouvement, progression, agencement des scènes, dénouement imprévu et satisfaisant, l'intérêt éveillé par l'exposition, toutes ces parties considérées comme essentielles au poème dramatique, qu'importent-elles maintenant, si l'on n'a plus en vue que de peindre juste, de présenter le miroir aux hommes, et de faire qu'ils s'y « reconnaissent » ?

Et en effet Molière a écrit certaines comédies qui ne sont nullement dramatiques. C'est quand il s'applique le plus qu'il l'est le moins. Quand il s'égaie à une farce, il a le mouvement (inimitable), l'agilité dramatique, la multiplicité des incidents comiques, le revirement imprévu. Quand il compose une grande pièce, il ne songe qu'à peindre, et ses ressources de tout à l'heure, considérées par lui comme inférieures, il les oublie. Les *Précieuses ridicules*, les *Fâcheux*, l'*Avare* ne sont que des *portraits* dramatiques. Les *Femmes savantes*, le *Misanthrope* (surtout), *Don Juan*, ne sont que des *tableaux* dramatiques.

Parmi les grandes pièces de lui, il n'y a guère que le *Tartufe* qui soit à la fois *portrait*, *tableau* et *drame*, et encore le dénouement est peu satisfaisant. C'est qu'il lui était indifférent.

A la vérité, ce que Molière a voulu faire, il l'a fait d'une manière incomparable. C'est un des plus grands peintres de l'humanité que l'humanité ait produits. Il a enfoncé plus loin qu'aucun autre avant lui dans la connaissance de l'homme et l'anatomie des caractères. Il n'a pris, en général, que les caractères les plus généraux, mais il les a marqués d'une telle empreinte que personne n'y peut revenir après lui. Le vaniteux (*Bourgeois Gentilhomme*), le faux savant (*Femmes savantes*), le faux bel esprit (*Précieuses*), l'importun (*Fâcheux*), le méchant (*Don Juan*), l'hypocrite (*Tartufe*), l'avare sont restés peints pour toujours depuis qu'il les a jetés sur la toile.

Il a une manière d'abord de voir juste, puis de grossir sans altérer, pour enfoncer davantage la vérité dans l'esprit du spectateur, qui n'est qu'à lui. Sa passion de la vérité a été telle qu'il n'a pas craint d'y sacrifier quelquefois l'avantage et le plaisir d'être compris facilement et du premier coup. Sachant que les hommes ne sont pas tout bons, ou tout méchants, mais mêlés de mal et de bien, il n'a pas voulu, comme font d'ordinaire les poètes dramatiques dans le dessein d'être plus clairs, sacrifier les parties de bien dans la peinture de l'homme mauvais, celles de mal dans la peinture de l'homme de bien. Il a laissé de la générosité à Don Juan, de la tendresse touchante à ce vil personnage d'Arnolphe (*Ecole des Femmes*), et des ridicules à ce grand honnête homme d'Alceste (*Misanthrope*), non par mégarde, mais sachant bien ce qu'il faisait, et le disant : « *Il n'est pas* INCOMPATIBLE *qu'une personne soit ridicule en certaines choses et honnête homme dans d'autres.* »

Il n'est pas incompatible, c'est-à-dire il est vrai ; et dès que cela est vrai, c'est ce qu'il faut mettre sur la scène. La vérité et toute la vérité, la nature et toute la nature transportée du monde sur le théâtre, voilà ce qu'a voulu Molière, et voilà ce qu'il a fait.

Ce fut une lumière nouvelle. Les contemporains ne s'y trompèrent point. Deux ans après son arrivée à Paris, au temps de la représentation des *Fâcheux*, La Fontaine écrivait à son ami Maucroix :

> ... Jamais il ne fit si bon
> Se trouver à la comédie.
> Car ne pense pas qu'on y rie
> De maint trait jadis admiré
> Et bon *in illo tempore.*
> Nous avons changé de méthode ;
> Jodelet n'est plus à la mode,
> Et maintenant IL NE FAUT PAS
> QUITTER LA NATURE D'UN PAS.

Et il ajoutait, parlant de l'auteur : « J'en suis ravi ; car c'est mon homme ». — Ce fut l'homme de toute son époque, et la façon dont il entendait la scène eut de grandes suites dans tout le temps qui vint après lui. Ce fut un renouvellement complet de la littérature dramatique et du goût public au théâtre.

IV

MOLIÈRE ÉCRIVAIN.

Molière est un grand écrivain négligé. Il écrivait vite, pressé par le temps, par les nécessités de son théâtre, par les ordres du roi. Ses pièces les plus soignées ont été composées très rapidement et avec le secours de procédés expéditifs : témoin le *Misanthrope,* où il a fait entrer des scènes entières de *Don Garcie de Navarre.* De cette hâte résultent souvent dans les œuvres de Molière des obscurités, des tours pénibles, des embarras de construction, quelquefois des scènes entières ou absolument négligées ou presque inintelligibles (5me acte de l'*Avare,* 5me acte de l'*Etourdi*). C'est le défaut que Fénelon lui reprochait quand il parlait de son « galimatias ». Il est sensible encore pour nous.

Un autre, que nous n'apercevons plus, est celui que La Bruyère, trop durement du reste, signalait sous les noms de « jargon » et de « barbarisme ». Par barbarisme et jargon La Bruyère désignait les *néologismes,*dont la langue de Molière, surtout à partir de 1659, est pleine. Inutile de faire remarquer que Molière étant devenu classique, et l'un des auteurs où nous apprenons notre langue, ses néologismes sont des termes courants aujourd'hui ; La Bruyère, qui avait raison pour son temps, paraît étrange dans son assertion, quand on ne fait point réflexion à ce revirement.

Il faut prendre aussi en sérieuse considération ce que dit Fénelon des multitudes de métaphores accumulées dont use Molière particulièrement dans ses vers. Il est très vrai qu'il y a un peu de redondance et quelque rhétorique dans les couplets des personnages de Molière, quand il les pousse jusqu'au discours, ce qui lui arrive quelquefois.

Nous insistons, non sans quelque pédantisme, sur ces critiques, parce que l'admiration pour Molière a pris de nos jours un caractère d'entêtement et de dévotion qui va jusqu'à nier toute imperfection dans l'auteur du *Misanthrope,* ridicule dont il ne faut pas que les jeunes gens transmettent la tradition à nos neveux. Molière reste assez grand écrivain, le départ fait du bon et du médiocre, pour qu'on n'ait pas à craindre de parler de lui avec ce souci de la vérité qu'il avait si fort.

Il a une langue très riche, la plus riche peut-être de son siècle, et directement puisée aux sources vives du siècle précédent, colorée, abondante, jaillissante. L'image est presque toujours neuve chez lui et pleine de sens ; elle n'a pas cette rigueur superstitieuse qui sent l'école, mais elle est libre, hardie et vivante. La vivacité du tour est un charme, et le mouvement du style est presque toujours incroyable, à désespérer tout imitateur et à dépasser les forces de tout interprète.

La verve comique était comme son essence même, et l'allure de son esprit. Il ne faut pas oublier, ce qu'on fait souvent, parce que c'est une qualité qui a plus rarement chez lui jour à se révéler, une très grande et exquise délicatesse d'expression dans les passages de tendresse qui se rencontrent dans ses œuvres (voir *Don Juan).* En somme, il n'y a pas, depuis l'antiquité grecque jusqu'à nos jours, un seul poète comique qui puisse, même comme écrivain, être comparé à cet étonnant improvisateur.

Il nous resterait à présenter quelques observations sur Molière considéré comme moraliste. Elles trouveront leur place naturelle dans l'examen que nous allons faire du *Misanthrope*.

LE MISANTHROPE

I

LE SUJET. — LES CARACTÈRES.

Le *Misanthrope* est une des pièces de Molière que nous avons désignées sous le nom de *Tableaux dramatiques*. Ce n'est pas, à proprement parler, une comédie. L'intrigue y est excessivement légère, et il n'y a pour ainsi dire pas de dénouement.

Une coquette démasquée et que ses courtisans abandonnent, voilà toute l'action.

L'intérêt de curiosité ne trouve là aucunement à se satisfaire ; Molière n'a pas songé à lui donner une pâture. Ce qu'il a voulu faire, c'est un *tableau* d'un coin de la société de son temps. Une « ruelle » avec la dame spirituelle, coquette, maligne et fausse qu'on y vient adorer, ses petits seigneurs éventés et prétentieux, son poète importun, sa prude médisante et fourbe ; avec un mondain serviable, aimable, sensé et un peu sceptique, une jeune fille bonne et sincère, un honnête homme enfin, droit, franc, rude, violent, et ridicule parce qu'il est amoureux de la coquette qui règne en ces lieux : voilà le tableau vif, animé, varié, amusant, que Molière a voulu peindre, sans autre prétention, sans doute, que de le bien peindre, et sans dessein plus profond que de plaire en le peignant.

Cela est gai, pénétrant, incisif, d'un grand air de vérité, bien distribué d'ailleurs et d'une composition aisée, et peut-être y a-t-il exigence à demander plus, ou maladresse à chercher davantage.

Au premier acte, l'honnête homme atrabilaire, Alceste, s'emporte contre le mondain tranquille, Philinte, parce que celui-ci s'est montré trop aimable avec un indifférent. Philinte le plaisante doucement et lui donne des conseils de bon sens : Pourquoi « toutes ces incartades » contre les mœurs du temps, « ces brusques chagrins », cette habitude « de rompre en visière » avec le monde ? Pourquoi, dans un procès, ne pas solliciter les juges, comme tout le monde fait ? Il faut prendre les hommes comme ils sont, regarder leurs défauts comme vices unis à l'humaine nature, s'y accoutumer, et, surtout, quand on est un fanatique de sincérité et de droiture comme Alceste, ne pas être amoureux d'une coquette comme Célimène. — Arrive un poète fâcheux, Oronte, qui lit un sonnet que Philinte applaudit avec une courtoisie un peu railleuse, et qu'Alceste déclare épouvantable. Sur quoi une provocation s'échange, et voilà Alceste avec un duel sur les bras.

Au second acte, Alceste querelle la coquette qu'il aime, Célimène, sur ses goûts trop mondains, les coquetteries engageantes par le charme desquelles elle retient autour d'elle un peuple d'adorateurs. Célimène se défend avec une raillerie spirituelle. — Les visites arrivent. On jase, on médit du prochain, on trace des portraits satiriques. Célimène fait les honneurs de son esprit ; Eliante, jeune fille douce et sincère, philosophe sans prétention, esquisse un petit cours de morale à l'usage des *honnêtes gens ;* les jeunes marquis font des compliments, Philinte sourit, Alceste gronde. — On vient le chercher pour sa querelle avec Oronte, et il sort en tempêtant.

A l'acte suivant, causerie des « petits marquis » où s'étale leur suffisance. — Visite de la prude Arsinoé, qui dit, d'un ton radouci, mille méchancetés à Célimène ; réponse plus mortifiante encore de Célimène ; sur quoi Arsinoé, jalouse, tâche à s'insinuer auprès d'Alceste, caresse son amour-propre, lui dénonce les perfidies de Célimène, sans obtenir de lui autre chose que la plus rude des rebuffades.

Au quatrième acte, grâce aux bons offices de Philinte, on a pu arranger l'affaire d'Oronte et d'Alceste devant le *Tribunal des maréchaux*, sorte de conseil destiné à accommoder les affaires d'honneur qui était institué en ce temps-là. — Mais Alceste n'y pense déjà plus. Dans sa fureur jalouse, Arsinoé a livré à Alceste un billet compromettant signé de Célimène. Alceste s'emporte contre la perfide, qui, par des manœuvres savantes, l'amène peu à peu à se repentir, et presque à demander pardon.

Enfin les petits marquis et le poète Oronte, qui tous ont des prétentions à être aimés de Célimène, et tous ont été encouragés par elle, ont fini par trouver, eux aussi, des billets de la coquette, où, écrivant à l'un, elle se moque de l'autre, et réciproquement, tournant en ridicule tour à tour et Oronte, et les marquis, et Alceste. Du rapprochement de ces billets sort la confusion de Célimène. Oronte, les marquis, toute la cour de Célimène quittent la maison. Alceste et Philinte restent encore, Philinte parce qu'il n'est pas amoureux de Célimène, et Alceste parce qu'il l'aime. — Alceste, par une dernière faiblesse, offre sa main à Célimène, à la condition qu'elle se retirera avec lui à la campagne, loin du monde corrompu et menteur. Ce sacrifice est trop dur pour la coquette. Elle s'y soustrait, offre d'épouser Alceste, mais sans renoncer au monde. Alceste répond :

> Puisque vous n'êtes point, en des liens si doux,
> Pour trouver tout en moi, comme moi tout en vous,
> Allez ! je vous refuse...

Et là-dessus, après avoir marié Philinte, qu'au fond il a toujours aimé, à Éliante, qu'il estime, il annonce qu'il se sauve loin des hommes, du monde ridicule, des poètes ennuyeux, des prudes méchantes et des coquettes sans cœur.

Une critique toute *livresque*, comme eût dit Montaigne, ou toute *documentaire*, comme nous disons aujourd'hui, qui explique les œuvres d'art par des commérages du temps où elles ont paru, et sait tout sur les artistes, sauf comment est faite une imagination d'artiste, s'est demandé: « Qui est Alceste ? qui est Philinte ? qui est Célimène ? Est-ce Montausier ? est-ce Dangeau ? Est-ce Mademoiselle Molière ? » Questions qui ont pour point de départ **cette** idée, acceptée comme un principe indiscutable, que Molière, après avoir observé les hommes pendant trente ans, est incapable de concevoir par lui-même un Alceste, un Philinte ou une Célimène.

Notre opinion est qu'Alceste, pour prendre un exemple, est Montausier, qu'il est aussi Boileau, qu'il est aussi Molière lui-même, et qu'il est un très grand nombre d'autres hommes encore, fondus ensemble à l'insu même de Molière, et sans qu'il y ait pris garde, dans le travail de son imagination créatrice.

Oui, Alceste est Montausier, le très honnête homme qui avait pour devise « *Usque tenax recti* », le bourru généreux, si emporté à la fois et si chaud de cœur, qu'ayant été averti qu'on le ridiculisait dans le *Misanthrope*, il vint à la comédie, se reconnut en effet, mais fut si flatté de se reconnaître qu'il remercia et embrassa Molière (Saint-Simon) ; l'homme aux manières rudes qui a eu, lui aussi, sa Célimène, et a soupiré pendant sept ans pour Julie d'Angennes.

Oui, Alceste est Boileau, pour ce qui est de « la haine d'un sot livre » et de l'emportement contre les mauvais auteurs, à preuve que Boileau s'y est reconnu : « Je jouai alors (dans une séance de l'Académie) le vrai personnage du Misanthrope, ou plutôt j'y jouai mon vrai personnage, le chagrin de ce Misanthrope contre les mauvais vers ayant été, comme Molière me l'a confessé plusieurs fois, copié sur mon modèle. »

Oui, Alceste est Molière, pour ce qui est des emportements pleins de tendresse encore contre ce qu'il aime. C'est Molière qui, en songeant à sa femme, s'écrie : « Et c'est pour mes péchés que je vous aime ainsi ; » — avec cette réserve toutefois qu'il ne faudrait pas trop pousser les choses, la plus grande partie des scènes de jalousie du *Misanthrope* étant copiées dans *Don Garcie de Navarre*, qui fut écrit en 1660, c'est-à-dire deux ans avant le mariage de Molière, et à une époque où Armande Béjart, âgée de quinze ans, ne devait pas encore être une coquette très raffinée. — Oui, Alceste est tout cela, et bien autre chose encore Bien d'autres traits de misanthropie, de sincérité rude, de vertu intraitable et blessée par les petites hypocrisies mondaines, d'impatience, de douleur à sentir l'amitié contrefaite et trahie, l'amour simulé, le véritable amour méconnu ou trompé, ont passé devant les yeux de Molière, se sont déposés dans son esprit, puis, le jour de la création venu, se sont d'eux-mêmes disposés, distribués et ajustés, chacun à sa place, comme des organes nécessaires, dans un personnage vivant.

De même Philinte, de même Célimène. Que Philinte soit Dangeau, il n'est pas impossible ; mais qu'il soit Chapelle, c'est chose qui peut se soutenir ; et qu'il soit Valincour, c'est une opinion probable. Il a la politesse de Dangeau, la gaîté spirituelle de Chapelle, et le « flegme philosophe » de ce Valincour qui, sa bibliothèque ayant brûlé, répondait aux compliments de condoléance : « Je n'aurais guère profité de mes livres si je ne savais pas les perdre». — Mais Dangeau, Valincour et Chapelle seraient peu modestes, et en cela sortiraient du carartère de Philinte, s'ils s'imaginaient remplir, chacun à lui seul, et même à eux tous, l'idée du personnage de Philinte. Aucun n'a la misanthropie tranquille de cet autre misanthrope, si convaincu du caractère incurable des travers humains, qu'il les considère comme des maladies constitutionnelles, comme « des vices unis à l'humaine nature », si dédaigneux des hommes, qu'il ne les reprend point de leurs défauts, et va jusqu'à les en complimenter, avec une raillerie intérieure habillée en amabilité. Aucun peut-être n'a cette bonté, vraie aussi, qu'il réserve à quelques personnes d'élite, mais agissante au besoin, qui fait qu'il sert Alceste malgré ses rebuffades, et, quoique soigneux d'éviter toute affaire, sort de sa nonchalance pour arranger celles de son terrible ami.

Célimène est-elle Julie d'Angennes? Est-elle Mademoiselle Molière ? Un peu l'une, un peu l'autre, et surtout autre chose. Mademoiselle Molière n'était point si spirituelle, ni Mademoiselle d'Angennes si perfide. Pourquoi Célimène ne serait-elle pas simplement *la femme du monde* avec ses grâces, ses séductions et ses défauts? — Éliante est-elle Mademoiselle de Brie, autre actrice du théâtre de Molière? Cela est plus raisonnable, le rôle d'Eliante n'étant point un caractère approfondi, et étant tout épisodique ; mais c'est précisément ce qui prouve que les grands rôles ne peuvent pas être des copies, et dépassent toujours par quelques côtés les personnages vrais que l'auteur a pu faire entrer dans leur composition. Toute vérité particulière ne peut être une vérité artistique.

Et, de même, la pièce est-elle, comme on s'est amusé à le demander, le jansénisme opposé à l'esprit mondain, l'esprit de « tolérance sociale » opposé à l'esprit de rigoureuse et morose vertu, « l'hypocrisie des manières » attaquée par la rude droiture ?... Pourquoi restreindre une si grande œuvre d'art à la mesure d'un pamphlet ou d'un article du dictionnaire de Bayle ? à Pourquoi le *Misanthrope* n'aurait-il pas pour sous-titre *Un salon en 1666*, ou *Caractères et mœurs de ce siècle ?* Puisqu'on en appelle à l'impression des contemporains, pourquoi ne pas en croire de Visé, qui écrit, du vivant de Molière, sous ses yeux, sous sa dictée peut-être, en tête de l'édition de 1667 :

« Il n'a point voulu faire une pièce pleine d'incidents, mais une pièce seulement où il pût parler contre les mœurs du siècle. C'est ce qui lui a fait prendre pour son héros un misanthrope... Il ne pouvait choisir un personnage qui, vraisemblablement, pût mieux parler contre les hommes que leur ennemi... Célimène est une jeune coquette et tout à fait médisante... Je vous laisse à penser si ces deux personnes ne peuvent pas naturellement parler contre toute la terre, puisque l'un hait les hommes, et que l'autre se plaît à en dire tout le mal qu'elle en sait... C'était trouver le moyen de mettre la dernière main AU PORTRAIT DU SIÈCLE.

« IL Y EST TOUT ENTIER, puisque nous voyons encore une femme qui veut paraître prude (Arsinoé), opposée à une coquette, et des *marquis* qui représentent la cour : tellement qu'on peut s'assurer que dans cette comédie on voit *tout ce que l'on peut dire* contre les mœurs du siècle (1). »

Voilà qui est bien mal écrit, mais qui est le bon sens même.

______

(1) Cf. Ch.-L. Livet, *Le Misanthrope* (Paul Dupont).

Molière a voulu peindre « *le monde* » en 1666. Des coquettes, des prudes, des fats, des poètes de salon. Mêlés à eux, une jeune fille franche, douce, sensée et froide; un homme du monde sceptique et railleur, mais honnête et serviable ; un homme loyal, ardent, enthousiaste, morose parce qu'avec ce tour d'esprit il est amoureux d'une coquette, et ridicule à cause de la fausseté de cette situation : voilà le monde élégant du temps, moitié ville et moitié cour, et, d'autre part, moitié bon, moitié mauvais, avec des personnages qui, eux aussi, ne sont « ni du tout mauvais, ni du tout bons », comme disaient les vieux critiques dramatiques français commentant Aristote. C'est le modèle de la comédie du genre moyen, qui ne va pas jusqu'au drame comme *Tartufe* et ne touche pas à la farce comme l'*Avare* ; qui a pour suprême mérite un air excellent de *vérité*.

II

HISTOIRE DU MISANTHROPE DANS L'OPINION.

Le *Misanthrope* n'a pas été un échec en sa nouveauté, il n'a pas été non plus un grand succès. Au bout de quatorze représentations, il fallut le soutenir en y ajoutant une pièce bouffonne, le *Médecin malgré lui*. Le chef-d'œuvre fut goûté sans doute, mais le public dut être dérouté par ce parti pris de vide dans l'action, cette sorte de gageure d'une pièce se soutenant uniquement par la peinture des caractères, un tableau de mœurs et un spirituel dialogue.

C'est que c'était là, nous ne dirons pas l'excès, mais le dernier terme des penchants secrets de l'auteur, où il s'abandonnait, jusqu'à aller plus loin que son public ne voulait le suivre.

Pareille chose est arrivée aux trois grands poètes dramatiques du XVIIe siècle. Corneille avait suivi le goût public dans la recherche de l'extraordinaire, puis l'avait conduit jusqu'à la recherche du surhumain, enfin il voulut le pousser jusqu'au spectacle de la sainteté (*Polyeucte*), et, à ce degré, il rencontra quelque opposition. — Racine chercha l'émotion dans l'analyse pénétrante des passions de l'amour, et fut applaudi ; quand il alla jusqu'à peindre la passion dans ses misères douloureuses et coupables, il dépassa le goût de son public, et échoua (*Phèdre*). — De même Molière, à pousser jusqu'aux limites où le drame cesse d'être dramatique sa conception d'un théâtre qui n'est rien qu'un miroir du monde, trouva dans l'opinion, bien préparée pourtant par lui, sinon quelque résistance, du moins quelque hésitation.

Il y eut d'autres causes de désaccord entre Molière et le public. Dans cette pièce si simple en sa composition, les caractères étaient complexes. Ils n'étaient pas tranchés et précis comme une définition. Molière, ne cherchant que la ressemblance avec la vie, ne trouvait pas incompatible « *qu'une personne fût ridicule en certaines choses et honnête homme en d'autres* » ; il avait fait un Alceste et un Philinte mêlés tous deux de qualités et de défauts, pourtant opposés l'un à l'autre. Avec lequel fallait-il être ? Du quel rire, et auquel croire ? La foule aime à prendre parti, et quand on lui demande de l'impartialité, elle la donne en indifférence.

Elle fait pis encore : elle prend parti malgré vous et à vos risques. On crut généralement que Molière avait voulu faire rire d'Alceste, et, sur cette idée, les uns en rirent en effet, les autres estimèrent qu'il était indigne de se moquer d'un honnête homme. Ce fut le jugement de Fénelon. Il parla « d'austérité ridicule et odieuse donnée à la vertu. » Ce fut plus tard l'idée de Jean-Jacques Rousseau, qui la poussa à l'extrême et accusa formellement Molière de conspiration contre l'honneur et de tendresse pour ces cœurs froids et durs « qui montrent une admirable constance à supporter les maux d'autrui ». Ce fut enfin l'occasion pour Fabre d'Eglantine d'écrire une comédie très peu comique, *Le Philinte de Molière ou la suite du Misanthrope* (1790), composée sur le plan même qu'avait tracé Rousseau, et où Alceste devient un pur stoïcien, et Philinte un pur scélérat, de telle sorte qu'il n'y a plus, cette fois, d'erreur possible de la part du public, ni la moindre ressemblance avec la vie dans la pièce.

De nos jours, on discute encore, mais plus froidement, et l'on s'accorde généralement dans cette idée que Molière a voulu surtout être vrai, et dans une estime de l'ouvrage, qui va, selon la nature des esprits, d'une approbation discrète à un enthousiasme superstitieux.

III

CONCLUSION.

Le *Misanthrope* est certainement un chef-d'œuvre, et un chef-d'œuvre bien français. Les beautés délicates en sont peu appréciées des étrangers et sont chez nous le régal des gens de goût. Il y a là un sens plus délié des défauts légers et des menus travers du cœur que nulle part ailleurs dans Molière. Ce que nous avons dit de cette habitude de Molière de s'emparer des caractères les plus généraux est vrai de tout son théâtre, et n'est pas vrai ici. Il s'est donné la récréation de faire ce que d'ordinaire il a laissé à ses succeseurs, une étude des petits côtés de l'homme, brusquerie dans la droiture, scepticisme mondain et léger, coquetterie, pruderie, vanité d'auteur dans un homme bien élevé, fatuité d'hommes à la mode dans des seigneurs du reste aimables.

C'est là l'originalité charmante du *Misanthrope*, ce qu'il a d'inattendu dans Molière et de toujours nouveau dans notre théâtre. Une certaine sérénité aussi que l'on sent, à ce moment, dans l'âme de l'auteur, très dur souvent pour l'homme, comme tous les moralistes de son siècle, railleur ici, mais souriant, et gai d'une douce malice, est un charme de plus pour ceux qui ont pour Molière une sympathie de cœur.

Le manque même d'action, dans une pièce si pleine d'observation profonde et fine, ne choque point. Cela est si agréable qu'on craindrait presque qu'il ne s'y passât quelque chose. La complexité des caractères marque un si bel effort, et si heureux du reste, pour lutter de complexité avec la vie dans l'imitation qu'on en fait, qu'il n'est point de tentative plus intéressante.

Est-ce là du théâtre ? Assurément, si l'on n'a point de l'art dramatique une conception bornée et une définition étroite. L'essence du drame, c'est le mouvement et non pas l'agitation. Dans le *Misanthrope*, le mouvement est lent, mais sensible. Les caractères ont leur évolution progressive, dans une action très simple, mais qui va d'un état de bonheur relatif à un état de malheur léger, d'une espérance à une déception. Il suffit : l'émotion est faible, mais l'intérêt s'est éveillé et s'est soutenu.

Quant aux reproches d'immoralité, c'est l'erreur de gens d'esprit, l'un très chimérique et l'autre assez aventureux. Molière n'a nullement peint un Philinte égoïste et attiré l'applaudissement sur un personnage ainsi tracé. Philinte est spirituel, dédaigneux des hommes, assez railleur, mystificateur discret à l'occasion, mais très bon, *ne médisant pas* dans la grande scène de médisances, s'entremettant pour arranger l'affaire d'Alceste, et ayant le bon goût de ne point s'en vanter. C'est un de ces honnêtes gens de seconde marque dont la vertu est de savoir admirer et aimer les grands honnêtes gens héroïques et de les servir, tout en les grondant un peu.

Molière n'a nullement voulu rendre Alceste « ridicule et odieux. » Il sait l'homme seulement. Il sait les défauts qui sont d'ordinaire attachés aux vertus. Il sait que la passion du bien, de la vérité et de la droiture ne va pas sans impatience, sans irritation, sans emportement ; que l'humeur contredisante est une suite de ces travers ; qu'enfin un peu d'orgueil et je ne sais quel plaisir amer à prendre les hommes en défaut finit par s'y mêler, et il dit aux honnêtes gens trop fiers de l'être : « Prenez garde ! *Je fais de vous un cas particulier ; la sincérité dont votre âme se pique a quelque chose de noble et d'héroïque.* Mais au fond de votre vertu il peut y avoir un peu de présomption, qui est un égoïsme aussi, et qui éloigne de vous les hommes, ou vous force à vous en éloigner, au lieu de les aimer et de les servir ». — Y a-t il rien de plus vrai, et, en définitive, de plus moral?

Et, pour dire un mot seulement de ces griefs d'immoralité si souvent soulevés à propos de Molière, reconnaissons qu'il a en effet, comme l'a très finement et bien durement montré Bossuet, critiqué les travers plutôt que les vices. Mais d'abord cela est l'essence même de la comédie ; et ensuite il est peut-être moins utile de flétrir les coquins qui n'en ont cure, que de prévenir les honnêtes gens des travers qui les mettent à la merci des scélérats.

Dire à Orgon, sincère, charitable, brave citoyen, bon chrétien : « Vous êtes crédule : défiez-vous des hypocrites » ; à M. Jourdain, bon homme, honnête, généreux : « Vous êtes vain : défiez-vous des faiseurs de dupes ; à Philaminte, âme noble et élevée : « Vous êtes entêtée de hautes spéculations et de beau style : défiez-vous des coureurs de dot qui flatteront votre vanité littéraire ; défiez-vous de vous-même : vos enfants sont très mal élevés » ; — c'est peut-être un modeste mais très précieux office de moralisateur, et qui à la gloire du poète ajoute le mérite de quelques services rendus à ces hommes qu'il a si bien connus, si bien peints, un peu aimés, un peu éclairés, un peu consolés.

RACINE

JEAN RACINE
De l'Académie Françoise.

RACINE

SA VIE.

Jean Racine naquit à la Ferté-Milon (aujourd'hui département de l'Aisne), à quelques lieues du pays natal de La Fontaine, le 22 décembre 1639. Il était de famille bourgeoise, et ne fut gentilhomme que plus tard, par création du roi. Il fut orphelin de très bonne heure et élevé chez son grand-père paternel. Vers l'âge de douze ans, il fut placé au collège de Beauvais, à Beauvais (qu'il ne faut pas confondre avec le collège de Beauvais à Paris) et, à seize ans, grâce à sa grand'mère et à sa tante, religieuse de Port-Royal, il eut la rare fortune d'entrer dans la petite école de « Messieurs de Port-Royal », qui élevaient quelques jeunes gens de distinction (1655).

C'est là qu'il fit véritablement ses études littéraires, là qu'il prit son grand goût pour la langue et la littérature grecques, là qu'il apprit par cœur des romans grecs (*Théagène et Chariclée*), toujours confisqués, toujours retrouvés. Ses professeurs principaux étaient Nicole, Lancelot et le Maître de Saci. Dès cette époque il faisait des vers, la plupart très faibles, célébrant les beautés un peu tristes de la campagne aux alentours de Port-Royal, traduisant les hymnes latines de saint Ambroise ou de Prudence qu'il entendait à Vêpres. Au sortir des « humanités », il alla faire sa « logique » (philosophie) au collège d'Harcourt à Paris (1658). Sa logique terminée, il hésita sur sa carrière. Sa famille songeait pour lui aux ordres, au barreau. Son goût était à la littérature et surtout, à cet âge, à la vie de plaisirs. Il fit une ode à propos du mariage du roi (1660), « *la Nymphe de la Seine* », ode bien mauvaise, mais qui le fit pourtant connaître et lui valut une gratification royale. Dès cette époque, il connut La Fontaine, son compatriote, et Molière, le nouveau directeur de théâtre, très à la mode alors et en pleine lumière. Déjà il ébauchait une tragédie.

Il avait vingt ans. Sa famille, effrayée de ces goûts et de ces fréquentations, le retira à Uzès, auprès d'un de ses oncles, chanoine régulier, qui promettait de lui laisser son bénéfice (1661). En conséquence, le jeune Racine se mit à étudier la théologie, non sans de vifs regrets de sa vie de Paris, que nous retrouvons exprimés dans un certain nombre de lettres adressées à La Fontaine. Les affaires de son oncle se dérangèrent, l'espérance du bénéfice s'évanouit, la rigueur des parents se lassa. Racine était relativement libre de ses actions, étant orphelin : il revint à Paris et reprit sa plume de poète.

Nouvelle ode à l'occasion de l'établissement des trois académies, « *La Renommée aux Muses* », plus faible que la première, également récompensée ; puis amitié renouée avec Molière, établie avec Boileau, et nouvelle tentative dramatique. Son roman favori de *Théagène et Chariclée* lui restait sans doute en l'esprit, car il eut l'idée d'en faire une tragédie pour la troupe de Molière. Le sujet avait déjà été traité par Hardy en 1601 ; c'était une histoire romanesque et invraisemblable. Nous savons déjà que Molière avait peu de tendresse pour ce genre de sujets. Il le repoussa, et conseilla à Racine la tragédie des *Frères ennemis* (Étéocle et Polynice), ou le confirma dans le projet de l'écrire. On croit même qu'il eut une certaine part de collaboration dans la disposition du plan.

Racine écrivit la pièce, non sans habileté de plume, mais sans la moindre originalité, et en s'inspirant du goût de Corneille. Elle

fut représentée **en 1664 avec** un certain succès qui encouragea le
jeune auteur.

Dès l'année suivante (1665), *Alexandre le Grand* était écrit, et
joué chez Molière. Ce fut un très grand succès et un événement
de la vie parisienne. On discuta beaucoup le nouveau venu. On le
compara à Corneille comme, dès lors, on devait faire pendant deux
siècles. Saint-Evremond, de Londres, entendit le bruit de la conversation de Paris, et écrivit une dissertation sur l'*Alexandre* de
Racine et la *Sophonisbe* de Corneille (qui était de 1663). Au milieu
du succès, Racine, fort ombrageux et capricieux à cette époque,
enleva brusquement la pièce aux comédiens de Molière pour la
porter à la troupe rivale de l'hôtel de Bourgogne. Les deux poètes
se brouillèrent à cette occasion et ne se réconcilièrent pas.
C'est l'honneur de Molière de n'avoir jamais cependant attaqué
personnellement Racine, quelque raison qu'il eût de lui en
vouloir, et d'avoir même applaudi à ses pièces.

A partir de cette date (1665), Racine passe de la tutelle littéraire
de Molière à celle de Boileau. Celui-ci fut très sévère pour son ami,
le mit en défiance contre la facilité et lui fut très utile comme
critique sincère et judicieux. On peut croire que Boileau songe à
lui-même et à Racine quand il vante avec complaisance, et d'ailleurs avec justesse, le profit que les poètes ont à tirer d'un censeur
sévère et intelligent. En 1667, Racine donna *Andromaque*, qui fut
un succès de premier ordre. « *Andromaque*, dit un contemporain
peu suspect (Perrault), fit autant de bruit à peu près que le *Cid*. »

Cette fois, les inimitiés éclatèrent avec violence. Les malins
propos tombèrent de tous côtés. Racine y répondit par d'autres
épigrammes d'une verve et d'une malice cruelles. Une parodie
de Subligny, « *la Folle querelle* », fut jouée chez Molière.

. Racine était en pleine vogue. C'était le moment de sa grande
intimité avec Boileau, La Fontaine et Chapelle. Dans leurs
réunions traversées de libres propos et de joyeuses fantaisies, ils
imaginèrent, entre autres folies, une comédie bouffonne, en partie
imitée des *Guêpes* d'Aristophane, tirée surtout des observations
que Boileau, fils de greffier, avait faites sur les habitudes du

Palais, et des souvenirs que Racine avait gardés de certain procès « que ni les juges ni lui n'avaient jamais bien entendu ». Cette comédie fut arrangée, mise en vers par Racine et jouée en 1668. Elle tomba d'abord. Mais le roi, qui avait goûté *Andromaque*, voulait voir les *Plaideurs* à Versailles. Il rit, la cour éclata, toute la France suivit. La pièce, reprise à Paris, eut un grand succès. Le malin Racine fit remarquer ce revirement dans sa préface : « La pièce fut bientôt après jouée à Versailles. On ne fit point scrupule de s'y réjouir, et ceux qui avaient cru se déshonorer de rire à Paris furent peut-être obligés de rire à Versailles pour se faire honneur. » Mais, avant la cour et avant le roi, Molière avait vu la pièce et avait dit : « Ceux qui se moquent de cette comédie mériteraient qu'on se moquât d'eux ».

Elle est en effet très remarquable, plus comique que gaie, plus satire que comédie, mais toute jaillissante de mots qui peignent, de traits qui percent ; c'est une épigramme ou une parodie continuelle, dont le style donne, plus que chez Molière, le modèle du vers propre à la comédie, vif, souple, familier, un peu excentrique et fantasque, celui que Régnard maniera plus tard avec une dextérité si plaisante.

Cependant Racine songeait plus que jamais à des succès plus sérieux. Les ennemis avaient été répétant, après le grand bruit d'*Andromaque*, qu'à la vérité Racine savait peindre l'amour, mais qu'il ne peindrait jamais autre chose, remarque presque vraie, qui méconnaît pourtant les ressources ingénieuses d'un talent très souple, d'un artiste très avisé et capable de réussir là même où les penchants de sa complexion propre ne l'appelaient pas. Comme pour répondre à ces critiques, Racine chercha un sujet où l'amour ne fût qu'au second plan et presque indifférent, où les passions les plus étrangères aux sentiments tendres, ambition, soif du pouvoir, appétit des jouissances basses, esprit d'adulation, instinct de l'honnêteté, eussent la plus grande place au tableau. Il emprunta ce sujet au plus sombre et au plus triste peintre de l'antiquité, à Tacite; à la plus noire époque de l'histoire romaine, celle de Néron, et il écrivit *Britannicus* (1669).

La pièce échoua à peu près. Le roi l'applaudit, mais, cette fois, n'entraîna pas entièrement l'applaudissement de la foule.

En 1670, Racine, revenant à la peinture des passions douces et galantes, donna *Bérénice*. Henriette d'Angleterre, duchesse d'Orléans, lui en avait proposé le sujet, et, en même temps, s'était donné l'amusement de le proposer aussi, en secret, à Corneille. « Ce sont là jeux de prince. » Cette sorte de concours fut favorable à Racine. Corneille y mit son goût de l'extraordinaire, qui allait ici jusqu'à l'invraisemblable et au bizarre. Racine y apporta ses grâces nobles, sa dextérité à manier les sentiments confus, délicats et subtils du cœur, ses élégances de discours, un peu molles dans cette pièce et approchant de la fadeur, quelques mots vraiment touchants. Il fit couler des larmes des plus beaux yeux, et se fit applaudir par les plus belles mains. Le succès fut très grand et fit même taire l'envie.

Bajazet suivit (1672), plus profond, plus véhément et plus tragique, et *Mithridate* (1674), plus noble, visant plus au grand, et y atteignant sans trace d'efforts. C'est l'époque de la pleine gloire et du bonheur sans nuage pour Racine.

Iphigénie (1674 à la cour, 1675 à Paris) n'ajouta rien à la gloire du poète, mais fut encore un succès incontesté. Une assez plate tragédie de Leclerc et Coras sur le même sujet ne fit que donner au bonheur de Racine le piquant de la confusion de ses adversaires.

Quelques années après (1677), vint *Phèdre*, la plus hardie de toutes les tragédies de notre auteur. Des cabales savamment organisées, une rivalité (*Phèdre et Hippolyte* de Pradon) puissamment soutenue, mais, bien plus encore, et surtout, une crudité, inconnue jusqu'alors, dans la peinture des passions de l'amour en ce qu'elles ont de maladif et de cruel pour qui les éprouve, firent tomber ce drame terrible et puissant, qui était une véritable révélation après tant de preuves de génie données depuis *Andromaque*.

Racine fut découragé et navré. Des scrupules lui venaient, du reste, sur ces occupations réputées coupables au point de vue religieux. Il venait de se marier. Il était rentré en grâce auprès du grand Arnauld et s'était réconcilié avec ses anciens maîtres et amis de Port-Royal. Il se renferma alors dans la vie de famille, élevant avec mille soins tendres ses enfants, chérissant son foyer, n'en sortant que pour la cour, où l'appelaient ses fonctions nouvelles d'historiographe du roi, et la faveur toujours croissante de Louis XIV et de Madame de Maintenon.

C'est cette faveur qui, par le chemin le plus détourné, le ramena au théâtre ou du moins à l'art dramatique. Madame de Maintenon lui demanda pour Saint-Cyr un divertissement mêlé de musique et de chants, tiré des livres saints. Il composa *Esther* (1689), qui eut un succès magnifique. Il fit, deux ans plus tard, *Athalie*, le chef-d'œuvre de Racine et peut-être du théâtre français. *Athalie* échoua (1691). Pour des raisons d'ordre intérieur, elle ne fut représentée à Saint-Cyr qu'une fois. Elle le fut à la cour, dans les appartements du roi, à plusieurs reprises ; car Madame de Maintenon avait pour cette pièce une grande admiration. Mais, tout compte fait, la pièce ne plut que médiocrement. Imprimée (non jouée) à Paris, elle fut généralement trouvée froide. Racine put croire, malgré l'affirmation contraire de Boileau, qu'il s'était trompé.

Il mourut, après une légère disgrâce à la cour, suivie d'un retour de faveur, le 21 avril 1699.

II

CARACTÈRE DE RACINE.

Racine était d'une sensibilité extrême, très tendre, très passionné, très irritable, infiniment sensible aux critiques et aux railleries, y répondant avec une amertume et une malice empoisonnées. Il eût été méchant, sans l'amitié vigilante de Boileau, très juste, très équitable, très élevé de cœur, qui le contint et le ramena souvent, et plus tard sans la vie de famille, le calme de la retraite, la douceur du foyer et la faveur presque constante dont il se sentait entouré dans l'appartement de Madame de Maintenon et auprès du trône.

Il avait un feu d'enthousiasme, une ardeur de vivacité qui l'emportaient et le ravissaient à lui-même. Très beau, d'une figure qui rappelait d'une manière singulière celle du roi, il était admirable dans la conversation, quand elle touchait aux objets de ses études de prédilection et de son culte. Un jour, chez Boileau, on causait de tragédie grecque. Il court à la bibliothèque, revient avec un Sophocle et se met à déclamer et à *jouer* ŒDIPE-ROI, lisant et traduisant tour à tour et en même temps, étonnant et ravissant la compagnie : « Nous étions tous consternés autour de lui », dit un témoin.

Cette ardeur devenait une verve de malignité incroyable contre ceux dont il se croyait attaqué. Messieurs de Port-Royal ayant fait une allusion aux poëtes dramatiques, qu'ils tenaient pour « des empoisonneurs publics », il écrivit contre eux, sous le titre de « *Lettres à un visionnaire* », deux pamphlets, dont le second, sur les instances de Boileau, ne fut pas publié, qui sont des chefs-d'œuvre de satire mordante, de petites *Provinciales*, plus perçantes peut-être et plus aiguës. Les épigrammes contre ses rivaux sont sanglantes. Nous en citons une à titre d'exemple ; ce n'est pas la plus dure :

> Entre Leclerc et son ami Coras,
> Deux grands auteurs rimant de compagnie,
> N'a pas longtemps survinrent grands débats
> Sur le propos de leur Iphigénie.
> Leclec disait : la pièce est de mon crû ;
> Coras disait : elle est mienne et non vôtre.
> Mais aussitôt que l'ouvrage a paru,
> Plus n'ont voulu l'avoir fait l'un ni l'autre.

Cette sensibilité nerveuse se fondit en tendresse dans la vie calme de la famille ; elle devint, non pas cette mâle et vigoureuse bonté qui se répand en bienfaits et en bons offices sur les hommes, épanchement puissant du cœur que Racine n'a guère connu, mais une attache étroite et douce au foyer, à la mère de famille simple et bonne, aux enfants soumis et pieux.

Il est très aimable dans ce cadre, bon, affectueux, souriant. On vient l'inviter un jour de la part de M. le Duc. « J'arrive de Versailles, répond-il au messager. Mes enfants ne m'ont pas vu depuis quelque temps, et pour fêter mon retour, ils m'ont acheté cette carpe, que vous voyez là, qui vaut bien un écu. Je ne puis pas leur faire la peine de la manger sans moi. Je vous prie de faire valoir cette raison à Son Altesse Sérénissime. »

Vraie complexion d'artiste, nerveuse, mobile et inflammable, capable d'irritations ardentes, de découragements profonds, d'impétueuses saillies, d'exquises bontés.

<h2 style="text-align:center">III</h2>

POÉTIQUE DE RACINE.

Comment Racine a-t-il entendu l'art dramatique ? Racine représente dans la tragédie ce retour aux sentiments naturels et aux mœurs vraies dont Molière est le représentant et le promoteur dans la comédie.

Il ne faut pas oublier que l'influence directe de Molière sur Racine a dû être très grande dans le commencement. La « société des quatre amis » (Molière, La Fontaine, Boileau, Racine), dont La Fontaine parle dans sa *Psyché*, va de 1660 à 1665, c'est-à-dire se place à une époque où Racine a de vingt à vingt-cinq ans, Molière de trente-huit à quarante-trois. L'autorité de l'âge a donc pu donner aux conseils de Molière le poids de véritables règles de goût.

Songeons de plus qu'à cette époque Racine n'est qu'un étudiant qui a des velléités littéraires, tandis que Molière est un directeur de théâtre, un auteur déjà célèbre, en bons termes

avec la cour, homme important à la ville et homme à la mode ;
qu'il refuse les premiers essais de Racine, lui donne ses raisons,
lui propose des sujets, travaille avec lui, joue enfin ses premières
tragédies, quand lui-même donne à son théâtre l'*Ecole des Femmes*
et *Don Juan*, et à la cour les premiers actes de *Tartufe*. Il y a donc
eu entre Molière et Racine des rapports de maître à élève et
d'auteur illustre à débutant. L'influence de l'un sur l'autre a dû
être grande et prolongée.

Il semble en effet qu'ils ont entendu le théâtre de même manière, sauf les différences attachées nécessairement aux genres
divers, et encore ces différences très atténuées de part et d'autre.
Racine proclame avec énergie et presque avec hauteur la nécessité
de revenir en tout au *naturel* et de s'écarter de l'*extraordinaire*.
C'est dans la *préface* de *Britannicus* qu'il lance son manifeste
littéraire : « Au lieu d'une action simple, chargée de peu d'incidents, telle que doit être une action qui se passe en un seul jour,
et qui, s'avançant par degrés vers sa fin, n'est soutenue que par
les intérêts et les passions des personnages, il faudrait remplir
cette acton d'une quantité d'incidents... d'un grand nombre de
jeux de théâtre surprenants et invraisemblables, d'une infinité
de déclamations.... Voilà sans doute de quoi faire récrier tous
ces messieurs [ses adversaires]. »

Toute la poétique de Racine est dans ce morceau. Point de
sujet complexe, peu d'incidents, point de surprenant ni
d'invraisemblable. *Une action simple, une progression, le jeu des
intérêts et des passions des personnages*, rien de plus. Une tragédie
était pour Corneille un grand événement historique à étaler sur
la scène. Il cherchait de « grands sujets » ; Racine ne cherche
que des caractères intéressants.

Les contemporains l'ont très bien vu dès l'abord. Saint-
Évremond, partisan de Corneille, raille Racine de cette nouveauté :
« J'avoue qu'il y a eu des temps où il fallait choisir de beaux
sujets, et les traiter. Il ne faut plus que des caractères....
Racine est préféré à Corneille, et les caractères l'emportent sur
les sujets. » — Et Segrais renchérissant : « C'est la matière qui

manque à Racine.... il y a plus de matière dans une scène de Corneille seule que dans toute une pièce de Racine. »

Celui-ci le reconnaît lui-même et s'en pique, au lieu de s'en excuser. On peut dire qu'il n'a point de goût pour les grands sujets. A propros de *Bérénice*, il écrit : « Il y a longtemps que je voulais essayer si je pourrais faire une tragédie avec cette simplicité d'action qui était si fort du goût des anciens... Il y en a qui estiment que cette simplicité est une marque de peu d'invention. Ils ne songent pas qu'au contraire l'invention consiste à faire quelque chose de rien (c'était bien le cas pour *Bérénice*), et que cette multiplicité d'incidents a toujours été le refuge des poètes qui ne sentaient dans leur génie, ni assez d'abondance, ni assez de force pour attacher durant cinq actes leurs spectateurs par une action simple (il y revient), soutenue de la violence des passions, de la beauté des sentiments et de l'élégance de l'expression. »

Voilà la tragédie pour lui, comme était la comédie pour Molière. Peu de sujet et peu d'intrigue. Ce n'est pas là le fond. Le fond, et presque le tout du drame, c'est la peinture des passions humaines et le développement de leurs conséquences. — Mais encore de quelles passions ? Des passions communes à tous les hommes, où les hommes du temps où il écrit puissent se reconnaître.

Il ne faut pas que les personnages soient trop parfaits ni trop scélérats ; ils deviendraient invraisemblables, et le public ne se reconnaîtrait pas en eux. « Il faut donner quelque faiblesse à Hippolyte et qu'il soit un peu coupable envers son pere. » Il faut que Phèdre « ne soit ni tout à fait coupable ni tout à fait innocente ». Il faut que « les personnages aient une vertu capable de faiblesse et qu'ils tombent dans le malheur par quelque faute qui les fasse plaindre sans les faire détester ».

— Mais un sujet ordinaire, une action très simple, des caracteres sans grandeur extraordinaire et copiés sur ceux des hommes qui nous entourent, c'est une comédie. — En son fond, oui, certainement ; et l'élève de Molière n'a pas conçu la tragédie autrement que comme une comédie qui finit mal. Il a été le premier en France à estimer qu'entre la tragédie et la comédie il n'y a qu'une différence de degré, non d'essence. Ce n'était pas vrai avant lui. Sa tragédie est un drame intime plutôt qu'un drame historique, parce qu'il est plutôt grand peintre de passions que créateur de grandes idées. Seulement d'un fond de comédie, une tragédie, et terrible, peut sortir, ou plutôt pour un Racine et pour un Molière, les passions ordinaires de l'humanité sont une matière commune d'où l'un fait sortir le comique et l'autre le douloureux et l'effrayant. Il suffit pour cela que l'un montre les passions humaines avec leurs conséquences légères, et l'autre les mêmes passions avec les grands effets où elles peuvent aller.

Molière prend des hommes ordinaires avec des passions ordinaires et les met dans une action qui de leurs passions ne fera sortir que des suites de peu d'importance. Racine prend ces mêmes hommes, les met dans une action qui de ces passions tire de grandes suites, et nous sommes dans un genre de tragédie qui le plus souvent commence comme une comédie et finit comme un drame sanglant.

C'est que Molière ne presse pas ces passions pour en faire sortir tout ce qu'elles contiennent ; Racine les pousse à bout et nous montre toute l'horreur qu'elles portaient en elles, d'où il suit que Molière *fait soupçonner* souvent le tragique des passions humaines, tandis que Racine l'étale. Le tragique *latent* de Molière, Racine le déploie et le jette au grand jour.

Mithridate c'est tout ce que Harpagon, poussé à bout, pouvait être. *Andromaque* et *Bajazet* sont des dépits amoureux qui vont jusqu'au crime. *Phèdre* est une comédie d'alcôve qui finit en tragédie domestique. Néron est un don Juan plus vulgaire et plus cruel que celui de la comédie.

De là vient que quand Molière va loin dans cette pente au tragique qui lui est naturelle, et tant que Racine n'est qu'à mi-chemin dans cette même voie, ils se touchent, même par le ton. Les scènes du second acte d'*Andromaque* et les scènes du *Misanthrope* sont du même ton, et Voltaire fait remarquer qu'il y a trop du style de la comédie dans *Andromaque*. Il y a même un peu plus de violence dans les plaintes d'Alceste et un peu plus d'ironie railleuse dans celles d'Oreste.

De la tragédie ainsi conçue Racine a tiré des effets de terreur et de pitié inconnus avant lui. Avec ces passions ordinaires et poussées jusqu'à leurs suites funestes, nous n'aurons plus les grandes émotions élevées et purifiantes auxquelles Corneille nous avait habitués. Mais nous aurons les misères de l'humanité exposées à nos yeux et excitant en nos cœurs une pitié profonde. Nous aurons ce qu'un auteur grec a dit d'Euripide, si souvent imité par Racine, le spectacle effrayant de l'âme humaine déchi_ rée et déformée par le malheur.

Racine, quoi qu'en ait pensé autrefois une critique singulièrement superficielle, n'est pas *tendre*, ou il ne l'est que quelquefois, et dans l'expression; il est très enclin à aller jusqu'au bout des suites terribles de la passion qui entraîne l'homme et le terrasse, c'est-à-dire jusqu'au crime, au désespoir, au suicide, à la folie. *Andromaque* finit par un assassinat, un suicide et une scène de folie; *Britannicus*, par un fratricide et un accès de délire; *Bajazet*, par une « *grande tuerie* » qui étonnait Madame de Sévigné; *Mithridate* par un suicide, *Iphigénie* par un suicide, *Phèdre* par la mort d'un fils que son père condamne, et un suicide, sans compter les scènes d'égarement et d'hallucination que la pièce contient; *Athalie*, par un assassinat dans un temple. Seule, *Bérénice* ne compte ni meurtre ni accès de démence; seule, *Esther* a un dénouement heureux.

Corneille avait inventé un pathétique nouveau, le pathétique de l'admiration. Racine a presque inventé une *fatalité* nouvelle, celle des passions violentes, quoique communes et ordinaires en leur fond, qui, s'emparant d'hommes semblables à nous, dans une situation pareille à celle où nous sommes, les jette aux dernières extrémités, à toutes les ruines, au naufrage de leur vertu, de leur honneur, de leur raison.... et ensuite, comme a dit Shakespeare, « la mort est au bout de tout ».

C'est le secret de son grand empire sur la scène. Les générations se suivent, et toutes viennent pleurer et frémir devant leurs propres passions si fortement peintes, et les désastres qu'elles entraînent, sans emporter de ce théâtre une grande leçon morale, mais troublées jusqu'au fond de l'âme de ce qu'une simple aventure, où chacun de nous peut se trouver engagé, peut contenir de douleurs, de déchirements, d'angoisses, de malheurs et de crimes. Il est écrit : « Le roi pleurera, les princes seront désolés et les mains tomberont au peuple de douleur et d'étonnement ».

IV

RACINE ÉCRIVAIN.

« Racine a bien de l'esprit », disait Louis XIV à Madame de Sévigné, à la cinquième représentation d'*Esther*. Il conviendrait d'avoir la même simplicité dans l'appréciation des grands écrivains et de dire sans autre recherche : Racine écrit excellemment. En somme, ce serait encore là le meilleur jugement. Racine n'a pas inventé un style, il n'a pas marqué la langue de cette forte empreinte qui fait dire, en rencontrant une expression ou un tour : « Ceci est du style de Pascal » ; ou « ceci est un vers cornélien ». Racine écrit la langue de son temps mieux qu'aucun de son temps, et ce n'est pas un médiocre mérite.

Il écrit dans une langue très pure, très châtiée, très claire, toujours élégante, toujours musicale, dont la phrase mélodique est un peu courte, et dont le tour très simple manque un peu d'ampleur. Il n'est arrivé à la grande éloquence dramatique que dans *Athalie*, et à l'effusion élégiaque et lyrique que dans *Esther*, pièce faible de conception, et admirable de style.

Le mérite, étonnant du reste, de l'écrivain dans Racine est l'absence complète de défauts. On lit une de ses tragédies sans être arrêté une seule fois par une impropriété, une obscurité, une faiblesse, une négligence, une cacophonie. Il faut les chercher avec un parti pris de malveillance pour en trouver quelqu'une.

Ce que Corneille, avec un instrument rude encore, n'a pu atteindre, l'*agrément* même dans les scènes secondaires, dans les transitions, dans les propos de confidents, Racine l'a saisi sans apparence d'effort. On peut même, avec beaucoup de mauvais vouloir, faire un grief à Racine de n'avoir pas connu le charme de la négligence. « L'éloquence continue ennuie », dit Pascal ; l'élégance continue pourrait fatiguer.

Mais, ici, Racine peut se défendre, d'abord parce qu'un tel défaut est si rare qu'on est dispensé d'en médire, ensuite parce que son élégance sûre et comme infaillible lui permet d'user d'un procédé très curieux, peu remarqué, et qui est chez lui une originalité d'écrivain. On a dit et trop répété que Racine donne à ses personnages un style uniformément relevé, pompeux et compassé. Ce qu'on n'a pas dit assez, c'est que ce style, Racine le quitte volontairement, laisse l'expression familière éclater tout à coup, rompant la suite uniforme du style noble, pour produire un effet de naturel, de ce naturel qu'il aimait si fort.

Dans ces conditions, le mot propre, la locution courante, le tour prosaïque ne paraissent pas, comme chez Corneille, ne peuvent point paraître une négligence, tant le spectateur est habitué à l'élégance infaillible du poète, et ils font, par le contraste, une impression de vérité, de naïveté, qui est justement celle que l'auteur voulait produire. Prenons des exemples. Dans *Andro-maque* (II, 1), Hermione s'excite à aimer Oreste ; elle tâche à l'appeler de ses vœux :

> Il sait aimer du moins et même sans qu'on l'aime...
> Allons, qu'il vienne enfin. — Madame, le voici.
> — *Ah ! je ne croyais pas qu'il fût si près d'ici !*

Même pièce (IV, 3), Oreste, appelé par Hermione, accourt auprès d'elle, et en pur langage de cour se félicite de cette bonne fortune.

ORESTE.

> Ah ! Madame, est-il vrai qu'une fois
> Oreste en vous cherchant obéisse à vos lois?
> Ne m'a-t-on point flatté d'une fausse espérance ?
> Croirai-je que vos yeux, à la fin désarmés,
> Veulent...

HERMIONE.

> *Je veux savoir, Seigneur, si vous m'aimez !*

Oreste continue du même style : « Si je vous aime ! O Dieux ! » et une phrase élégante, qu'Hermione coupe brusquement par : « *Vengez-moi, je crois tout !* »

Néron (*Britannicus*, II, 3) se présente à Junie, et avec des madrigaux qui sentent leur Versailles d'assez près :

> Quoi, Madame, est-ce donc une légère offense
> Que m'avoir si longtemps caché votre présence !
> Ces trésors dont le ciel voulut vous embellir,
> Les avez-vous reçus pour les ensevelir ?
>
> . . . .
>
> Pourquoi de cette gloire exclu jusqu'à ce jour,
> M'avez-vous sans pitié relégué dans ma cour ?

« Mais votre mère... » répond Junie :

> *Ma mère a ses desseins, Madame, et j'ai les miens.*
> *Ne parlons plus ici de Claude et d'Agrippine,*

réplique durement Néron. — « Mais l'impératrice Octavie ? » reprend Junie...

> Et pouvez-vous, Seigneur, souhaiter qu'une fille
> Qui vit presque en naissant éteindre sa famille,
> Qui dans l'obscurité nourrissant sa douleur
> S'est fait une vertu conforme à son malheur,
> Passe subitement de cette nuit profonde
> Dans un rang qui l'expose aux yeux de tout le monde,
> Dont je n'ai pu de loin soutenir la clarté,
> Et dont une autre, enfin, remplit la majesté ?
>
> — *Je vous ai déjà dit que je la répudie.*

répond Néron, sèchement et prosaïquement. — Voilà le procédé, singulièrement habile, et si nouveau que quelquefois les hommes du temps s'y sont trompés. Dans *Bérénice*, tout au milieu des phrases bien tournées et des élégies élégamment exhalées, Bérénice laisse tomber ce vers simple, qui n'a plus l'air d'un vers :

Vous êtes empereur, Seigneur, et vous pleurez !

L'abbé de Villars trouvait mauvais « ce vers qui fait rire ». La vérité avait à quelques-uns paru de la naïveté triviale. C'était un artifice si bien trouvé que Voltaire s'en empara précieusement plus tard : « *Zaïre, vous pleurez !* »

C'est ainsi que Racine a su introduire de la variété encore par les changements de tons, dans un style d'une élévation soutenue, d'une pureté inaltérable, auquel on aurait pu reprocher une trop implacable perfection.

Il a su en outre assouplir le rythme, grâce à un très grand progrès accompli dans l'art de varier les coupes du vers, qui tombait trop uniformément à l'hémistiche et à la rime chez les poètes précédents, art délicat et sûr chez Racine, mais dont l'examen nous demanderait trop de développements ; nous laissons au lecteur le plaisir de faire lui-même cette étude.

ATHALIE

En 1677, après l'échec de *Phèdre*, Racine quitte le théâtre.

On peut quitter le théâtre. Quand on est né poète dramatique, on n'abandonne jamais le drame. Racine mûrit, vieillit, il est mari, père, homme de foyer. Il est pieux, il lit l'Evangile et la Bible. Il est lettré, il lit Homère et Sophocle. Sa conception dramatique sommeille en lui ; mais, à son insu même, elle se nourrit en silence de tout ce que cette nouvelle vie intellectuelle et morale lui apporte insensiblement chaque jour. Obscurément elle se transforme, s'enrichit, s'agrandit. Elle est toujours la même en son fond, mais s'est accrue de sentiments nouveaux, d'une idée plus vaste du poème tragique, et se trace à elle-même un cadre plus large, plus haut et plus riche.

Ce rêve aboutira-t-il ? Les circonstances en décideront. Il eût pu s'évanouir dans le dernier soupir du poète, demeurer le secret de sa tombe. Mais, en 1689, on demande à Racine un divertissement de pensionnaires. Il apporte *Esther*, une simple histoire, où le sujet n'est rien, où l'intrigue est insignifiante, où le style est admirable. On reconnaît le Racine de *Bérénice ;* on applaudit, et l'on songe à autre chose. Un homme à réflexions aurait pu dire :

« Oui, c'est le Racine d'autrefois, avec moins de flamme et de passion, et moins de profondeur psychologique ; mais c'est un nouveau Racine aussi qui semble poindre, un Racine lyrique. L'effusion élégiaque, très sensible déjà dans *Andromaque* et dans *Bérénice*, prend corps ici et puissance, et devient lyrisme véritable. Les chœurs sont très beaux ; la poésie en est puisée aux sources vraies du lyrisme, dans la Bible ; en dehors des chœurs, je trouve des *thrènes* ou des *prières*, des chants de lamentation ou d'espérance, qui sont des odes, moins la forme fixe. « *O mon souverain roi... Ce Dieu maître absolu de la terre et des cieux* ..... » — Il y a encore un goût nouveau du *spectacle*. Les jeunes Israélites réfugiées « à l'abri du trône » d'Assuérus, groupées savamment sur les marches, déclamant et chantant tour à tour avec des attitudes variées, voilà un tableau conçu par un artiste, destiné à parler aux yeux d'un public artiste. Ce ne sont là encore que les traits légers d'un art nouveau. Mais *Esther* me semble être l'ébauche d'un théâtre inconnu encore qui veut naître. »

En 1691 *Athalie* paraît. L'ébauche était devenue tableau.

I

CONCEPTION GÉNÉRALE.

A toute sa concep'i)n première du théâtre, Racine dans *Athalie* a ajouté toute son âme d'homme mûr, tout ce que quatorze ans de vie de famille, de vie pieuse et de méditation littéraire avaient mis en lui. Il a fait entrer dans son dessein poétique : Dieu, la famille, et l'art grec. Son théâtre était fait d'observation morale très pénétrante, d'action très simple et de style très pur. Son nouveau poème aura tout cela. Il aura de plus le surhumain, les tendresses domestiques, et la majesté de Sophocle.

Pourquoi le *merveilleux*, et le merveilleux chrétien, quoi qu'en pense Boileau, ne trouverait il pas sa place dans l'art dramatique ? C'est être grec que d'être chrétien ainsi. La Fatalité céleste domine le théâtre d'Eschyle et de Sophocle. Pourquoi la Providence divine ne planerait-elle sur le théâtre français ? Il faut, au théâtre, que tout s'enchaîne et se dénoue naturellement, c'est-à-dire par des moyens humains, et cependant il est possible (*Polyeucte* en est la preuve) qu'au-dessus de ces moyens humains on sente une force supérieure, qui sera sensible en effet, *si les personnages du drame en reconnaissent dans leurs actes l'influence obscure*, et le déclarent.

C'est ce qui aura lieu dans *Athalie*. Un prêtre agira en homme énergique et habile, mais croira n'être que le bras d'un Dieu vigilant et puissant; une reine imprudente, et faible parce qu'elle est violente, tombera dans un piège, mais croira y être poussée par une main cachée, terrible et inévitable. Toute la pièce tiendra entre l'invocation du prêtre : « Daigne, daigne, mon Dieu, sur Mathan et sur elle, répandre cet esprit d'imprudence et d'erreur... » et le cri de désespoir de la reine: « Impitoyable Dieu, toi seul as tout conduit » ; et la tragédie humaine sera comme l'ombre ici-bas d'un drame divin joué au fond de l'infini par le poète éternel.

Le drame français n'admet pas *l'enfant*. Au xvie siècle peut-être, avec l'ingénuité d'un primitif, quelque Jean de la Taille a pu hasarder le supplice des fils de Saül. Au xviie, on n'est point revenu à cette conception naïve. Boileau, traduisant Horace, dans son *Art poétique*, et traçant, à l'usage du poète dramatique, le tableau des quatre âges de l'homme, retranche l'enfance, comme ne devant être d'aucune utilité. — Et pourquoi donc le péril d'un enfant, les alarmes d'une mère ne seraient-ils point touchants? Ce qu'une âme paternelle, au foyer domestique, a amassé de sollicitude émue pour les êtres faibles ne peut-il devenir matière à poésie dans une œuvre poétique où la sensibilité a si grande part? Qu'un sujet s'y prête, et Racine peindra un enfant et une mère, et en tirera des traits tout nouveaux, inconnus au théâtre jusqu'à lui.

Le poète rêve encore. Au sortir d'une lecture de Sophocle, il entre dans une église, prie, se recueille, puis laisse sa pensée suivre sa pente inévitable et, malgré lui, sans qu'il s'en aperçoive même, toujours retrouvée.

« Ces Grecs étaient grands. Ils avaient un art de peuple artiste, très simple en son fond (je les ai imites en cela), très vaste et multiple et varié en ses moyens d'expression. Je suis pauvre et borné auprès d'eux. J'ai fait causer cinq personnages pendant deux heures dans un salon de douze pieds carrés, entre deux rangées d'hommes du bel air, et l'on a appelé cela une tragédie. C'en était l'âme peut-être. Mais l'âme se manifeste par autre chose

que par de belles paroles. Les gestes, les mouvements, les groupes
mouvants d'acteurs nombreux ; la décoration simple mais vaste
et *vraie*, qui dit au spectateur où l'on est, et exprime déjà les
sentiments généreux du peuple où se passe l'action ; un vrai palais,
étrange et colossal, si nous sommes chez le roi des Perses, un
temple si les terreurs religieuses d'Oreste doivent être le fond du
drame ; — autre chose encore : quand l'exaltation du sentiment
amène naturellement le lyrisme dans l'expression, quand la parole
intérieure *chante*, l'acteur chantant en effet, et appelant une
musique simple et grave, mais expressive, pour soutenir sa voix :
tout cela c'est le drame complet, varié, puissant, exprimant
l'âme humaine tout entière... Cette église où je suis est admirable.
Une ombre sacrée et mystérieuse en remplit les profondeurs.
« L'aube en blanchit le faîte », y fait comme une gloire adoucie et
tendre, où s'envolerait une Espérance aux ailes épanouies...
Des lévites sortant en foule de l'ombre de ces piliers ; à cette
place, éclairée d'en haut, un trône de roi ou de pontife, le livre
saint, l'arche, le glaive sacré, un grand prêtre appelant le peuple fidèle à la défense de quelque cause sainte. Quel décor !...
Pardon, mon Dieu ! mais si c'était un drame religieux, où serait
le scandale ? Tout l'art grec, dans un temple du vrai Dieu,
devant des chrétiens, quelle tragédie ! Si je la rêve ainsi, c'est
que je ne songe plus au théâtre. Je n'ai plus à compter avec les
nécessités du métier dramatique tel qu'il est en France, avec
la scène étroite et encombrée, les sots acteurs qui demandent
des tirades ou des monologues à leurs convenances, l'actrice en
faveur qui exige un rôle d'amoureuse, et qui dit : « Qu'est-ce que
c'est qu'une tragédie où il n'y a pas d'amoureuse ? » Je construis
en moi ce drame idéal, ce poème rêvé, le plus beau de tous, celui
qui ne doit jamais être écrit, qui doit s'évanouir dans une
pensée de détachement et dans une prière. — Prions... »

Madame de Maintenon demanda à Racine une tragédie religieuse, en laissant au poète toutes ses aises et toute sa liberté de
création. Le poème rêvé fut écrit.

II

LE SUJET.

Dans la poétique de Racine telle qu'elle nous est apparue jusqu'à présent, le sujet est chose secondaire.

« Faire quelque chose de rien » est pour lui le vrai mérite du poète. Dans Corneille le sujet est toujours beau. Il part du sujet. Dans Racine le sujet est beau selon que les caractères le comportent. L'auteur part de l'étude et de la peinture des caractères. Il fait une tragédie, sans préférence, avec l'histoire de Mithridate, ou avec l'anecdote de Bérénice, ou avec l'historiette d'Esther.

La conception nouvelle, ou plutôt agrandie, qu'il avait du théâtre en 1691 ne modifie pas complètement sa poétique. Dans *Athalie*, comme ailleurs, le fond sera bien deux caractères très étudiés, formant contraste, et mis en lutte. Cependant songer aux multiples expressions de l'art, rêver une vaste scène et un plein épanouissement, en tous les sens, de la pensée dramatique, c'est presque songer à un grand sujet ; c'est du moins être amené à prendre le sujet par ses grands côtés. Le sujet, dans *Athalie*, sera plus grand et surtout plus poussé au grand que tout autre sujet de l'auteur.

Une critique complaisamment hostile à Racine pourrait dire avec un certain air de vérité que Racine amoindrit ses sujets quand ils se trouvent, de soi, être grands. Elle dirait que dans *Mithridate* il voit surtout une tragédie d'alcôve, dans *Iphigénie* une fureur d'ambition barbare, dans *Phèdre* une étude de femme sensuelle, au lieu du poème de chasteté, de pureté religieuse et d'ascétisme qu'il avait en mains en ouvrant Euripide. Dans *Athalie*, la méthode n'est point inverse, elle n'est pas vraiment changée ; mais elle admet une pensée première plus large. Au fond

Athalie n'est bien qu'une conspiration religieuse dans l'enceinte d'un temple, mettant en présence deux caractères différents d'ambitieux, comme *Britannicus* était une conspiration monarchique dans l'enceinte d'un palais mettant en présence deux âmes diversement avides du pouvoir. Racine n'a pas changé sa poétique. Mais dans *Britannicus* le sujet était plutôt restreint qu'agrandi. Le poète voulait qu'on s'intéressât plus à la dégradation progressive de l'âme de Néron et à la grandeur dans sa chute d'Agrippine, qu'aux destinées du monde, intéressées pourtant dans ce drame d'antichambre. Dans *Athalie*, Joad et Athalie sont bien le fond ; mais le drame a des prolongements et des avenues ouvertes sur l'histoire du peuple de Dieu, sur la captivité de Babylone, la destruction du temple, la venue du Messie, la Jérusalem nouvelle, la conquête du monde par Dieu, sur Dieu lui-même, surtout, et la grande pensée providentielle qui mène les hommes qui s'agitent.

Ce n'est pas encore, à notre avis, la poétique du Corneille de *Polyeucte*, qui part, manifestement, de toute une vision puissante et vaste du monde chrétien et du monde païen se heurtant l'un contre l'autre ; mais c'est, par un autre chemin, arriver presque au même point. Les deux méthodes si différentes aboutissent, chez les deux poètes, le jour où ils sont en complète possession de leur génie, à deux sujets qui sont tout près de se valoir comme grandeur de conception.

III

L'ACTION.

Le grand art de Racine dans la conduite d'une pièce, c'est de ne point considérer l'action comme valant par elle-même, erreur grossière des dramaturges inférieurs, mais de ne s'en servir que comme d'un moyen de présenter successivement les diverses faces des caractères qu'il veut peindre.

C'est trop dire encore. Son art consiste à faire sortir l'action du développement des caractères, qu'elle aide seulement, en telle sorte que l'action n'est chez lui qu'une peinture de l'histoire des âmes plus vive que la parole, et ne vaut pour lui qu'à ce titre. Toute progression de l'action n'est jamais, en son théâtre, que l'effet, et pour nous l'image, d'une progression psychologique, de la marche d'une passion dans sa direction et vers son but.

Phèdre aime, rêve, elle désire, elle lutte, elle espère, elle se déclare, elle se désespère devant un refus, elle devient jalouse.... — Parce que les amours d'Aricie et d'Hippolyte se révèlent! — Elle le deviendrait sans cela, par le mouvement naturel de sa passion. Elle aurait une jalousie vague et inquiète, sans objet précis, affreuse encore. La découverte d'une rivale ne sert qu'à donner à sa jalousie un caractère plus précis et une saillie plus brusque, en lui donnant un objet. Le fait n'est presque rien. Elle l'eût inventé s'il n'eût pas été.

L'action ainsi comprise a fait d'*Athalie* une merveille d'art. Il n'y a pas dans *Athalie* un fait qui soit extérieur à l'histoire intime des caractères, et qui pèse sur eux du dehors. Tous les faits sont des actes, et tous les actes sont des effets directs de l'évolution des sentiments. Un prêtre ambitieux élève dans son temple un prétendant au trône usurpé. Une reine usurpatrice, l'âge s'appesantissant sur elle, la longue tension de volonté qu'a exigée l'exercice du pouvoir aboutissant à un relâchement du ressort intime et à un affaissement de tout l'être moral, se sent inquiète, hantée de terreurs. Entre ces deux protagonistes, un général loyal et borné, fidèle à la reine, fidèle au grand prêtre, qui cédera à l'ascendant d'une âme forte sur une âme faible; un ministre de la reine, vain et violent, qui poussera aux résolutions extrêmes sans savoir les préparer habilement.

Ne regardez pas ailleurs. Toute la série des faits sera la série des actes dérivant naturellement de ces quatre caractères. Le grand prêtre sème discrètement dans l'âme du soldat dont il a besoin les germes d'une défection possible, dans le **cas** supposé où un prétendant légitime au trône se retrouverait ; et voilà, au point de vue de l'action, tout le premier acte.

La reine, parce que son âme et son esprit s'affaiblissent, a eu un songe sinistre dont elle veut s'éclaircir. Elle vient au temple, et se fait montrer l'enfant en qui elle soupçonne un danger. A l'écouter sa haine s'irrite en même temps que ses terreurs croissent. Son ministre la pousse au crime. Elle est prête pour un coup de force irréfléchi et dangereux.

Le ministre, irrité par l'indécision de la reine, menace le grand prêtre, et ces menaces précipitent l'action en forçant le grand prêtre à précipiter ses desseins.

Le grand prêtre prépare l'acte décisif, arme ses partisans frappe les esprits par des paroles enflammées et une mise en scène qui ébranle les imaginations, et dresse un piége : attirer la reine avec une faible escorte dans le temple, et la massacrer. On jettera au peuple, du haut des murs du temple, le nom du nouveau roi, quand, la reine morte, il n'aura plus le choix de la servitude.

Mais la reine viendra-t-elle ? Elle viendra parce que le progrès de son inquiétude et de son désordre mental l'y pousse. Elle a fait emprisonner le général dont elle se défie ; elle le fait relâcher ; elle lui donne une mission de confiance au temple. Le voici maltraité pour elle, irrité, et qui n'a plus besoin que du spectacle imposant du jeune roi légitime sur son trône, pour tomber du côté où déjà il penche. — La voici elle-même trop hors d'elle, après apparaît ; toutes ces secousses, pour prendre garde au piége. Le roi légitime le général se jette à ses pieds ; le temple est plein des partisans du grand prêtre ; le peuple au dehors acclame ce qui est nouveau ; la reine est perdue.

C'est le grand prêtre, la reine, le ministre et le général qui d'eux-mêmes, par le seul mouvement progressif de leurs sentiments naturellement mis en jeu, ont fait toute l'action.

IV

LES CARACTÈRES.

Puisque les caractères sont tout dans la fable dramatique ainsi entendue, voyons s'ils sont justes et soutenus.

Deux ambitieux comme dans *Britannicus*, l'un cherchant à conquérir le pouvoir et l'autre à le retenir. Mais, pour ce qui est de Joad, l'ambition dans une âme de prêtre. Aucune analogie avec Néron.

Pour ce qui est d'ATHALIE, l'amour du pouvoir dans une âme de femme. Athalie est une Agrippine juive, ayant beaucoup de rapport avec l'Agrippine romaine. Racine a repris son caractère d'Agrippine, l'a étudié à nouveau, l'a remanié, l'a complété, a supprimé certains traits, en a ajouté d'autres convenables au temps, au lieu, à son dessein particulier. Il a conservé les deux traits essentiels de l'ambition féminine : l'orgueil. l'étourderie. Comme Agrippine, Athalie a le mépris absolu de ceux qui sont nés pour obéir, la hauteur du despotisme oriental. Agrippine s'écrie : « Burrhus ose sur moi porter ses mains hardies ! » Athalie dit à Abner, qu'elle sait qui la désapprouve : « Ce que j'ai fait, j'ai cru devoir le faire. Je ne prends point pour juge un peuple téméraire. »

Cet orgueil explique en partie leur imprévoyance à toutes deux. Elles ne se défient point assez, parce qu'elles ont même sur la pente de la chute, même en sentant qu'elles tombent, l'habitude prise d'une foi imprudente en leur étoile : « *Ils n'oseraient !* » — Et, de fait, elles sont toutes deux étourdies, et, avec des adresses féminines et la pratique des petits moyens un peu bornées. Agrip-•pine ne flaire pas en Narcisse un ennemi. Athalie fait fonds sur Abner. En vraies femmes, habiles, mais romanesques, qu : l imagination emporte, et qui croient trop vite avoir réussi, elles pensent triompher, après un coup d'audace ou une manœuvre stratégique, quand elles n'ont fait que préparer le piège où l'adversaire, froid et tranquille, les attend. Quand Agrippine a joué devant Néron sa grande comédie de sensibilité maternelle et de larmes, elle croit la bataille gagnée et dicte ses conditions de paix. Elle est au précipice. Quand Athalie a emprisonné Abner et sommé Joad de lui livrer le trésor convoité, l'enfant suspect, elle croit avoir terrifié l'ennemi ; elle vient au temple seule, et, pour la première fois depuis le début de la pièce, insultante : « Te voilà, séducteur! » Elle est sur la trappe.

La grande différence entre elles, le trait nouveau, c'est qu'Agrippine est courageuse, tandis qu'Athalie a un fond de lâcheté. « *Adductum et quasi virile imperium* », a dit Tacite d'Agrippine, et c'est sur ce grand coup de pinceau que Racine a copié toute une partie de ce caractère.

Athalie est timide, beaucoup plus femme qu'Agrippine, et, pour cela, violente, non plus énergique. Un des traits les plus frappants du caractère féminin, le penchant à se laisser dominer tout en se croyant maître, est très nettement marqué dans le rôle d'Athalie. Elle consulte Mathan, elle consulte Abner. Elle est très superstitieuse, sensible aux pressentiments, hantée de visions. Elle a des songes ; Agrippine n'en avait pas. — Vieille du reste et fatiguée, elle en est, pour le moment, à cette crise nerveuse où arrivent tous ceux qu'un long effort de volonté dans une complexion faible a usés : « Tous ses projets semblent l'un l'autre se détruire... Elle flotte, elle hésite ; en un mot, elle est femme... J'ai trouvé son courroux chancelant, incertain, et déjà remettant la vengeance à demain... La peur d'un vain remords trouble cette grande âme. »

Le remords en effet, c'est-à-dire la lassitude de la cruauté, la travaille et l'accable. Elle en est à se justifier, c'est-à-dire à se repentir. Elle cherche dans son « discours du trône » du second acte, et ailleurs, à se prouver la légitimité de ses crimes :

> Oui, ma juste fureur, et *j'en fais vanité*,
> A vengé mes parents sur ma postérité.

> J'aurais vu massacrer et mon père et mon **frère,**
> Du haut de son palais précipiter ma mère,
> Et dans un même jour égorger à la fois
> (Quel spectacle d'horreur !) quatre-vingts **fils de rois !**
>
> . . . .
>
> Et moi reine, sans cœur, fille sans amitié,
> *Esclave d'une lâche et frivole pitié,*
> Je n'aurais pas du moins à cette aveugle rage
> Rendu meurtre pour meurtre, outrage pour outrage !
>
> . . . .
>
> Le ciel même a pris soin de me justifier.
> Sur d'éclatants succès ma puissance établie
> A fait jusqu'aux deux mers respecter Athalie ;
> Par moi Jérusalem goûte un calme profond.
>
> . . . .

Elle ne plaiderait point sa cause si elle était tranquille. Elle en est à l'heure du trouble moral qui est l'effet et le châtiment des vies criminelles. « L'esprit d'imprudence et d'erreur » est sur elle. Le premier mot qu'elle prononce dans la pièce la déclare tout entière, avec sa faiblesse, son trouble, son inquiétude, son besoin de se laisser conduire :

> . . . . . Tu vois mon *trouble* et ma *faiblesse.*
> Va, fais dire à Mathan qu'*il revienne,* qu'il se presse.
> Heureuse si je puis trouver par son secours
> Cette paix que je cherche et qui me fuit toujours !

Quoi d'étonnant dès lors que « vingt fois en un jour » elle se trouve opposée à elle-même ; qu'elle passe, et c'est tout son rôle, d'un grand abattement et d'une chute profonde en elle-même, à une saillie brusque de violence ou d'audace : provoquant Joad ; caressant Joas ; se sentant presque attendrie à le voir (« *je serais sensible à la pitié !* »), s'emportant dans une violente révolte contre tout sentiment d'humanité ou de clémence ; voulant briser tout obstacle, emprisonnant Abner, puis le chargeant d'une négociation ; venant pour négocier elle-même, et, dès le seuil, insultant Joad ; tombant enfin, sans grandeur, non comme Agrippine avec des imprécations hautaines, mais avec des insultes basses et des fureurs.

Peinture complète d'une âme faible, violente, superstitieuse, inquiète, *toujours dominée* soit par ses conseillers, soit par ses fureurs, soit par ses craintes, soit par la secousse de ses nerfs.

Racine s'est plu à dessiner près d'elle, au second plan, une douce figure de femme tendre, timide et alarmée, mais calme, parce qu'elle a mis toute sa vie dans le devoir et dans les vertus humbles du foyer. Josabeth ne fait rien dans l'action, elle est utile dans le tableau. Elle repose les yeux. Certains prétendus hors-d'œuvre, et dans Racine et ailleurs, s'expliquent ainsi, quand on ne se contente point de lire, mais quand on sait *voir* le drame représenté, ou se le représenter à soi-même. Le rôle de Josabeth est charmant. C'est une élégie qui circule dans le drame sombre, et, à tout prendre, atroce. Tous ces personnages aiment le pouvoir, ou leur parti, ou leur autel. Josabeth aime l'enfant qu'elle a sauvé :

> Je le pris tout sanglant. En baignant son visage,
> Mes pleurs du sentiment lui rendirent l'usage ;
> Et soit frayeur encore, ou pour me caresser,
> De ses bras innocents je me sentis presser.

Dans la scène de Joas interrogé par Athalie, elle est maladroite d'une manière exquise. Elle se hâte de répondre pour l'enfant, réveille ainsi ou confirme les soupçons d'Athalie, se tait sur un mot de la reine, s'empresse, un instant plus tard, d'emmener Joas, qu'Athalie rappelle. Joas a bien plus de présence d'esprit qu'elle. A une rude apostrophe, très éloquente, d'Athalie, elle répond par ce seul mot résigné, un peu naïf: « Tout vous a réussi. Que Dieu voie et nous juge. » Elle n'est ni forte ni habile, ombre douce à ce tableau vif et cru.

Chose touchante, elle, si pieuse, n'a pas cependant au Dieu d'Israël la confiance intrépide de Joad. Elle songe à fuir avec Joas, à le cacher, non à le défendre. Il faut que le grand prêtre la rappelle à la foi : « Et pour qui comptez-vous Dieu qui combat pour nous?... Non ! non ! c'est à Dieu seul qu'il faut nous atta-cher ! » — C'est un charme au cœur, à travers cette lutte des violentes passions déchaînées, de contempler un instant une femme qui n'est que mère.

Mathan est vulgaire et bas. Il ne faut pas se lasser de dire que « le noble Racine » n'est constamment noble que dans son style, et encore avec discernement ; qu'il a très bien su peindre de très vils coquins, depuis Narcisse et Aman jusqu'à Mathan, sans compter Néron. Ces maximes de la tyrannie sans scrupule que Corneille, avec raison, met dans la bouche des conseillers de ses despotes, on les retrouve dans Racine. Mathan dénonce Joad, dénonce Abner, dénonce et menace Josabeth, érige la terreur en système, sachant que « quand on commence par faire de la terreur, il faut savoir en faire toujours (1), » et conseille le meurtre de Joad sans phrase et sans examen.

> On le craint : tout est examiné.
> A d'illustres parents s'il doit son origine,
> La splendeur de son sang doit hâter sa ruine ;
> Dans le vulgaire obscur si le ciel l'a placé,
> Qu'importe qu'au hasard un sang vil soit versé ?
> Est-ce aux rois à garder cette lente justice ?
>
> . . . .
>
> Dès qu'on leur est suspect, on n'est plus innocent.

Caractère peu creusé, l'action n'ayant pas besoin qu'il le soit, mais très logique et complet. Vrai proscripteur. Il est féroce. — Il est vaniteux : c'est par vanité blessée qu'il est devenu l'ennemi de Joad, parce qu'il a été en compétition avec Joad pour un grand emploi. — Il est bête : s'il requiert comme Fouquier-Tinville, il interroge comme Collot d'Herbois. Il fait appel à la sincérité de Josabeth au nom du Dieu de Joad. Voilà ses adresses. — Il est lâche : devant une malédiction, emportée et frémissante, de Joad, il pâlit, se trouble, s'enfuit éperdu. — Racine n'a pas dédaigné

---

(1) Mot de Quinet (*La Révolution*).

de peindre avec une vérité saisissante, d'un seul trait, mais **vigoureux**, ce poteau de guillotine.

Abner est très finement observé aussi. La difficulté de ce rôle
était très grande. Dans une conspiration contre un despotisme
militaire, il fallait que le conspirateur eût l'armée pour complice.
Le rôle du général d'Athalie séduit par Joad était nécessaire.
Mais ce personnage pouvait très facilement devenir odieux ; car,
à presser les choses, sa défection n'est qu'une forfaiture, et il fallait qu'il ne fût pas antipathique, l'odieux de sa conduite devant
alors rejaillir sur Joad. Racine, qui, ne l'oublions pas, a des ressources très ingénieuses et déliées de poète comique, s'est tiré de
ce pas avec beaucoup d'adresse. Ce n'est qu'à la lecture que l'on
s'avise qu'Abner est un homme de sens moral assez obtus. A la
représentation il paraît plutôt un homme loyal et borné, un niais
digne et vertueux, de ceux qui dans la politique sont, aux mains
des diplomates, selon le cas, soit des paravents décoratifs, soit
des instruments.

L'adresse de Racine a été d'en faire un conspirateur sans le
savoir, qui s'aperçoit qu'il a été complice quand tout est fini.

Son fond moral est la fidélité. Il est fidèle à tout le monde. « Il
rend à la fois ce qu'il doit à son Dieu, ce qu'il doit à ses rois. »
Etre fidèle ainsi, c'est desservir celui des deux camps qui ne sait
pas tirer parti de vous, cela sans s'en douter, et en pleine candeur. Cette ingénuité dans la trahison, il s'agissait pour Racine de
la soutenir jusqu'au bout du rôle sans qu'elle parût invraisemblable ou suspecte, sans que le spectateur pût dire : « Abner est
quelque chose de plus qu'aveugle : il se bouche les yeux ». L'auteur a pleinement réussi à ce dessein.

La seule affection personnelle pour Joad amène Abner dans le
temple. Il vient dire à son ami : « Prenez garde ! Athalie peut se
porter contre vous à quelque violence. — Pourquoi les honnêtes
gens la servent-ils ? répond Joad. — Parce que la race des rois
légitimes est éteinte. Il faut bien servir quelqu'un. — Mais si le
roi légitime revenait ? » Cette suggestion n'étant qu'une parole

en l'air, une simple hypothèse, Abner peut très honnêtement répondre : « Je le défendrais ». C'est ce qu'il dit en effet; et, sans avoir trahi personne, il a déjà fait une promesse au conspirateur.

Quand Athalie songe à supprimer Joas, Abner, *qui ne sait pas ce qu'est Joas*, n'est qu'un homme humain et pitoyable en la détournant de ce dessein, et cependant il a endormi les soupçons d'Athalie, servi Joad. — Quand Athalie vient au temple avec le vague dessein d'enlever Joas, Abner n'est qu'un ami fidèle de Josabeth lorsqu'il lui dit : « Princesse, assurez-vous, je le prends sous ma garde » ; cependant il se trouve ainsi s'être engagé envers le prince par le service même qu'il a rendu à l'enfant inconnu.

Quand le coup de force se prépare, quand on arme les lévites, il est en prison, ne voit rien. S'il songe à quelque chose, c'est à l'ingratitude d'Athalie, qu'il a toujours fidèlement servie, et qui le frappe sans raison. Et cependant, quand il reparaît au dernier acte, chargé par Athalie de négocier avec Joad, il ne trahit pas la reine; il conseille au grand prêtre d'accepter les conditions de l'adversaire. « Non! Qu'on nous assiège! Nous mourrons! » répond Joad, qui sait où il veut mener Abner. — S'il s'agit de mourir, Abner peut être avec Joad. Ce n'est pas trahir que courir au-devant d'une mort certaine pour ne pas survivre à ses amis. « Donnez-moi une épée. » Il n'a pas trahi et il a demandé une épée.

« Il pleure », est troublé, exalté. En cet état d'esprit Joad peut le charger de dresser lui-même le piège où doit tomber Athalie. Il le dressera sans y réfléchir, croyant encore servir tout le monde. Il introduira Athalie dans le temple. Et alors, alors seulement, il s'apercevra qu'il a trahi, qu'Athalie a raison de lui crier : « Abner, dans quel piège as-tu conduit mes pas? » Il répond en balbutiant, un peu étonné dans sa probité déçue : « Reine, Dieu m'est témoin..... » [que c'est bien sans en avoir eu le moindre soupçon]. Mais quoi! il est trop tard. Athalie est perdue, le roi légitime est là. Abner aura longtemps quelqu'un à servir, et sans être éloigné de lui par des différences de religion; et le dénouement se préci-

pite; et il n'y a plus à revenir. Il garde le silence pendant les
dernières scènes, un peu gêné peut-être. Demain il sera tout à
l'ivresse des fêtes royales, militaires et religieuses, de l'avènement; il oubliera, et ne saura jamais au juste le degré d'importance du rôle qu'il a joué dans le changement de dynastie.

JOAD est l'âme du drame, âme froidement énergique, adroite,
habile, maîtresse d'elle-même, maîtresse des autres, contraste
complet avec Athalie. — Joad est un prêtre qui est né homme de
gouvernement.

Il est dominateur par essence, formé pour régner en maître
sur les consciences, sur les cœurs, sur les esprits, par suite sur
les événements. Il y a des hommes qui naissent chefs des hommes.
Ils commandent d'instinct ; les autres leur obéissent d'un mouvement naturel. Ils puisent leur droit dans leur force.

Les premiers traits de leur caractère sont la volonté et l'autorité. Ils veulent obstinément une même chose, le regard intérieur
toujours fixé sur elle, incapables de regarder plus loin, de s'arrêter en deçà, de reculer, ou de s'en distraire. Leur absence de
scrupules vient de là. Ils n'ont pas à les écarter, ils ne les voient
pas. L'extrême force et l'extrême faiblesse se rencontrent dans
l'absolue inconscience.

L'autorité est la forme extérieure de la volonté. Elle paraît au
regard, au geste, à l'allure, à la gravité *vraie*, à l'ascendant de la
physionomie et du ton. Elle est une force incalculable et mystérieuse, toute-puissante sur tous les hommes, sauf sur ceux qui
l'ont eux-mêmes, et sur les sceptiques absolus, qui peut-être
n'existent pas. Les hommes qui l'ont ne sont pas aimés et obtien-
nent plus que d'autres par l'affection. L'affection cède, l'instinct
de soumission abdique.

Ces deux premiers traits éclatent dans Joad. Tout son rôle en
est marqué. Il ne dit rien qui ne respire la force, une force calme,
imposante, sacrée et redoutable, d'oracle, de sanctuaire ou d'arche sainte. — De là dérive sa confiance inébranlable en son étoile.
De tels hommes sont si possédés de l'idée qu'ils ont de leur force,

qu'ils finissent par la considérer comme extérieure et supérieure à eux-mêmes et les poussant du dehors. C'est une voix qui leur parle, un démon qui les guide. Pour Joad, c'est Jéhovah. Sa foi en lui-même se confond avec sa foi en son Dieu : « Et pour qui comptez-vous Dieu qui combat pour nous ?... Celui qui met un frein à la fureur des flots... »

> Voilà donc quels vengeurs s'arment pour ta querelle :
> Des prêtres, des enfants, ô Sagesse éternelle !
> Mais si tu les soutiens, qui peut les ébranler ?
> Du tombeau, quand tu veux, tu sais nous rappeler,
> Tu frappes et guéris, tu perds et ressuscites...

Volonté, autorité, confiance en une idée fixe prise pour un commandement d'en haut, c'en est assez pour faire un homme d'action intrépide et communiquant aux autres l'intrépidité.

Doué de ces facultés puissantes, il est naturellement orateur. L'éloquence est la puissance de persuader. On persuade par la volonté ardente et la conviction énergique. L'homme qui reste court n'est qu'un timide. Sans rhétorique saint Paul convertit. Joad est orateur biblique, passionné, véhément, orageux. Son discours aux Lévites (IV, 3), sauf peut-être la dernière phrase, trop périodique et arrondie, est rude et vibrant, haché, jeté par propositions courtes, chacune nettement découpée par le vers. Ce sont des cris âpres et durs :

> Voilà donc votre roi, votre unique espérance !
> J'ai pris soin jusqu'ici de vous le conserver :
> Ministres du Seigneur, c'est à vous d'achever.
> Bientôt de Jézabel la fille meurtrière,
> Instruite que Joas voit encor la lumière,
> Dans l'horreur du tombeau voudra le replonger :
> Déjà, sans le connaître, elle veut l'égorger.
> Prêtres saints, c'est à vous de prévenir sa rage.
> . . . .
> Mais ma force est au Dieu dont l'intérêt me guide.
> Songez qu'en cet enfant tout Israël réside.
> Déjà ce Dieu vengeur commence à la troubler.
> Déjà trompant ses soins, j'ai su vous assembler ;

Elle vous croit ici sans armes, sans défense.
. . . .
Dieu sur ses ennemis répandra la terreur.
Dans l'infidèle sang baignez-vous sans horreur.
Frappez et Tyriens et même Israélites.....

La passion échauffée et anxieuse, au moment des résolutions extrêmes, chez un homme plein de courage, de violence et de foi, se tourne aisément en cette éloquence exaltée qui est le lyrisme. Joad a le don prophétique, c'est-à-dire la vision violente de ce qu'il espère et de ce qu'il craint, comme les prophètes hébreux, dont il a l'âpre et tumultueuse parole. Cette scène de vaticination est très belle en elle-même : elle est très importante pour ce qui est du caractère même de Joad. — Elle le complète et elle l'absout. Il ne faut pas qu'on voie en Joad un conspirateur vulgaire. Il faut qu'au travers des petits moyens et des menées habiles, on sente et l'on aperçoive la grande âme ardente et éperdue, si enflammée de son objet qu'elle ne voit pas la petitesse des adresses mêmes dont elle use, et, au-dessus des mains ourdissant la trame, l'œil extatique fixé au ciel.

Car Joad est un homme de foi et un homme de gouvernement, dont les circonstances ont fait un conspirateur. L'art de Racine dans la composition du rôle a été de soutenir toujours également ces trois traits, sans permettre qu'on en oublie un. Cela fait un conspirateur très nouveau et original, complexe, et pourtant, grâce à Racine, très clair. Joad conspire en prophète, et conspire en homme d'État, avec un ton d'oracle et avec autorité, très avisé en même temps que très ardent et très fort, intelligence froide au service d'une passion vive. Son talent d'homme d'État est fait d'une connaissance très pénétrante des hommes, de l'art de se taire, de l'art de faire parler, et de l'art de frapper fortement les imaginations ; et à ce talent contribue précisément, au lieu de le gêner, son âme de prophète et d'inspiré. Il connaît les hommes en prêtre qui manie les consciences, et les méprise en confident de Dieu.

Peuple lâche en effet et né pour l'esclavage;
Hardi contre Dieu seul !..... Poursuivons notre ouvrage.

Il fait parler et engage les hommes dans ses desseins avec une habileté de diplomate soutenue d'une autorité de prophète : « Vous ne songez plus aux rois légitimes, dit-il à Abner, vous, soldat de Josaphat » (voilà pour l'homme de parti). « Aux promesses du ciel renoncez-vous ? » (voilà pour le fidèle). — « Ministres du Seigneur, dit-il aux Lévites, proclamez un roi que Dieu lui-même a nourri dans son temple ; Dieu vous guide ; prenez les armes du Seigneur » (voilà le croyant parlant aux croyants)..... « Ne descendez-vous pas de ces Lévites de Moïse qui en s'armant pour la loi vous acquirent l'honneur d'être seuls employés aux autels de Dieu ? » (voilà le chef de parti s'adressant à l'orgueil et à l'intérêt d'une caste).

Ainsi de tout le reste. Lui, si éloquent et si passionné, sait se taire, parce que chez lui c'est la volonté qui est passion. Il manie Abner par le silence calculé plus encore que par la parole. La réticence est chez lui captieuse : « *Je ne m'explique pas*, mais revenez à trois heures. Dieu se déclarera peut-être. » S'il eût parlé, la loyauté d'Abner eût peut-être pris quelque ombrage.

La scène 2 de l'acte V est merveilleuse à cet égard. Joad ne dit pas un mot. Josabeth le pousse à parler : « Il n'est pas temps, princesse ». Il n'est pas temps, parce que c'est un piège qu'il s'agit de faire tendre par Abner, et il faut, si l'on veut qu'il le tende, que l'idée semble à Abner venue de lui, pour qu'elle lui paraisse innocente. Abner peut être blessé par la même idée exprimée par un autre, car il est capable de résistance ; il exécutera sur-le-champ l'idée partie de lui, parce qu'il est incapable de réflexion. Ce qu'il faut, c'est le laisser parler, s'échauffer à la pensée du péril couru par ses amis, proposer deux ou trois partis ; puis, quand il a perdu son sang-froid, lui dire : « Vous aviez raison d'abord. *Je me rends. Vous m'ouvrez un avis salutaire* », et lui proposer comme étant sa pensée première un avis qui n'est nullement celui qu'il ouvrait, mais qu'il croit de lui maintenant, tant il est troublé.

Joad, à un degré supérieur, a le grand art du remueur d'homme, l'art de frapper puissamment les imaginations. C'est un metteur

en scène admirable. On peut être étonné que la scène où il révèle
à Joas sa naissance et le salue roi soit si courte (IV, 2). C'est que
les conseils suprêmes à Joas, le traité de politique tirée de l'Ecriture sainte, le serment sur l'autel, tout cela doit produire son
effet non seulement sur Joas, mais sur les Lévites, pour les en-
flammer. Que les soldats de Dieu entrent : et alors Joas sur le
trône ; discours aux Lévites, avec le bras montrant le roi ; serment des Lévites à Joas, serment de Joas à Dieu ; discours religieux pour enchaîner dans les mêmes serments roi et Lévites ;
et Josabeth embrassant Joas, et Zacharie et Joas s'embrassant ;
c'est-à-dire le temple uni au trône, devant l'armée du temple et
du trône étonnée, ravie et enflammée ; et le grand prêtre expli-
quant le symbole en bénissant le groupe :

> Enfants ! ainsi toujours puissiez-vous être unis !

Quel spectacle pour entraîner les cœurs, et jeter une armée de
croyants dans la bataille !

> Soldats du Dieu vivant, défendez votre roi !

V

LE LYRISME.

Racine, très peu poète lyrique, mais très lettré, très amoureux
de poésie grecque, avait toujours rêvé de tragédie lyrique. On
peut même dire que c'est avec Racine que la question de la tragédie lyrique en France se pose en doctrine et entre en discussion. Au XVIe siècle on faisait des tragédies mêlées de chœurs par
cette seule raison que les anciens avaient des chœurs dans leurs
tragédies, et sans chercher plus loin. On les avait abandonnés
au commencement du XVIIe siècle parce que le public ne les écou-

tait pas ; mais il était resté quelques traces du lyrisme dans la tragédie, *stances* élégiaques, sortes de courtes odes, monologues lyriques, comme on voit dans *Médée* les stances d'Egée ; dans le *Cid* les stances de Rodrigue ; dans *Polyeucte* les stances de Polyeucte.

Mais il est comme dans le tempérament de la tragédie française d'éliminer toutes les parties lyriques qui peuvent se mêler à elle (1). Après avoir employé les stances, Corneille en condamna l'usage dans ses *Réflexions sur la Tragédie*. Racine apporta à la France un genre de tragédie, comme nous croyons l'avoir montré, qui est tout l'inverse de la tragédie lyrique, et cependant « *ils adoraient les anciens* », et il adorait Sophocle. Il était comme pris entre sa poétique propre et ses goûts de lettré. Il vit jour à essayer de réconcilier le lettré et le dramaturge dès qu'il s'occupa d'*Esther*.

« Je m'aperçus, dit-il dans la préface de cette pièce, qu'en travaillant sur le plan qu'on m'avait donné, j'exécutais en quelque sorte un dessein qui m'avait souvent passé dans l'esprit, qui était de lier, comme dans les tragédies anciennes, le chœur et le chant avec l'action, et d'employer à chanter les louanges du vrai Dieu, cette partie du chœur que les païens employaient à chanter les louanges de leurs fausses divinités. »

C'était là assez bien comprendre le rôle possible du chœur dans la tragédie moderne. Le chœur ne répond à rien chez nous et n'est qu'un pastiche de lettré assez maladroit dans une tragédie historique ou politique. Il est possible dans une tragédie religieuse, dans un drame ayant ce caractère sacré que le drame grec avait toujours. Il n'est pas encore tout à fait à sa place dans *Esther* qui, au fond, est un drame intime, une tragédie bourgeoise où la religion est seulement mêlée. Pour avoir matière de véritable tragédie lyrique, il fallait entreprendre un drame dont la religion fût le fond même. *Athalie* est peut-être le seul drame

---

(1) Voir notre *Tragédie française* au XVI° *siècle*. (Hachette.)

français comportant le plein développement de ce qu'on peut
appeler le lyrisme dramatique. Le chœur y est, comme chez les
Grecs, le peuple même, mêlé à l'action (et beaucoup plus que
dans nombre de tragédies grecques), sentant, traduisant et ren-
voyant toutes les émotions du drame, aidant aux péripéties et au
dénouement par la pitié qu'il inspire aux combattants et l'ardeur
dont cette pitié les anime.

Et cependant il faut remarquer encore que d'*Esther* à *Athalie*
Racine a restreint, non pas l'importance dramatique du chœur,
au contraire, mais la place matérielle occupée par lui d'abord. Il
ne met plus, dans *Athalie*, de chœur après le IVe acte. On le lui
avait reproché : « Quelques personnes ont trouvé la musique du
dernier chœur un peu longue, quoique très belle. Mais qu'aurait-
on dit de ces jeunes Israélites qui avaient fait des vœux à Dieu
pour être délivrées de l'horrible péril où elles étaient, si, ce péril
étant passé, elles lui en avaient rendu de médiocres actions de
grâces ? » — La vérité est qu'il ne faut point de développement
lyrique après le dénouement. Les Grecs eux-mêmes, bien moins
sensibles que nous à l'intérêt de curiosité, et beaucoup plus à
l'émotion artistique, ne mettent point de chœur après la conclusion. Dans *Esther* cela ne tirait point à conséquence, *Esther* étant
un *divertissement* théâtral et musical, non une tragédie, et n'offrant
qu'un intérêt dramatique très médiocre. Dans *Athalie*, qui est un
drame très violent, après ce cinquième acte si terrible, Racine a
bien compris qu'il n'y avait plus qu'à laisser tomber la toile.

Mais, même au cours du drame, l'importance matérielle du
chœur est restreinte. Les chants sont courts, et, ce que j'ose à
peine avancer tant on a dit le contraire, relativement peu soignés,
fond et forme. Ceux d'*Esther* sont incomparablement supérieurs.
Racine, si sûr de lui-même à l'ordinaire, ici a hésité. Il a compris
que la grande tragédie religieuse comportait le lyrisme. C'est
très juste. Il a cru qu'elle comportait la présence, les groupements
et les évolutions du chœur. Il en a conclu très justement encore
qu'il y aurait des chœurs ; et quand il les a introduits, il a trouvé
peu de chose à leur faire dire. C'est qu'il était moderne, et qu'il

était pris entre deux systèmes lyriques, le système ancien dont il aurait voulu retrouver le secret, et le système moderne, le seul dont il pût avoir le sens, et qui est tout différent.

Chez les modernes on définit à l'ordinaire la poésie lyrique : l'expression vive, imagée et harmonieuse des sentiments personnels. Définition acceptable en somme. Chez les anciens le lyrisme n'est nullement cela. Il n'a, précisément, presque rien de personnel. Il est l'expression large, puissante, colorée et enthousiaste, de sentiments très généraux. Ce n'est pas l'individu qui parle et chante en cette langue ; c'est la religion, la morale éternelle, la pitié, l'humanité, la patrie. Il en résulte qu'à mettre des chants lyriques dans la bouche du coryphée, ou l'on fait un simple pastiche antique, ou l'on est à peu près insignifiant ; et que le lyrisme moderne est bien plus à sa place dans la bouche d'un personnage du drame que dans les cantiques du chœur.

A la vérité, ce lyrisme personnel, les anciens, même au théâtre, l'ont parfaitement connu. Leurs personnages ne craignaient point d'arrêter l'action pour exhaler leurs plaintes, leurs fureurs, leurs gémissements, leurs cris d'espoir, ou leurs chants de deuil. De là, *en dehors du chœur*, des élégies qui sont ce que les modernes appellent des morceaux lyriques. Songez à l'amplification lyrique de Philoctète sur ses infortunes, à la digression d'Antigone sur les malheurs d'Œdipe, au monologue d'Ajax, qui rappelle les sombres méditations d'Hamlet : « **Tout,** dans le cours immense et incalculable du temps, se montre **après** avoir **été** caché, et disparaît après avoir paru... » Voilà le **lyrisme** moderne, celui **que** Shakespeare a versé à flots dans ses drames.

Racine en a eu, en plein XVIIe siècle français, l'idée et l'audace.

Il a mis sur le théâtre un prophète inspiré, une scène d'oracle, un délire de visionnaire. C'est la grande originalité lyrique d'*Athalie*, c'en est la couleur biblique, c'en est l'inspiration rare et nouvelle. Racine n'est pas naïf. Ses audaces ne lui échappent pas. Il s'est rendu compte de celle-ci. Il l'explique, et son explication est toute une théorie du lyrisme dramatique moderne. Il nous dit (préface d'*Athalie*) :

« On me trouvera peut-être un peu hardi d'avoir osé mettre sur la scène un prophète inspiré de Dieu, et qui prédit l'avenir. Mais j'ai eu la précaution de ne mettre dans sa bouche que des expressions tirées des prophètes eux-mêmes. Cette scène, qui est une espèce d'*épisode* [d'arrêt dans l'action, pour donner au tableau un plus vif relief, dont l'action, plus tard, profitera elle-même], amène très naturellement la musique, par la coutume qu'avaient les prophètes d'entrer dans leurs saints transports au son des instruments... *Ajoutez à cela que cette prophétie sert beaucoup à augmenter le trouble dans la pièce, par la consternation et par les différents mouvements où elle jette le chœur et les principaux acteurs.* »

N'essayons pas de dire mieux pour montrer combien ce genre particulier de lyrisme est bien entendu. L'art du lyrique dans le drame moderne est là : faire sortir le lyrisme des passions exaltées des personnages eux-mêmes ; avoir ainsi l'avantage de la poésie lyrique, grandeur des images, puissance du mouvement, émotion qui échauffe ou qui attendrit ; avoir de plus le contre-coup sur l'action des passions des personnages accrues par cette secousse ; par surcroît garder le chœur, non pas tant pour chanter, rôle qu'il ne peut plus guère soutenir, que pour encadrer le tableau scénique d'une décoration mouvante, pittoresque.

VI

LE SPECTACLE.

Car le spectacle est essentiel à la tragédie grecque, à la tragédie lyrique, à la vraie tragédie, et par conséquent à *Athalie*.

C'est un préjugé des hommes qui connaissent les tragédies et qui les jugent pour les avoir lues, que de croire que le spectacle est indifférent à une œuvre poétique faite pour être vue en même temps qu'écoutée. C'est un mot de professeur et non d'homme de théâtre que l'axiome tranchant d'Aristote : « Le spectacle est affaire de machiniste et non de poëte ». Il ne s'agit pas ici de richesse, mais d'invention et de justesse dans le mise en scène. La décoration et la mise en scène doivent être une première révélation générale des mœurs et des sentiments des personnages du drame. Elles doivent être ensuite un moyen au service de l'action. Peu importe du reste la perfection matérielle. Je ne sais pas comment étaient figurées dans le théâtre d'Athènes la colline rocheuse et la grotte à double issue où sèchent les bandages souillés de Philoctète. Mais je sais, par le texte, qu'elles étaient figurées, et je sais que j'en ai besoin pour comprendre, et Sophocle pour me faire comprendre. Philoctète est absent. Il me peindra lui-même plus tard le détail de ses sentiments ; mais à voir son île, sa demeure et sa couche, je sais sa vie, je pénètre déjà dans sa misère, je prévois ses attitudes de sauvage farouche ; j'ai déjà pitié ; je m'intéresse à lui.

Peu m'importe que les portraits de famille du troisième acte d'*Hernani* soient bons ou mauvais. Ce qu'ils peignent pour moi, ce ne sont pas les ancêtres de Gomez de Silva, ce sont ses sentiments. A ce titre j'en ai besoin. A les voir je prévois l'orgueil intraitable du féodal, sa fidélité au serment, son respect de la maison qui lui est une sorte de temple, où il ne fera jamais chose vile ; et quand il est sur le point peut-être de s'avilir ou de s'adoucir, je vois les portraits qui le regardent. Ils ne sont pas simple ornement de murailles, ils sont ressort de l'action ; ils pèsent sur les volontés et les déterminations de celui qu'ils entourent, qu'ils protègent et qu'ils encouragent.

Une tragédie intime comme *Philoctète* a besoin d'un décor et d'une mise en scène significatifs : une tragédie politique et religieuse en a plus encore besoin. Racine a fortement accusé ce caractère de l'art nouveau, ou renouvelé, qu'il apportait en France. Le décor, c'est le temple, et les paroles des personnages rappellent souvent l'attention du spectateur sur le temple de Dieu, sur ce qu'il a été, sur ce qu'il est, sur les cérémonies qui s'y célèbrent, la distribution de ses parties, le sanctuaire, l'arche, les retraites cachées, le dépôt d'armes. Le temple a dans le drame son histoire, et comme une vie propre. Perfection même de l'art du spectacle, le décor est un personnage.

La mise en scène est indiquée avec un soin minutieux non seulement par les notes, mais par le texte même qui en explique le sens et en accuse l'effet.

> D'un pas majestueux à côté de ma mère,
> Le jeune Éliacin s'avance avec mon frère.
> Dans ces voiles, mes sœurs, que portent-ils tous deux?
> Quel est ce glaive enfin qui marche devant eux?

Le goût de Racine pour le drame où tout est bien lié, et procède sans heurt ni lacune, se montre à des artifices ingénieux, dont nous nous passerions, mais qui sont la marque de l'homme du métier, du metteur en scène, de l'auteur rompu à la pratique des *répétitions*. Le chœur ne quitte pas la scène, en principe. Mais il est des choses pourtant qu'il ne faut pas qu'on dise devant lui, au risque d'invraisemblance, et l'on sait que cette difficulté a assez occupé la critique relativement aux pièces grecques. Selon les besoins, Racine s'arrange de manière à tenir le chœur tantôt présent, tantôt absent, et explique toujours la raison ou de son entrée, ou de sa sortie, ou de son retour.

Pendant le premier acte, il faut que Joad soit seul avec Abner ou avec Josabeth. C'est à la fin de l'acte seulement (ceci conforme au théâtre grec) que le chœur survient, et naturellement : ce sont des jeunes filles des familles fidèles qui viennent célébrer la Pentecôte.

> L'heure me presse : adieu! Des plus saintes familles
> Votre fils et sa sœur vous amènent les filles.

Et le chœur, sur l'invitation de Josabeth, chante ses louanges de Dieu.

Pendant l'acte II, le chœur ne doit pas assister aux entretiens d'Athalie avec Abner et Mathan. Il fuit, par un motif de sainte terreur, devant Athalie qui arrive :

Ah ! la voici ! Sortons ! il la faut éviter.

Il rentre à la scène 7, à la suite de Josabeth, **comme il est sorti** du théâtre avec elle.

Il s'éloigne au commencement de l'acte III, parce qu'il ne faut pas qu'il entende Mathan et ses confidences à Nabal. Son départ s'explique par l'horreur qu'il a de Mathan :

> Jeunes filles, allez : qu'on dise à Josabeth
> Que Mathan veut ici lui parler en secret.
> — Mathan ! O Dieu du ciel, puisses-tu le confondre!
> — Hé quoi ! *tout se disperse et fuit* sans vous répondre !

Le chœur rentre en scène après qu'on a fermé les portes du temple. Pourquoi est-il resté ? peut se demander le spectateur. Objection prévue :

JOAD.

> Mais qui retient encor ces enfants parmi nous ?

UNE JEUNE FILLE.

> Hé ! pourrions-nous, Seigneur, nous séparer de vous ?
> Dans le temple de Dieu sommes-nous étrangères?
> Vous avez près de vous nos pères et nos frères.

Et, reliant ce détail à toute l'action, Joad reprend :

> Voilà donc quels vengeurs s'arment pour ta querelle :
> Des prêtres, des enfants !. . . . .

Et désormais le chœur ne devant plus gêner l'action, mais la servir au contraire, en encadrant magnifiquement les scènes à grand spectacle des derniers actes, il restera sur la scène jusqu'à la fin. — Ce soin des menus détails prouve d'abord le respect de l'auteur pour le spectateur; il prouve surtout que l'auteur écrit sa pièce comme nous devons la lire, la scène devant les yeux, les allées et venues, les entrées et les sorties, les groupes et les évolutions se dessinant à son esprit, le drame se levant et vivant devant lui, qualité essentelle, sans laquelle on ne sait faire que du théâtre de bibliothèque. Quoi qu'en dise Aristote, c'est le poète qui est le premier machiniste de son théâtre.

Il y a mieux encore, un art qui lie encore plus fortement la décoration et la mise en scène à l'action : c'est de faire en sorte que la décoration et la mise en scène soient l'action même. La moitié d'*Athalie* est ainsi conçue. Dans les deux premiers actes c'est Racine qui est le « machiniste » ; dans les trois derniers, c'est un personnage, et le principal, dans le rôle de qui il entre de régler la décoration et la mise en scène : le grand machiniste, c'est Joad.

La mise en scène est la mise en jeu du drame lui-même. Non seulement elle est un moyen d'action, mais elle est le moyen d'action du protagoniste, et à la fois une marque de son caractère, une forme de sa pensée, une œuvre de sa volonté. Joad est un prêtre qui a le sens et le goût de la grande décoration et de la pompe religieuse ; c'est un homme d'Etat qui sait que les solennités des *entrées* et des sacres font partie de l'appareil royal, du magasin d'accessoires dynastique, de l'*instrumentum regni ;* c'est un conspirateur qui connaît le grand pouvoir, sur l'imagination des foules, des grands spectacles brusquement étalés, des coups de théâtre. Son caractère, son esprit, son imagination, son dessein, tout le pousse aux moyens scéniques. Il y a un grand tragédien dans tout chef d'empire, surtout avant son avènement. Racine a compris que Joad devait avoir l'imagination théâtrale, et il l'a pris pour collaborateur. Joad s'est admirablement acquitté de sa tâche. Voici les *tableaux* qu'il a imaginés.

Au troisième acte le temple est assiégé ; on vient d'en fermer les portes. Azarias en a fait deux fois le tour. Sur les terrasses les Lévites veillent. Profond silence. Heure de résolutions extrêmes. Anxiété et terreur. Au milieu de la scène, Joad, Josabeth ; autour Lévites armés ; jusqu'au fond du théâtre, foule de jeunes filles émues, exaltées, attendant et acceptant la mort, martyres prêtes. Une symphonie grave et sourde s'élève sous les voûtes sombres, se perd dans l'ombre des piliers, et le grand prêtre chante les destinées du peuple saint et les desseins de Dieu.

Au quatrième acte le trône, le glaive sacré, le livre saint, l'huile sainte ; Joad sur les degrés du trône. Les Lévites prêtent serment à leur roi sur « l'auguste livre », Joas prête serment à la Loi sur le livre de Dieu. Joad explique et commente les serments échangés. Scène grave de conjurés engageant leur parole et leur vie.

Apparition de Josabeth. Embrassements de la *mère*, des enfants, frères hier, roi et sujet aujourd'hui, scène attendrissante renforçant l'effet de la précédente.

Au cinquième acte, Athalie, Joas, Josabeth, Abner. Athalie insultante encore. Joad décidé ; résolutions d'Abner inconnues encore. Un rideau tombe : Joas sur son trône, femmes agenouillées à ses pieds, Lévites l'épée à la main sur les marches. Effet de terreur sur l'imagination déjà ébranlée d'Athalie, d'exaltation sur l'âme faible d'Abner.

Et, brusquement, le fond du théâtre s'ouvre, le temple entier, ce temple formidable, dont nous ne connaissions qu'un vestibule, apparaît ; ses profondeurs, infinies, mystérieuses, inquiétantes, s'animent, jettent sur la scène, comme de retraites inépuisables, des centaines de Lévites armés dont la surprise, le mystère, l'obscurité triplent le nombre. Et ces soldats ont dans l'imagination l'effet de tous les tableaux précédents. Leur force est énorme, leurs adversaires paralysés.

La mise en scène a vaincu la reine de Juda. Le machiniste est un général victorieux.

VII

HISTOIRE D'ATHALIE. — CONCLUSION

Telle est cette pièce supérieure, où toutes les parties de l'art tragique complet, sujet, idées, caractères, action, lyrisme, décoration, musique, spectacle, non seulement ont été réunies et rapprochées par un art infiniment ingénieux et savant, mais encore sortent les unes des autres, rentrent les unes dans les autres, et se pénètrent réciproquement, vivant ensemble dans la connexité et la conspiration intime d'un organisme, à ce point qu'il semble que l'une manquant, la vie disparaîtrait aussitôt.

Vraie tragédie lyrique, vraie tragédie artistique, contenant en elle le concert harmonieux de tous les arts ; vraie tragédie grecque, ce qui est tout dire ; et pourtant ayant encore les qualités de clarté, de rapidité, de progression vive, de dénouement inattendu et brusque, qui sont particulierement françaises.

Deux choses peuvent paraître lui manquer : l'élévation morale, que Racine, à tout prendre, n'a jamais eue, qui n'est point nécessaire au théâtre, mais qui n'en est pas moins un très grand charme dans notre cher Corneille ; — le style, dont il faut avoir le courage de dire, quand on le croit, qu'il est insuffisant, si longtemps et si universellement que l'on ait dit le contraire. Il y a de belles parties de style dans *Athalie*, la malédiction de Joad sur Mathan :

> Sors donc de devant moi, monstre d'impiété.
> De toutes tes horreurs, va, comble la mesure !
> Dieu s'apprête à te joindre à la race parjure:
> Abiron et Datan, Doëg, Architophel.
> Les chiens à qui ton bras a livré Jézabel,
> Attendant que sur toi sa fureur se déploie,
> Déjà sont à ta porte, et demandent leur proie !

La *prédiction* de Joad, avec ses beaux effets de solennité et de grandeur, produits par le vers ample et les rimes redoublées :

> Cieux, écoutez ma voix, Terre, prête l'oreille !
> Ne dis plus, ô Jacob, que ton Seigneur sommeille :
> Pécheurs, disparaissez : le Seigneur se réveille.
>
> . . . .
>
> Où menez-vous ces enfants et ces femmes ?
> Le Seigneur a détruit la reine des cités :
> Les prêtres sont captifs, ses rois sont rejetés :
> Dieu ne veut plus qu'on vienne à ces solennités :
> Temple, renverse-toi ; cèdres, jetez des flammes.

Mais ces fragments de vraie poésie sont rares. *Athalie* est écrite du style ordinaire de Racine, net, clair, juste, ingénieux, un peu sec et un peu froid, style de psychologue adroit et pénétrant, plutôt que de poète inspiré. C'est bien le style qui convenait aux autres tragédies de Racine. Mais à *Athalie* il fallait plus, l'image sobre, mais originale et puissante de Corneille ; ou le vigoureux relief du vers classique, frappé en médaille, de Corneille encore ; ou la période abondante et solide, ample et vigoureuse, le souffle large des orateurs de Corneille. Le jour où Racine a rencontré une grande conception poétique du théâtre français, le style de sa conception lui a, en partie, fait défaut.

Tout compte fait, il reste un chef-d'œuvre, et une révolution dans l'art dramatique. Voltaire, en tant que poète dramatique, a eu toujours les yeux fixés sur *Athalie*. C'est que Voltaire, peu doué comme poète, était infiniment intelligent, et comprenait à merveille que la tragédie théâtrale avait manqué en France jusqu'en 1691, et que, par une singulière fortune, la tragédie théâtrale avait été inventée par le maître de la tragédie psychologique, sans qu'il perdît rien de ses qualités premières ; que là était l'indication de la voie à suivre, pour élargir, amplifier et enrichir le drame français, trop souvent réduit jusque-là à n'être qu'une anecdote intéressante, ingénieusement nouée et dénouée entre deux *portants*. Cette préoccupation constante de Voltaire nous amène à dire quelques mots de la fortune d'*Athalie* en France.

Athalie avait été demandée à Racine par Madame de Maintenon pour Saint-Cyr. Des considérations d'ordre intérieur (1) empêchèrent ce dessein d'aboutir.

Athalie fut jouée, non à Saint-Cyr, mais à Versailles, à petit bruit, dans les appartements du roi, par Mademoiselle de Caylus et ses amies de Saint-Cyr, en habit de ville, une première fois en janvier 1691, une seconde fois en février de la même année, puis quelques mois plus tard (2). Le succès semble avoir été faible. Mademoiselle de Caylus aimait peu son rôle ; Louis XIV ne paraît pas avoir marqué une approbation vive, comme il fit pour *Esther*. L'écho s'en retrouverait dans les papiers du temps où les moindres sentiments du Roi sont rapportés. Madame de Maintenon paraît, seule, avoir eu pour *Athalie* un goût très vif, et c'est sans doute pour elle qu'on la reprit plus tard.

La pièce ne fut pas jouée à Paris dans sa nouveauté, ni du vivant de Racine, ni même du vivant de Louis XIV. Elle fut imprimée seulement en mars 1691, et par conséquent ne put avoir qu'un succès de critique. A vrai dire, elle ne l'eut pas. Boileau admira. Quelques-unes de ses théories étaient heurtées dans cet ouvrage. Mais il s'entendait assez bien au théâtre : il adorait Sophocle, et Racine était l'ami de son esprit et de son cœur. Boileau valait, à cette époque, tous les autres critiques ensemble ; cependant les autres avaient le nombre, et ils furent contre *Athalie*. Ils trouvèrent la pièce « froide » et « enfantine », ce qui est très intéressant, parce que cela veut dire qu'il y a dans la pièce un enfant, et qu'il n'y a pas d'amour. Deux préjugés littéraires du temps étaient choqués par ces deux nouveautés, et se révoltaient. En somme, le silence se fit vite autour du poème, et

---

(1) Voir le détail de cette affaire dans le **très** agréable volume de M. Deltour : *Les ennemis de Racine*.

(2) Voir notre volume intitulé *Madame de Maintenon institutrice*. (LECÈNE ET OUDIN.)

l'on semble bien l'avoir considéré comme l'ouvrage d'un homme déjà âgé, retiré du monde littéraire, et qui n'a plus l'air des belles choses.

En 1699, à l'occasion du mariage du duc de Bourgogne, Madame de Maintenon fit reprendre la pièce à Versailles, puis en 1702 (février) avec un éclat extraordinaire. La duchesse de Bourgogne jouait *Josabeth*, le duc d'Orléans *Abner*, l'acteur Baron, retiré du théâtre alors, *Joad*.

Enfin en 1716, vingt-cinq ans après sa naissance, *Athalie* parut devant le public. Elle fut jouée par ordre du duc d'Orléans, régent de France, à la Comédie-Française. Le succès fut grand. Le côté théâtral prit d'abord le public. Plus tard Voltaire cria si fort et si longtemps qu'*Athalie* était le chef-d'œuvre de l'esprit humain, qu'il n'y eut personne en France qui se permît d'avoir un sentiment contraire. *Athalie* fut classée merveille.

On sait que la réaction contre la littérature classique, que l'école de 1820 a cru avoir besoin d'exciter, a porté surtout contre Racine. Mais il est à remarquer que c'est plutôt contre le Racine des *Iphigénie* et des *Bérénice* qu'elle s'est élevée, que contre le Racine religieux. *Athalie* est restée, ce me semble, en dehors de la mêlée, ce qui est assez naturel. Les romantiques ne pouvaient guère attaquer le merveilleux chrétien et l'art religieux qui furent une de leurs doctrines, et sur ce point être contre Boileau c'était être avec Racine; ils ne pouvaient guère attaquer la tragédie théâtrale et lyrique, qui était au fond de leur conception dramatique, et qu'ils essayaient de rétablir.

Athalie a donc traversé cette époque littéraire sans trop souffrir de la tourmente. Elle est aujourd'hui en pleine possession de l'admiration des lettrés. La foule y entre peu, mais amuse ses yeux de la pompe du spectacle, qu'on peut très facilement rendre originale et saisissante.

Nous ne nous étendrons pas sur les réflexions que pourrait faire naître la longue hésitation du succès à l'égard d'*Athalie*. Notre avis est qu'au théâtre, le temps n'étant point laissé à la réflexion, toute œuvre puissante, profonde, originale, apportant avec elle un

art nouveau, et devant être la longue admiration de la postérité,
doit absolument échouer en sa nouveauté. Il faut qu'à la lecture la
réflexion se soit produite, le sens profond de l'œuvre se soit démêlé,
puisqu'on soit revenu au théâtre dans une pensée de vérification
et de contrôle, que l'éducation du public se soit faite ainsi peu à peu,
pour que le succès arrive, cette fois, solide et durable. Cette
pensée peut consoler de leurs échecs les hommes de génie, et
quelques autres.

BOILEAU

BOILEAU DESPREAUX

BOILEAU

I

SA VIE.

Nicolas Boileau, dit Despréaux, puis sieur des Préaux, quand il fut gentilhomme ordinaire du roi, est né en 1636 à Paris très probablement (et non à Crosne, près Villeneuve-Saint-Georges, comme on l'a cru longtemps). Il était bien Parisien, en tout cas, de vieille famille bourgeoise du quartier du Palais. Tous ses parents étaient gens de justice. Son père était greffier de la Grande Chambre du Parlement. Deux de ses frères furent connus : Gilles Boileau, avocat et homme de lettres, assez mordant et spirituel, qui fut de l'Académie française vingt-cinq ans avant Nicolas ; et l'abbé Jacques Boileau, théologien, chanoine de la Sainte-Chapelle, esprit satirique aussi, qui a laissé des ouvrages latins estimés. Nicolas fut élevé au collège d'Harcourt, puis au collège de Beauvais, fit son droit, et ne plaida point, fut étudiant en théologie, et ne voulut point être d'église. Le goût des vers était son entêtement. Son père mort, possesseur d'une petite fortune, il put s'abandonner à sa vocation. Il fit des satires, qui sont plus méchantes que spirituelles, nous parlons des premières (les satires I, III, IV, VI, VII, — de 1660 à 1665), connut Racine, La

Fontaine, Molière, Chapelle, se fit beaucoup d'ennemis, quelques amis chauds, imposa l'estime par son caractère sincère et droit, inspira la crainte par la liberté audacieuse de son langage , et devint peu à peu le champion en titre de la nouvelle école de 1660.

Il plaisait au roi, fut bien en cour, se trouva à la mode. On le voyait à Versailles, chez les libraires en vogue, aux premières représentations de Molière, et surtout de Racine où il se faisait remarquer par la fureur de ses applaudissements. Il fut gentil-homme ordinaire et historiographe du roi, eut des amitiés illus-tres, le grand Condé, le président Lamoignon, Dangeau, Valin-cour, plus tard Madame de Maintenon. Du reste, homme de re-traite et de loisir studieux, très chrétien, sensiblement janséniste, ami dévoué du grand Arnauld, pour l'épitaphe de qui il a écrit ses plus beaux vers. Il fut de l'Académie tardivement, ayant atta-qué la plupart des académiciens. Il fallut même l'intervention du roi pour l'y faire entrer (1684).

A cette époque, il avait publié ses *Epîtres,* son ouvrage le mieux écrit (1669-1695), son *Lutrin,* poème burlesque (1672-76), et son *Art poétique* (1674). La fin de sa vie fut glorieuse. Son autorité, son caractère d'oracle littéraire étaient consacrés. Les hommes de lettres plus jeunes, comme La Bruyère, venaient le consulter en tremblant. Il était plus irascible que jamais, donnant avec une fougue juvénile dans la *Querelle des Anciens et des Modernes,* pour ses chers anciens, très bon du reste et généreux, achetant la bibliothèque de Patru pauvre à la condition qu'il la gardât, offrant sa pension pour qu'on la donnât à Corneille, à qui l'on ne payait pas la sienne.

Il survécut à tous ses amis, à tout son siècle, un peu morose, voyant une décadence du goût dans le succès de la génération littéraire de 1700, inférieure, à la vérité, à la précédente ; gardant cependant la justesse de son jugement et l'intégrité dans ses arrêts, disant de son ennemi Régnard, qu'on traitait devant lui, pour flat-ter sa rancune, d'*écrivain médiocre :* « Il n'est pas *médiocrement* gai ». Il mourut en 1711. La foule fut grande à ses obsèques. Un homme du peuple s'écria : « Il avait bien des amis ; on dit pourtant qu'il disait du mal de tout le monde.

II

RÔLE LITTÉRAIRE DE BOILEAU.

Si l'on se déshabituait de considérer Boileau dans son office de « Législateur du Parnasse » qu'il n'a plus; si l'on voulait l'envisager dans son rôle de batailleur littéraire et d'éclaireur, il apparaîtrait fort vivant, nullement suranné, très intéressant, et la grandeur des services rendus par lui éclaterait mieux.

Chaque génération littéraire a son théoricien qui rédige en lois de l'art les penchants et le goût des écrivains de son temps. Mais entre ces théoriciens il y a de sensibles différences. Les uns sont d'avant-garde et ouvrent la marche : tel Joachim du Bellay pour l'Ecole de Ronsard, Stendhal pour l'Ecole Romantique; les autres viennent à la suite de l'Ecole qu'ils admirent et ne font qu'en résumer l'esprit. Ils sont plus complets, puisqu'ils travaillent sur des résultats acquis, bien moins méritants, peu originaux, plus pédantesques, d'utilité presque nulle, d'intérêt médiocre. Tels Vauquelin de la Fresnaye pour l'Ecole de Ronsard, Théodore de Banville pour l'Ecole de Victor Hugo. Boileau est d'avant-garde, et ouvrier de la première heure pour l'Ecole de 1660. Voltaire, considéré comme critique, est le Vauquelin de cette école, avec cette réserve toutefois, qu'à sa date il n'y avait pas seulement à conserver et à consacrer. Il y avait à lutter, pour le goût de 1660, contre un retour de goût faux et de penchants vulgaires, représenté par Lamotte et le salon de Madame de Lambert.

Ce que Voltaire dit vers 1720, Boileau le dit dès 1660, avec hardiesse et décision. Il distingue, d'un coup d'œil très net, ce

qu'il y a à attaquer, ce qu'il y a à garder, ce qu'il y a à soutenir.
Il faut attaquer vivement tous les traînards de *l'hôtel de Rambouillet*,
gens d'esprit qui n'ont que de l'esprit; le genre burlesque, qui
est un enfant non reconnu, mais de filiation certaine, de Voiture;
les Turlupinades, qui sont le genre burlesque adopté par les gens
de cour; le groupe de Ménage, qui est formé de pédants, à l'exception de quelques gens d'esprit fourvoyés, comme Benserade et
Furetière; les truands de lettres, gens de cabarets et de bouges,
qui déshonorent la littérature, les Saint-Amand, les Faret, les
d'Assoucy, les François Colletet; le roman faux, fade et ampoulé,
guindé sur ses fausses cnémides, alourdi de faux casques romains
ou bouffi dans sa fraise espagnole : voilà les ennemis.

Ce qu'il faut soutenir, c'est quelques hommes aimables et distingués, égarés, dans ce camp du mauvais goût : Benserade, Segrais,
Furetière. C'est surtout l'Ecole nouvelle, l'école du naturel, de
l'observation et du vrai : Molière, Racine, La Fontaine; et encore
La Fontaine fait trop de contes, et n'est pas sans désordre dans
sa vie. On ne l'attaquera point; mais on glissera, on s'abstiendra,
pruderie excessive ou purisme exagéré, la plus grande erreur
de Boileau.

A cette école nouvelle il faut des *autorités* et des *ancêtres* dont
elle se puisse réclamer, comme d'hommes dont elle suit l'esprit
et dont elle continue la tradition. Ces autorités, Boileau les trouve
dans Malherbe et Racan, considérés comme une école dont les
enseignements ont été mis en oubli pendant un demi-siècle et
sont désormais remis en honneur.

> Malherbe d'un héros peut chanter les exploits ;
> Racan chanter Philis, les bergers et les bois.
> Enfin Malherbe vint...
> Racan pourrait chanter au défaut d'un Homère.

Quant aux vrais ancêtres, ce sont les anciens, c'est Homère,
Eschyle, Sophocle; c'est Virgile, Horace et Térence, sans plus,
ou avec un ou deux encore; car, ici même, Boileau est exclusif,

et plus que ne le sera Fénelon, qui l'est un peu trop. Voilà le plan
de campagne et le dessein des opérations.

Et maintenant à Racine, à Molière, à La Fontaine un peu, à Segrais
parfois, à Benserade peut-être, de combattre le bon combat ; à
Boileau de harceler l'ennemi, de découvrir ses points faibles, de
montrer la vanité de ses prétendues forces, le chimérique de ses
desseins, le vain orgueil de ses prétentions, la lourdeur de ses
fautes, le ridicule de ses attitudes, la mollesse de sa résistance.
A lui de railler Chapelain, de ridiculiser Quinault, de siffler Cotin,
de mépriser Saint-Amand, de blesser Desmarets, d'écraser Pin-
chesne rien qu'à le toucher. A lui de déshabiller les héros de
roman, d'émousser les pointes, de hausser les épaules aux turlupinades, et de se rire des fadeurs de ruelle. A lui d'élever à la
hauteur d'une passion « la haine d'un sot livre », de poursuivre
l'auteur ridicule, ou affecté, ou maniéré, ou froid, ou sottement
pompeux, « comme un chien fait sa proie », « d aboyer aux pédants, » d'appeler « un chat, un chat », et Pelletier un sot, de
traîner « dans la fange » l'abbé de Pure, sans ménagement et
sans politesse ; car il dit franchement de lui-même :

Je suis rustique et fier, et j'ai l'âme grossière.

Voilà la guerre qu'il a faite. Elle n'était point nécessaire, il
faut le dire ; elle était utile. Il l'a faite avec énergie et courage,
avec un certain excès aussi, qui sent l'impatience de la victoire,
la colère des représailles et l'enivrement de la mêlée.

III

BOILEAU MORALISTE.

Boileau adorait Horace. « Il l'aima trop, si l'on peut trop l'aimer. » J'entends qu'il a voulu être l'Horace français, de la tête aux pieds, ce qui était trop d'ambition. Horace avait fait des satires littéraires, Boileau en fit. Horace avait fait des satires et des épîtres morales qui sont des causeries en vers sur les ridicules des hommes, les consolations de la sagesse, les douceurs de la médiocrité, les délices du bon sens ; œuvres charmantes, d'un abandon gracieux, d'une bonhomie fine, d'un enjouement facile et délié. Boileau voulut faire des satires et des épîtres morales. Il y fallait un La Fontaine, ou un Montaigne sachant le vers. Boileau n'y échoua point ; il y languit un peu. Il était spirituel plutôt que fin, ou fin plutôt que délicat. Une nuance de grâce légère et de demi-sourire lui manquait. Il fut bon, dans un genre d'ouvrage où il faut être exquis. Il y a de la banalité dans ces poèmes, où les idées générales, qui en sont le fond, devaient être relevées d'un tour léger de paradoxe discret ou de fine boutade. Cela sent la dissertation.

Esprit vigoureux, Boileau pouvait avoir, en ce genre, la pénétration, la profondeur des vues sur l'humaine misère, qui eussent suppléé à la grâce. Il n'a pas montré ces fortes qualités non plus. Ces poèmes sont sainement pensés, bien composés, écrits d'une langue forte et sûre. Ce sont bien « quelques bons écrits », comme a dit dédaigneusement Voltaire. Ce n'est ni du Voltaire du *Pauvre Diable*, ni du Voltaire des *Discours sur l'homme*.

Œuvres graves, correctes, spirituelles même parfois, d'une raison droite et d'un esprit cultivé, mais qui apprennent peu de chose, ne peignent point bien vivement, et intéressent plus qu'elles

ne plaisent. L'absence de défaut n'est pas une qualité, en chose
d'art, et les quatités moyennes même n'y sont presque comptées
que comme absence de défauts.

IV

BOILEAU THÉORICIEN LITTÉRAIRE.

En 1674, Boileau, qui combattait depuis 14 ans, avait déjà
poussé loin ses avantages. Il avait attaqué et à peu près vaincu,
du moins pour un temps : le genre romanesque et fade, les *je
vous hais* dits tendrement, les grâces molles de Quinault, l'esprit
de pointes, l'élégie maniérée et fausse, les « Iris en l'air » et les
« sottises champêtres », les trivialités et le burlesque, les
Saint-Amand, les d'Assoucy et les François Colletet, les mauvaises
mœurs de la basse littérature, les poètes à gages « vendant au
plus offrant leur encens et leurs vers », les auteurs trottant « de
cuisine en cuisine », les « rimeurs affamés et cyniques ». — Le
terrain était déblayé. Il restait à coucher sur le champ de bataille.
Résumer les satires, les confirmer et les consacrer, en formulant
avec netteté ce qu'on prétendait mettre à la place de ce qui avait
été attaqué, c'était la seconde partie de la tâche.

L'*Art poétique* est à la fois une dernière œuvre de polémique et
un code littéraire. C'est la dernière des satires, et ce sont les ta-
bles de la loi. Il faut le considérer à ce double point de vue, parce
que (et c'est ce qui en fait l'intérêt et le piquant) la loi y sort constamment de la satire, la règle édictée d'une dernière critique
faite, l'arrêt d'un réquisitoire. — C'est là à la fois l'esprit général et la méthode de cet ouvrage. C'en est l'*esprit*, parce que Boileau était toujours et partout, et dans le *Lutrin* comme dans les
Epîtres, et dans l'*Epitaphe d'Arnauld* comme dans les *Épigrammes;*
et dans l'*Art poétique* comme dans l'*Ode sur Namur*, un satirique.

— C'en est la *méthode*, d'abord parce que Boileau imite Horace, dont le prétendu *Art poétique* n'est qu'une épître satirique ; ensuite parce que, de lui-même, il a bien senti que le moyen de rendre la règle intéressante, c'est de la présenter comme une critique de ceux qui la méconnaissent; que le moyen de faire un code amusant, c'est d'y montrer les coupables qu'il atteint.

§ 1.

Ce que Boileau attaque dans l'*Art poétique*, nous le savons déjà. C'est ce qu'il a attaqué dans les *Satires* : c'est le genre romanesque, l'abus de l'esprit, la froideur, qui est le plus souvent une suite de l'abus de l'esprit, les trivialités, le genre burlesque.

Toutes ces attaques se retrouveront dans les quatre chants de son poëme didactique. Il voit, par exemple, la déclamation des romans et des tragédies romanesques s'introduire dans l'Eglogue. On peut être étonné de ce vers du chant II :

> Au milieu de l'Églogue entonne la trompette.

C'est un souvenir de Ménage qui, dans une conversation de bergers sur la reine de Suède, idée bizarre et procédé faux emprunté au xvie siècle, fait dire à Daphnis ou à Ménalque :

> Un jour qui n'est pas loin, ses superbes armées
> Joindront à ses lauriers les palmes idumées.

Tout le morceau sur l'Elégie (chant ii, 45) est inspiré par le souvenir des vers fades de l'hôtel de Rambouillet.

> Ils ne savent jamais que se charger de chaînes,
> Que bénir leur martyre, adorer leur prison,
> Et faire quereller les sens et la raison,

dit Boileau. C'est que Voiture, moins aveuglément aimé de Boileau qu'on ne croit, Voiture évidemment visé dans ce passage, avait écrit dans le fameux sonnet d'Uranie, *qui était dans toutes les mémoires :*

> *Je bénis mon martyre*, et content de mourir,
> Je n'ose murmurer contre sa tyrannie....
> Quelquefois *ma raison* par de faibles discours
> M'invite à la révolte......
> Après beaucoup de peine et d'efforts impuissants,
> Elle dit qu'Uranie est seule aimable et belle,
> Et m'y rengage plus que n'ont fait *tous mes sens.*

C'est au nom de la simplicité que Boileau repousse la tragédie irrégulière et romanesque, les pastorales, les tragi-comédies pleines d'aventures merveilleuses et invraisemblables :

> *Des héros de roman fuyez les petitesses* [dans la tragédie].

> Peignez donc, j'y consens, les héros amoureux;
> Mais ne m'en formez point de bergers doucereux.

C'est qu'il songe à Quinault, à l'*Astraté*, à « l'anneau royal », fable des *Mille et une nuits* dans un drame, aux héros fades qui disent tendrement : « Je vous hais », etc.

Comme dans les satires, il s'en prend énergiquement à l'abus de l'esprit, à la recherche de l'originalité superficielle et toute de forme, qui était le grand défaut des poètes de la génération précédente. Ces gens-là, « emportés d'une fougue insensée », vont chercher leur pensée loin du bon sens : ils croiraient s'abaisser

> S'ils pensaient ce qu'un autre a pu penser comme eux.

Voilà leur grand travers en sa source même. Leurs jeux d'esprit, leurs pointes viennent de là. Et les pointes, quel fléau (chant II, 105-140) ! Boileau les voit envahir successivement : le madrigal, et il songe à la « guirlande de Julie »; le sonnet, et il songe à Gombaud, à Malleville, à Voiture; la tragédie, et il songe à Théophile, à Rotrou, à Corneille même; l'élégie, et il songe à ce Ménage incapable de « soupirer sans pointe », « et fidèle à sa pointe encor plus qu'à ses belles »; le barreau, et il songe à Maître Gaultier plaidant contre une tourière, et disant : « Cette tourière, plus fameuse par les tours de son esprit malicieux que par le tour de son monastère »; la chaire chrétienne enfin, et il songe au petit Père André, Augustin. Il y songe si bien qu'il met son nom en note dans les dernières éditions, vers 1710, pour qu'on ne pense point trop à Massillon.

C'est un abus de l'esprit encore que les descriptions surchargées et surabondantes. Scudéri est un sot avec ses « festons et astragales »; et l'*Art poétique* est tellement une satire qu'il se tourne en parodie (i, 50-58), et qu'il prendra cette même forme pour se moquer des « poissons ébahis » de Saint-Amand, regardant les Hébreux passer la mer Rouge (iii, 280-284).

Ces hommes qui ne recherchent que l'esprit, ne sont rien autre que des génies froids, sans flamme de sentiment qui les anime, et à qui « Apollon fut toujours avare de son feu ». Dans l'élégie et dans la poésie lyrique :

> C'est peu d'être poète, il faut être amoureux (ii, 73).

Et Boileau repousse

> Ces rimeurs craintifs dont l'esprit flegmatique
> Garde dans ses fureurs un ordre didactique,

songeant à Chapelain, peut-être même, un peu, et toutes réserves faites, à Malherbe; car le commentaire de ce passage est dans la seconde strophe, si connue, de l'*Ode sur Namur* :

> Un torrent dans les prairies
> Roule à flots précipités :
> Malherbe dans ses furies
> Marche à pas trop concertés.

> J'aime mieux, nouvel Icare,
> Dans les airs suivant Pindare,
> Tomber du ciel le plus haut,
> Que loué de Fontenelle,
> Raser, timide hirondelle,
> La terre, comme Perrault.

De même, dans son étude sur la tragédie, il attaquera les drames où il y a trop de raisonnement et pas assez de passion, ne se cachant pas d'avoir fait allusion à *Othon* de Corneille, et les expositions embarrassées et pénibles, pensant probablement à *Héraclius* (III, 20-38).

Les trivialités, les bassesses trouvent en Boileau, dans l'*Art poétique*, comme dans les Satires, un ennemi véhément et méprisant. L'idée générale est la même ici qu'ailleurs. Ce que Boileau reproche au burlesque, c'est d'être le contraire du « bon sens », de « la droite raison » dont il se flattait (en mauvais style) « de sentir l'équilibre ». Il l'accuse aussi d'être trop *facile*, d'être u: e « extravagance aisée », ce qui est très juste, et d'un bon style (I, 92). — Ce point est très curieux. Remarquez que Boileau, par certains côtés, touche au genre burlesque, par ce seul fait qu'il aime le vrai, la nature, et que le vrai est souvent burlesque, et que la réalité ne laisse [pas souvent d'être réaliste. C'est ainsi qu'il a été amené à faire le portrait de la lieutenante criminelle Tardieu (satire sur *les femmes*) et *le Lutrin*, tout comme Racine a fait *les Plaideurs*, Molière *la comtesse d'Escarbagnas*, et Furetière, que Boileau aime fort, *le Roman Bourgeois*. C'est qu'il y a deux genres de burlesque, le burlesque d'imagination, qui consiste en des trivialités de fantaisie, en jeux grossiers d'extravagance débridée : c'est celui de Scarron dans *Virgile travesti ;* et il y a le burlesque d'observation, qui consiste à saisir ce qu'il y a de grotesque en effet dans le réel. Celui-là, le goût seul de la vérité y amène, et une école qui a aimé par-dessus tout le vrai, y est venue naturellement. Elle a été souvent ce que nous appelons de nos jours réaliste, c'est-à-dire qu'elle a admis ce qu'il y a de bas dans ce qui est réel. Seulement elle n'a pas cru que le bas fût tout le réel, et si elle n'a pas proscrit le grossier, elle n'en a pas été curieuse.

Certaines contradictions apparentes de Boileau s'expliquent ainsi. Il est burlesque à son heure et il n'aime pas le burlesque comme *genre*. Il n'aime pas le burlesque d'imagination, et il admet, quand il est à propos, le burlesque d'une peinture vraie. Il estime Furetière et abhorre d'Assoucy. Il aime les *Plaideurs*, jusqu'à y collaborer, et il n'aime pas le burlesque de Molière. — Mais lequel encore ? Car il y en a dans l'*Ecole des femmes*, et il les exalte. Peut-être est-ce aussi le burlesque de fantaisie dans Molière qui lui répugne, et en effet c'est le sac de Scapin, cette imagination bouffonne, sans grand air de vérité, on l'avouera, qui l'importune.

Enfin les mœurs de la basse littérature, si cruellement flagellées dans les Satires, sont ici encore mises au pilori, avec un tel emportement de verve que Boileau, si sûr de sa marche, en quitte quelquefois son chemin. Il y a, au chant III, un *fragment satirique* intercalé, qui suspend le cours de l'exposition didactique. C'est un portrait de Desmarets, très probablement, et si l'on en croit Desmarets lui-même (325-350). C'est que Desmarets, homme d'esprit d'ailleurs, et qui a eu l'idée des *Précieuses ridicules* avant Molière, avait fait une sorte de factum contre les *anciens*, et que la fatuité des auteurs médiocres ou secondaires avait le privilège d'exaspérer Boileau. Ici le hors-d'œuvre satirique est tellement sensible que Boileau s'en excuse lui-même.

Mais *sans nous égarer* suivons notre propos.

Tel autre fragment vise l'*indiscrétion* des liseurs impitoyables de leurs œuvres. C'est Dupérier qui « aborde en récitant quiconque le salue », « poursuit de ses vers les passants », et leur débite ses odes jusque dans l'église (IV, 145-149). — Ici c'est une allusion aux *cabales* dont Racine a été l'objet, aux « basses jalousies », « frénésies » des vulgaires auteurs dont il a été la victime (IV, 201-204).

Ainsi l'*Art poétique* est comme barbelé de « traits de satire », comme il dit lui-même, d'allusions malignes, toutes très claires pour les contemporains, qui ont dû en distinguer beaucoup plus que nous n'en voyons, et même qu'il n'y en a, plus obscures et plus incertaines pour nous, mais qu'il importe de démêler, pour bien voir l'œuvre dans sa réalité très vivante.

§ 2.

A ces défauts quels sont les remèdes ? A ces erreurs quelles sont les corrections? Voilà l'acte d'accusation, où est la loi?

Commençons par les prophètes : ce sont les anciens. Retour à l'antiquité. Toutes les fois que Boileau nomme un moderne ridicule, il cite tout de suite un ancien sans défaut. Chapelain a ce mérite au moins de le faire songer à Virgile. A propos de chaque genre aussi, il ramène le lecteur aux anciens qui font autorité dans ce genre. Il s'agit de l'Eglogue, lisez Théocrite; de la Satire, lisez Horace; de la Tragédie, lisez Sophocle; de la Comédie, lisez Térence; de l'Epopée, lisez Homère et surtout (il me semble) Virgile. Cela explique et certains excès et certaines lacunes. Ce goût de l'antiquité a conduit Boileau à un peu trop de penchant pour la *noblesse continue*. Non pas que les anciens soient guindés, c'est tout le contraire, et Racine le sait bien ; mais l'éloignement, qui augmente le respect, produit souvent cet effet qu'on lit les anciens avec une gravité, une sorte de solennité, qu'on leur prête; et faire grand cas des anciens engage quelquefois à imiter en eux le ton doctoral qu'on prend en les lisant. Boileau a légèrement donné dans ce travers.

Son grand goût des anciens le mène aussi à trop mépriser l'*antiquité* française. Son dédain du moyen âge va trop loin, puisqu'il va jusqu'à l'ignorer, et si nous sommes trop guéris de ce défaut, il n'en reste pas moins que Boileau en souffre. Il ne comprend pas Ronsard, et l'on peut soupçonner qu'il ne le connaît pas. Le

seul reproche net et formel qu'il lui adresse est de parler latin
et grec, et c'est celui peut-être qu'il mérite le moins. Il ignore
tout le théâtre français d'avant Corneille, et cela lui fait croire
que nos ancêtres ont « ignoré et abhorré » le théâtre, ce qui serait
bien étrange en France, et ce qui est absolument faux.

Sauf ces erreurs, qui ont une certaine gravité, rien n'était meilleur à cette date que le goût de l'antiquité ramené et un peu
imposé. Il est très vrai qu'on la négligeait trop depuis environ
quarante ans. La réaction un peu vive de l'école de 1660 s'explique
par là. Racine paraît un peu pédantesque dans ses préfaces ; c'est
qu'il s'agit de montrer aux adversaires qu'ils n'ont pas fait leurs
études, leur apprentissage de littérateurs. Boileau bondit d'indi-
gnation en songeant que Corneille ne distingue pas Lucain de Virgile. C'est qu'il est irrité que ce contre-sens s'ajoute à beaucoup
d'autres, non pas tant de Corneille, que de la génération dont il
est. Cette réaction rude n'était point de trop. Nous l'aimons mieux
tempérée par la variété des bons goûts littéraires de La Fontaine,
qui adore Virgile et qui aime le Tasse, et qui fait son profit
de Marguerite de Navarre. Mais le fond solide à retrouver était
bien l'antique, et c'est là que Boileau s'est établi de toute sa
force.

Les anciens bien connus, dans quelle disposition d'esprit faut-
il être pour bien écrire ? Il faut aimer la *nature* et la raison. Tout
Boileau est là, et dans ces deux idées non point séparées, mais
intimement unies, dans l'observation de la nature éclairée par
un bon sens et une raison droite Boileau définira l'art : la nature
observée par une tête bien faite. — Il ne faut point, comme l'école
de l'hôtel Rambouillet, donner « l'air français à l'antique Italie ».
Il faut « des siècles, des pays étudier les mœurs ». — « Que la
nature donc soit votre unique étude. » Peignez les hommes tels
qu'ils sont. Vous n'avez pas à inventer, mais à bien voir. — Et
si j'invente ? — Inventez avec la logique plutôt qu'avec l'imagination, parce que la logique c'est la vérité encore :

D'un nouveau personnage inventez-vous l'idée ?

> Qu'en tout avec soi-même il se montre d'accord,
> Et qu'il soit jusqu'au bout tel qu'on l'a vu d'abord.

Aussi l'écueil, abominable, c'est la déclamation, parce que la nature ne déclame pas. Sénèque est « amoureux des paroles » et non de vérité (III, 113-150).

Quant à la *raison*, c'est le bon sens appliqué à l'observation. « Aimez donc la raison » (I, 37). — « Tout doit tendre au bon sens » (I, 45). — « Avant donc que d'écrire, apprenez à penser » (I, 175, et, *passim*, partout). Rien n'était meilleur que ce précepte à sa date, et nous avons assez dit pourquoi. Mais il faut ajouter que cela a entraîné Boileau un peu loin, c'est-à-dire à ne pas suffisamment pénétrer les genres où la raison doit trouver son compte, car elle doit être partout, mais où l'imagination libre et créatrice a le plus grand rôle : la poésie lyrique, l'épopée. Tout en disant que dans le lyrisme il faut un « beau désordre », tout en trouvant Chapelain trop froid, et Malherbe « trop concerté », tout en invoquant Pindare et Icare, et, pour tout dire, tout en comprenant fort bien que l'essence du lyrisme est l'enthousiasme, cependant il semble le ranger dans les petits genres (au chant II), et les définitions qu'il en donne conviennent plus à la cantate, à l'éloge en vers, à l'ode bachique, à l'élégie ou même au madrigal, qu'au grand poème lyrique de Pindare et des livres saints (II, 55-80).

De même, pour ce qui est de l'Epopée, Boileau n'a pas bien entendu que le poème épique est une œuvre de foi naïve, de grande émotion à la fois patriotique et religieuse, que le merveilleux et le légendaire *auxquels l'auteur croit* en sont le fond ; il en fait trop une œuvre de raison froide et avisée, une construction artificielle. Il en a bien vu le corps, les articulations et les attaches. Il n'en a pas pénétré l'âme. C'eût été incroyable à son époque, et peut-être inintelligible, tant on était loin de cette conception. Il aurait fallu mieux connaître et l'antiquité homérique et le fond du moyen âge. Dire aux poètes épiques de ce temps qu'il faut être un juif croyant pour faire un *Moïse*, et un chrétien du xv⁰ siècle pour faire une *Jeanne d'Arc*, eût été peine inutile ; leur montrer qu'au moins fallait-il avoir le sens commun, était opportun, et c'était bien quelque chose.

La grande nouveauté de l'*Art poétique* n'est point encore dans cet ensemble de conseils si judicieux. Elle est dans une idée très haute de la *dignité d'homme de lettres* Cette idée emplit tout le quatrième chant, et en fait une œuvre à part, très grave et très considérable. Boileau est une raison ferme dans une conscience pure et noble. Il avait le respect de soi, et de sa vocation, et de son art. Il croyait que l'esprit est une noblesse qui oblige. Il voulait que l'homme de lettres commandât le respect pour lui, en commençant par l'avoir. Tous les conseils moraux qui emplissent le quatrième chant dérivent de là. Point de jalousies, point d'intrigues, point de cabales, point de bassesses, point de questions d'argent même, et mieux vaudrait écrire sans être payé.

Surtout de la sincérité, un naïf amour du beau pour le beau, qui vous fera préférer les critiques d'un censeur sévère aux louanges banales ou menteuses. — Enfin, il faut avoir des qualités d'honnête homme, aimer le bien et le faire aimer. « Soyez homme de bien ! » Il ne dit pas que cela vous donnera du talent, et on le lui a trop fait dire ; mais ne pas être honnête vous en ôterait. On sentirait l'homme à travers l'auteur, car on le sent toujours, et celui-là nuirait à celui-ci. Boileau est le seul critique qui ait eu cette vue profonde. Par ce point, il remonte au delà de l'antiquité latine ; il se rattache à Platon. C'est la théorie du *Gorgias*, cette doctrine qui n'admet pas que le talent soit séparé de la vertu, que l'art n'ait rien à voir avec la morale, et qui montre tous les arts concourant à la morale comme leur dernière fin. Le plus beau vers que Boileau ait écrit, il le doit à cette haute inspiration morale, absolument sincère en lui :

LE VERS SE SENT TOUJOURS DES BASSESSES DU CŒUR.

En résumé, Boileau, dans la partie didactique de son œuvre, s'est montré très capable de bien entendre et de bien faire entendre une certaine *moyenne*, très élevée encore, de beauté judicieuse, élégante, noble et forte. La grâce des beautés légères lui échappe un peu, et la profondeur des génies puissamment originaux. Pour le temps où il a écrit, c'était un immense progrès que cette notion sûre de ce qui fait, sinon le génie absolu, du moins le talent supérieur. Il aurait, par exemple, admirablement compris Voltaire, et c'est pour cela que Voltaire, tout en lui donnant une atteinte légère, l'aime si fort, se reconnaissant bien — un fils de Boileau — un fils affiné, émancipé, plus riche que son père, et plus prodigue.

Il comprenait très bien la littérature latine, qui n'a jamais dépassé les limites où le talent supérieur, en prenant le mot dans son acception la plus étendue, peut atteindre.

Il a été tellement en progrès, comme doctrines littéraires, sur son temps, qu'on a vécu sur lui cent cinquante ans. Un siècle, et quel siècle ! n'a pas eu besoin d'une législation plus large que celle qu'il avait tracée. André Chénier lui-même l'accepte, et ne croit pas le dépasser.

Pour dépasser Boileau, ou le compléter, il a fallu : l'étude des littératures étrangères qui a élargi les points de vue ; l'étude de l'archéologie et des mythes grecs pour redresser certaines erreurs ; l'étude du moyen âge européen pour apercevoir certaines lacunes.

Aujourd'hui l'*Art poétique* nous paraît une œuvre incomplète, mais forte, où certains préceptes éternels de goût sont formulés dans une langue sentencieuse qui en fait des proverbes ; où certains travers, éternels aussi, sont peints vivement et finement raillés ; à laquelle, enfin, une inspiration morale très élevée donne une salutaire et imposante autorité.

MADAME DE SÉVIGNÉ

MADAME DE SÉVIGNÉ

MADAME DE SÉVIGNÉ

I

SA VIE.

Marie de Rabutin-Chantal, fille unique de M. de Rabutin, baron de Chantal, et de Marie de Coulanges, naquit à Paris le 5 février 1626. Elle perdit son père avant d'avoir pu le connaître, le baron de Chantal étant mort dans l'île de Ré, en 1627, dans un combat contre les Anglais. Elle fut élevée par sa mère jusqu'à l'âge de 7 ans (1633), et la perdit à cette époque. Dès lors elle fut aux soins de son aïeul maternel jusqu'en 1636, puis de son oncle, « *le bien bon* », c'est-à-dire l'excellent et distingué abbé de Coulanges. Cette enfance douce, mais assombrie par des morts successives, par celle de sa mère surtout, juste à l'âge où les enfants commencent à avoir la faculté de sentir et la force de regretter, explique très bien la tendresse ardente et un peu indiscrète dont, plus tard, Madame de Sévigné entoura et gâta sa fille.

Elle fut admirablement élevée par son oncle de Coulanges, à Livry, où il avait une abbaye. A la mode des grandes dames d'alors, elle reçut une instruction supérieure, au point de vue littéraire, à celle des hommes. Elle eut pour professeur le savant Ménage, homme d'esprit et de goût, malgré quelques ridicules, et d'une science très étendue et solide, puis l'illustre Chapelain, mauvais poète, mais homme **de** conversation riche et de jugement sûr. Elle apprit le latin, l'italien, l'espagnol, le tout à fond, et de manière à lire les auteurs dans le texte aussi facilement que le français. Elle fut présentée à la cour d'Anne d'Autriche à l'âge de 16 ans, et en fut, trop peu de temps, une des grâces. Elle y gagna vite ce raffinement de l'esprit qui ne s'acquiert que dans la société polie, à la condition d'ailleurs qu'on en ait en soi les premiers traits. Le je ne sais quoi d'achevé et d'attendri que donne le malheur lui manquait encore. Un mariage malheureux le lui donna. Elle épousa à 18 ans, en 1644, le marquis Henri de Sévigné, d'une très ancienne maison de Bretagne, homme de plaisir et d'équipées, qui délaissa sa femme, jeta pour toujours le désordre dans leur fortune à tous deux, et finit par être tué en duel par le chevalier d'Albret en 1651.

La marquise restait seule, à vingt-cinq ans, avec deux enfants : Françoise-Marguerite (plus tard comtesse de Grignan), née en 1646, et Charles marquis de Sévigné, né en 1648. Elle déclara tout aussitôt son intention ferme de ne point se remarier, et de se consacrer tout entière à l'éducation de ses enfants. Elle mit comme à profit son veuvage pour se retirer pendant quelque temps du monde, afin de réparer autant que possible les ruines que M. de Sévigné avait laissées derrière lui dans le patrimoine, et de donner à ses enfants une première éducation vigilante et attentive. Elle reparut dans le monde en 1654, quand ses sages mesures d'économie avaient déjà porté leurs fruits. Elle fréquenta de nouveau la cour, où son esprit et sa grâce étaient infiniment goûtés. On la voyait souvent à l'hôtel de Rambouillet, où elle se rencontre avec la duchesse de Longueville, la marquise de Sablé, Madame Cornuel. Elle y retrouvait ses anciens maîtres, Ménage et Chapelain. Elle y vit Corneille, dont elle fut toujours le partisan fidèle, jusqu'au temps de sa décadence, et à ce point d'en être injuste pour Racine.

Cependant elle mettait tous ses soins à pousser l'instruction de cette fille chérie, qui allait devenir la grande et plus tard l'unique affaire de sa vie. Bussy-Rabutin, le célèbre chroniqueur du temps, cousin de Madame de Sévigné, qui fut parfois injuste et médisant à l'endroit de son illustre cousine, lui rend pleine justice quand il dit à propos de cette éducation : « La bonne *nourriture* qu'elle lui donna, et son exemple, sont des trésors que les rois même ne peuvent toujours donner à leurs enfants. » En effet, elle fit enseigner à sa fille tout ce qu'elle avait appris elle-même et plus encore. Elle lisait Tacite avec elle dans le texte. Elle l'initia à la théologie et à la métaphysique. Elle lui faisait expliquer par l'abbé de la Mousse la philosophie de Descartes, dont la jeune fille s'engoua pour toujours, jusqu'à effrayer plus tard sa mère par la hardiesse de quelques-unes de ses conclusions philosophiques.

Madame de Sévigné produisit sa fille à la cour dès qu'elle eut atteint sa seizième année, et se laissa aller avec trop de complaisance peut-être à l'orgueil maternel que les succès de « *la plus jolie fille de France* » entretenaient et caressaient dans son âme. Le sévère Arnauld d'Andilly lui disait, moitié fâché, moitié souriant, qu'elle n'était « qu'une jolie païenne, qui faisait de sa fille une idole dans son cœur ». — Arnauld avait raison, et le caractère difficile, exigeant et peu aimable, que montra plus tard Madame de Grignan tient un peu, à n'en pas douter, à cette adoration dont sa mère lui a trop prodigué les marques.

Mademoiselle de Sévigné était l'objet des recherches les plus flatteuses pour son amour-propre et celui de sa mère. Plusieurs projets d'union avaient déplu soit à la mère, soit à la fille. Enfin les sollicitations de M. de Grignan furent agréées. François Adhémar comte de Grignan était, selon Saint-Simon, « un grand homme, fort bien fait, laid, mais fort honnête homme, poli, noble, sentant fort ce qu'il était », c'est-à-dire très fier de sa naissance et de son rang. Il était gouverneur de Provence, et dut, tout de suite après son mariage, qui fut célébré le 29 janvier 1669, rejoindre son poste, où de graves affaires le rappelaient. Madame de Grignan, souffrante alors, resta plus d'une année encore auprès de sa mère, puis enfin la quitta, le 5 février 1671, pour rejoindre son mari.

La douleur de Madame de Sévigné fut profonde. Mais c'est à

cette séparation que nous devons un des chefs-d'œuvre de notre littérature. Jusqu'à cette date Madame de Sévigné avait beaucoup lu et beaucoup causé, peu écrit. Pour charmer les ennuis de sa solitude, pour causer encore, autant qu'il était possible, avec l'absente, pour tromper sa douleur, pour amuser aussi dans son exil Madame de Grignan par le récit des grands et petits événements de la ville et de la cour, Madame de Sévigné « laissa aller sa plume la bride sur le cou », envoya à sa fille de longues et nombreuses lettres, à chaque courrier, infatigablement, d'une verve et d'une abondance toujours jaillissantes. C'est ainsi que s'est formée, si l'on y ajoute un certain nombre de lettres à sa cousine Madame de Coulanges, à M. de Coulanges, à M. de Pomponne, à M. de Guitaut, à Bussy-Rabutin, etc., cette considérable *correspondance*, qui est un document très important sur l'histoire de la seconde moitié du XVIIᵉ siècle, en même temps qu'un monument littéraire de premier ordre.

A partir de cette époque, la vie de Madame de Sévigné est sans autre incident que les rares voyages faits par Madame de Grignan de Provence à Paris, et quelques séjours de Madame de Sévigné en Provence. La marquise vivait d'ordinaire à Paris, au Marais, dans l'Hôtel Carnavalet, qu'elle avait acheté et aménagé avec un certain luxe pour y mieux recevoir sa fille ; et, assez souvent, à sa terre des Rochers, en Bretagne, qu'elle aimait fort, et dont elle a parlé dans ses lettres avec un charme pénétrant et un sentiment des beautés de la nature, moins rare qu'on ne l'a dit au XVIIᵉ siècle, mais qui, cependant, est à remarquer. Elle avait un très grand soin de sa fortune, fort compromise une première fois par son mari, et continuellement ébranlée ou menacée par les folies de son fils, Charles de Sévigné, jeune homme spirituel et aimable, mais dissipé, et d'une incroyable faiblesse.

Elle allait à la cour moins assidûment que dans sa jeunesse, mais fréquemment encore, toujours très estimée et recherchée. La reine lui demandait des nouvelles de sa petite-fille Pauline (plus tard Madame de Simiane), et souhaitait qu'elle ressemblât à sa grand'mère. Le roi lui adressait quelques paroles aimables, à la représentation d'*Esther* (1689), comme à la personne la plus capable d'estimer le génie de l'auteur et le talent des actrices.

Mais les affections de son âge mûr étaient plutôt « à la ville ». C'étaient le vieux cardinal de Retz, qu'elle avait connu autrefois à l'hôtel Rambouillet; M. le duc de La Rochefoucauld, l'auteur des *Maximes*, et surtout sa fidèle et tendre amie, digne de lui autant par le talent que par le cœur, l'auteur de la *Princesse de Clèves*, la douce et charmante Madame de La Fayette. — Il y a là, dans ce salon du duc de La Rochefoucauld, où le cardinal de Retz, rendu sage par l'âge et l'expérience, raconte à demi-voix les *Mémoires* qu'il écrit; où M. de La Rochefoucauld, cet homme aux écrits si amers et à l'âme si douce, cause discrètement de morale et de lettres; où Madame de La Fayette, toujours souffrante et toujours résignée, rêve et sourit en écoutant; où Madame de Sévigné apporte la gaîté toujours prête et la verve intarissable de ses saillies sans fiel et de son enjouement de bonne compagnie; un coin charmant du grand siècle, une retraite entr'ouverte où pénètrent les bruits du monde sans l'envahir ni la troubler; où l'intimité de nobles âmes fait une atmosphère tiède, un air pur, délicat et reposant.

La vieillesse de Madame de Sévigné fut mêlée de grandes joies et de quelques souffrances. Son fils Charles, enfin converti, et devenu chrétien très zélé, se maria, en 1684, à la fille du baron de Mauron, conseiller au Parlement de Bretagne. Sa petite-fille, sa chère Pauline, « *ses petites entrailles* », se maria à Louis de Simiane, marquis d'Esparron, en 1695. Mais la marquise, en vieillissant, perdait un à un ses plus intimes et plus chers amis : M. de Retz en 1679, M. de La Rochefoucauld en 1680, Madame de La Fayette en 1693, M. de Bussy-Rabutin, son cousin, la même année. Elle-même sentait sa santé, si florissante longtemps, peu à peu ébranlée. Elle dut aller à plusieurs reprises à Bourbon-l'Archambault, à Vichy, ce qui nous a valu d'admirables descriptions de ces pays du centre de la France, dont la grâce un peu languissante s'accommodait bien à l'état d'esprit de Madame de Sévigné, toujours gracieuse, un peu affaiblie désormais et touchée du vent d'automne. En 1696, se trouvant à Grignan, chez sa fille, elle fut atteinte de la petite vérole, et mourut au bout de peu de jours, 17 avril, à l'âge de 70 ans et deux mois, dans des sentiments de courage envers la mort qu'elle n'avait pas toujours montré, et de foi profonde qu'elle avait toujours eue et professée hautement. Sa mort fut un coup affreux pour sa famille, surtout pour son fils, très sensible pour tout le monde brillant et poli qui l'avait connue et admirée. Le duc de Saint-Simon, dans ses Mémoires, mentionne cet événement en ces termes : « Madame la marquise de Sévigné, si aimable et de si excellente compagnie, mourut quelque temps après, chez sa fille, qui était son idole, et qui le méritait médiocrement... Cette femme, par son aisance, ses grâces naturelles, la douceur de son esprit, en donnait par sa conversation à qui n'en avait pas, extrêmement bonne d'ailleurs, et savait extrêmement de toutes choses, sans vouloir jamais paraître savoir rien. »

II

SON CARACTÈRE.

Elle était admirablement bonne en effet, et vraie chrétienne dans le monde, sans faste ni ostentation de dévotion ambitieuse. Nulle ne sut aimer plus qu'elle et mieux qu'elle un mari indigne, des enfants longtemps égoïstes et quelquefois ingrats, des amis excellents, il est vrai, et ce fut là sa bonne part, mais dont aucun ne la valait absolument pour les qualités du cœur. Nulle ne sut pardonner si pleinement et de si bonne grâce. Son cousin M. de Bussy-Rabutin, qui était une des pires langues du siècle, avait tracé d'elle un portrait satirique dans un livre très léger. Sa dignité fut admirable à l'amener à demander son pardon, et sa bonne grâce exquise à l'accorder. Elle a raconté tout un siècle avec la plus libre belle humeur, dans des lettres confidentielles, non sans malice, sans que jamais un trait méchant tombât de cette plume agile et débridée.

Le plus beau panégyrique, bien involontaire, qui ait été fait de l'aimable marquise est précisément ce pamphlet de Bussy-Rabutin. Quand on songe que ces pages ont été écrites dans une intention arrêtée de médisance et de calomnie, on admire combien, tout compte fait, elle en sort à son avantage, et quelle force de rare mérite a pu arracher à un envieux et à un ennemi l'aveu déguisé, mais éclatant bon gré mal gré, des plus excellentes qualités. Il faut lire tout ce libelle qui est intitulé « *Histoire de Madame de Cheneville* » dans les œuvres de Bussy, pour en avoir l'impression d'ensemble. Nous en transcrivons ici les passages les plus importants pour l'histoire des lettres :

« Il n'y a point de femme qui ait plus d'esprit qu'elle et fort peu qui en ait autant ; sa manière est divertissante : il y en a qui disent que pour une femme de qualité son caractère est trop badin. Du temps que je la voyais, je trouvais ce jugement-là ridicule et je sauvais son burlesque sous le nom de gaîté ; aujourd'hui qu'en ne la voyant plus, son grand feu ne m'éblouit pas, je demeure d'accord qu'elle veut être trop plaisante. Si on a de l'esprit, et particulièrement de cette sorte d'esprit qui est enjoué, on n'a qu'à la voir, on ne perd rien avec elle : elle vous entend, elle entre juste en tout ce que vous dites, elle vous devine, et vous mène d'ordinaire bien plus loin que vous ne pensez aller.

« Pour avoir de l'esprit et de la qualité, elle se laisse un peu trop éblouir aux grandeurs de la cour : le jour que la reine lui aura parlé et peut-être demandé seulement avec qui elle sera venue, elle sera transportée de joie ; et longtemps après, elle trouvera moyen d'apprendre à tous ceux desquels elle voudra attirer le respect la manière obligeante avec laquelle la reine lui aura parlé. Un soir que le roi venait de la faire danser, s'étant remise à sa place qui était auprès de moi : « Il faut avouer, dit-elle, que le roi a de grandes qualités ; je crois qu'il éclipsera la gloire de tous ses prédécesseurs ». Je ne pus m'empêcher de lui répondre : « On n'en peut pas douter, Madame, après ce qu'il vient de faire pour vous ».

« Il y a des gens qui ne mettent que les choses saintes pour bornes à leur amitié, et qui feraient tout pour leurs amis, à la réserve d'offenser Dieu. Ces gens-là s'appellent amis jusqu'aux autels. L'amitié de Madame de Cheneville a d'autres limites : cette belle n'est amie que jusqu'à la bourse... Ceux qui la veulent excuser disent qu'elle défère en cela aux conseils de gens qui savent ce que c'est que la faim, et qui se souviennent encore de leur pauvreté. Qu'elle tienne cela d'autrui, ou qu'elle ne le doive qu'à elle-même, il n'y a rien de si naturel que ce qui paraît dans son économie. »

— Trop de gaîté, quelque vanité mondaine, une trop grande application à l'épargne (et l'on sait ce qui l'y avait obligée), voilà tout ce qu'un jaloux et un très mauvais cœur, en un jour de colère, a trouvé à reprocher à cette femme charmante, déposant ainsi pour elle plus favorablement qu'un complaisant devant la postérité.

D'autre part, voici comme son amie Madame de La Fayette la dépeignait, en 1659, dans un de ces *portraits* qui étaient un des jeux mondains, et un délassement favori de la société à cette époque. Madame de Sévigné avait alors trente-trois ans :

« Sachez, Madame, si, par hasard, vous ne le savez pas, que votre esprit pare et embellit si fort votre personne, qu'il n'y en a a point sur la terre d'aussi charmante, lorsque vous êtes animée dans une conversation d'où la contrainte est bannie. Tout ce que vous dites a un tel charme et vous sied si bien que les paroles attirent les ris et les grâces autour de vous ; et le brillant de votre esprit donne un si grand éclat à votre teint et à vos yeux, que, quoiqu'il semble que l'esprit ne dût toucher que les oreilles, il est pourtant certain que le vôtre éblouit les yeux.

« Votre âme est si grande, noble, propre à dispenser [*répandre*] des trésors, et incapable de s'abaisser aux soins d'en amasser. *Vous êtes sensible à la gloire et à l'ambition*, et vous ne l'êtes pas moins aux plaisirs ; vous paraissez née pour eux, et il semble

qu'ils soient faits pour vous ; votre présence augmente les divertissements, et les divertissements augmentent votre beauté, lorsqu'ils vous environnent. Enfin la joie est l'état véritable de votre
âme, et le chagrin vous est plus contraire qu'à qui que ce soit...

« Vous êtes la plus civile et la plus obligeante personne qui ait
jamais été ; et, par un air libre et doux qui est dans toutes vos
actions, les plus simples compliments de bienséance paraissent
en votre bouche des protestations d'amitié. »

Telle il faut se figurer Madame de Sévigné, en rapprochant ces
deux portraits et en les corrigeant l'un par l'autre, bonne et sensée,
tendre et gaie, honnête et rieuse, de cœur profond et de langue
vive, de vertu inaltérable et de propos libre, surabondante de
vie forte et saine, toujours en pleine fleur de santé physique, intellectuelle et morale, habitant le devoir comme un hôtel décent,
et le bon sens comme une maison commode, et y jetant à profusion, tout le long des lambris graves, les festons de la gaieté
franche et de la fantaisie étincelante ; femme pour qui le mot
charme, qui revient si souvent dans le portrait de Madame de La
Fayette, semble avoir été inventé, et qui a laissé après elle, outre
des pages exquises, un bien agréable exemple, celui de toutes les
vertus domestiques, dans une souveraine belle humeur.

LES LETTRES DE MADAME DE SÉVIGNÉ

I

PUBLICATION DES LETTRES.

Les lettres de Madame de Sévigné n'étaient pas destinées à la publicité, et un certain nombre d'entre elles s'est perdu. Cependant les plus importantes et le plus grand nombre nous ont été conservés : cela s'explique aisément. Au xviie siècle, on gardait les lettres qu'on recevait, dès qu'elles avaient une certaine valeur littéraire. C'était une manière de journal littéraire et même historique qu'on se passait de main en main dans un cercle, parfois assez étendu, de parents, d'alliés et d'amis. Madame de Sévigné parle des lettres de sa fille qu'elle a été lire chez Madame de Coulanges, ou chez Madame de Lavardin. Pour les siennes, elle sait très bien que sa fille les lit aux dames de Provence, qui les goûtent, ce dont elle ne s'abstient pas de les féliciter. Les lettres d'une personne célèbre par son esprit formaient ainsi des recueils que l'on conservait soigneusement dans une famille. De là à les publier quand un certain temps avait passé sur elles, et que le public lettré les réclamait, il n'y avait qu'un pas, et cela est arrivé pour Saint-Evremond, pour La Fontaine, pour Racine, pour Boileau, pour Bussy-Rabutin, pour bien d'autres. Celles de Madame de Sévigné n'attendirent pas longtemps pour paraître au grand jour. Dès 1697, quelques-unes, celles qui étaient restées dans la famille des Bussy, parurent dans les *Mémoires et Correspondance de Bussy-Rabutin*, publiés par sa fille. En 1726, un premier recueil, très incomplet et très fautif, en fut fait à La Haye et à Rouen. En 1734, Madame de Simiane, fille de Madame de Grignan et petite-fille de la marquise, entreprit la publication des lettres de son illustre aïeule. Elle en publia successivement trois recueils, de plus en plus considérables, le premier en 1734, le second en 1738, le troisième en 1754. Peu à peu, les lettres inédites vinrent rejoindre les autres, et les éditions se succédèrent, plus complètes, plus fidèles aussi ; car différents scrupules de goût ou de convenance personnelle avaient amené Madame de Simiane à ne pas toujours respecter le texte. Les plus autorisées de ces éditions sont celles de Monmerqué (1818), celles de Charles Nodier (1835), enfin celle qui est considérée comme définitive, sauf les découvertes de manuscrits inédits qui, encore aujourd'hui, sollicitent de temps à autre la curiosité des lettrés, l'édition faisant partie de la *Collection des grands écrivains de la France* (Hachette).

II

APERÇU GÉNÉRAL.

Ces lettres appartiennent à tous les genres et touchent à tous les sujets. C'est la vie de Madame de Sévigné racontée par elle, avec toutes ses pensées, tous ses sentiments, toutes ses réflexions sur elle-même, sur ses lectures, sur ses voyages, les visites qu'elle fait ou celles qu'elle reçoit, les événements les plus considérables du temps, qu'on raconte autour d'elle, ou les menus incidents, commérages et anecdotes de la vie mondaine où elle est mêlée. Tout cela au jour le jour, et selon le train même des choses, en sorte que dans une même lettre on peut lire la mort de Turenne et une aventure domestique. Le monde cause, la marquise écoute, pleure ou sourit, et la plume court. Le ton s'élève ou s'abaisse sans effort, avec une souplesse inimitable, selon les circonstances et le sujet qui s'offre. Les plus nombreuses, de beaucoup, de ces lettres sont adressées à Madame de Grignan, et dans celles-ci ce qui domine, non sans une légère fatigue pour nous, dont la marquise n'est pas responsable, écrivant à sa fille, et non à nous, c'est la tendresse infinie pour cette idole chérie, tendresse qui s'échauffe et s'exalte en expressions d'une incroyable vivacité, d'un relief étonnant, souvent d'un rare bonheur. La sensibilité chez Madame de Sévigné est ardente et impétueuse ; l'impatience, que l'absence et la longue séparation ne font qu'aviver sans cesse, a quelque chose de nerveux et de passionné, qui, sans altérer le fond de bon sens et de bonne humeur, enflamme et fait pétiller le style.

A côté de ces effusions, des anecdotes de la cour et de la ville racontées d'un style vif, franc et alerte, avec un tour d'esprit gaulois, où la bonhomie malicieuse, sans amertume, est un charme pour le goût. Souvent des *impressions de voyage*, Vichy, Bourbon-l'Archambault, une forêt qu'on traverse, un bac où l'on passe une rivière, non sans émotion, une forge que l'on visite, un peu intimidé des cyclopes noirs et ruisselants de sueur qui vous y reçoivent. Plus loin *les Rochers*, en Bretagne, avec leurs arbres centenaires où la marquise aime à goûter l'ombre et le frais ; une pluie subite dans les bois où l'on a mené se promener la gouvernante de Bretagne, la fuite désordonnée, la panique, les pieds donnant dans les flaques, les jupes ruisselantes, les coiffes désemparées, une détresse. — Ailleurs une prairie, pleine de la bonne senteur du foin coupé, où paysans et grandes dames, de concert, vont faner par une belle matinée de juin : « Savez-vous ce que c'est que faner ?... »

Mais voici le ton qui s'élève. Madame de Sévigné raconte sa vie ; une très grande partie de sa vie est dans ses lectures. Elle dit ce qu'elle lit, et les réflexions que le livre aimé lui inspire. Ses grandes admirations sont saint Augustin qu'elle ne se lasse pas de méditer, Montaigne dont elle n'aime pas le scepticisme, mais qu'elle ne pouvait point ne pas aimer pour la tournure de son esprit et pour ce style si original, dont le sien procède. Et ce sont ces « Messieurs de Port-Royal » pour qui elle a une manière de culte filial : Arnauld d'Andilly, son ami particulier, par qui elle aime à être grondée, et son cher Nicole, le moraliste ingénieux et pénétrant, « qui est descendu dans le cœur humain avec une lanterne », et le grand Pascal.

Mais Bourdaloue prêche. Il faut courir l'entendre, « aller en Bourdaloue ». Ah ! le grand orateur, et le rude et bienfaisant censeur, et le penseur sublime ! — Au retour, quel est ce livre que Bardin envoie, un peu tard, parce qu'on « ne lui fait pas des *Zayde*, comme Madame de La Fayette », mais qu'il a fini par faire porter cependant ? — les Fables de La Fontaine. Quels chefs-d'œuvre que ces petites comédies : *Le chat, la belette et le petit lapin, Le rat et l'huître.* « Cela est peint ! » ; et cela prend un coloris nouveau encore sous la plume brillante de la marquise.

Mais de tristes nouvelles arrivent, ce passage du Rhin si meurtrier, où les plus grandes familles de France ont perdu quelque brillant représentant de leur nom. Le ton de la lettre s'élève, l'accent est profond, le style coupé donne la sensation de la plainte sourde ou du sanglot étouffé. Plus loin c'est la mort de M. de La Rochefoucauld, si sereine, si imposante, dépeinte en quelques lignes graves et sobres. — Remontons aux premières lettres du recueil : c'est, jour à jour, presque heure par heure, le compte-rendu du procès de Fouquet, le surintendant des finances, et ces notes rapides pleines d'inquiétude, respirant l'anxiété, la terreur, l'admiration pour le courage, la pitié pour l'infortune, la joie d'une audience qui semble favorable, l'espoir, l'abattement, l'abandonnement à Dieu, forment une histoire émouvante, toute remplie d'un vif intérêt dramatique. — Feuilletons encore : ceci est une lettre à M. de Coulanges, « au petit Coulanges », le gai compagnon, qui a toujours une bonne anecdote à conter ou une chanson plaisante à rimer. Avec lui le badinage est de règle, et le commérage gai et sans façon. Et la marquise bavarde ; les jolis riens jaillissent, les mots amusants pétillent. — Ceci est un billet à Bussy. Bussy est un précieux et un entortillé. La turlupinade ne lui déplaît pas. Il faut servir chacun selon son goût, et voici venir les pointes : « Vous n'aimez pas les madrigaux ! Mais ce sont les maris des épigrammes ; et ce sont de si jolis ménages quand il sont bons ! » La marquise s'amuse.

Telle est l'agréable variété de ces lettres, aisées et souples, et nuancées comme une conversation de bonne compagnie, touchant à tous les degrés de l'art, donnant à l'esprit tous les amusements, les plus nobles, les plus solides et les plus frivoles, selon le vent qui souffle et le temps qu'il fait, ayant pourtant, comme un fonds durable et ferme, la tendresse, le goût d'aimer, la sympathie toujours prête à sourdre et à s'épancher, l'inaltérable bonté de cœur.

III

LE STYLE.

Madame de Sévigné n'est pas le plus grand prosateur du xviie siècle. C'est peut-être le plus original. Le xviie siècle a parlé une langue excellente, d'une propriété de termes, d'une netteté, d'une clarté et d'une fermeté de dessin souveraines. Deux choses ont, en général, manqué à cette prose si solide et si vigoureuse : la souplesse aisée dans un mouvement vif, l'imagination dans l'expression. La phrase du xviie siècle est ample, d'un développement lent et grave, d'un juste et harmonieux équilibre. Elle n'est pas vive et prompte, alerte et d'une libre saillie. L'expression au xviie siècle est d'une justesse, d'une exactitude merveilleuse, admirablement ajustée à la pensée. Elle n'est pas riche de couleur, abondante d'images, rajeunie de métaphores neuves jaillissant spontanément de l'esprit. Ce sont ces deux qualités que Madame de Sévigné a eues plus que personne en son temps. A ce titre, elle est à peu près dans la prose ce que La Fontaine, incomparable à tout du reste, a été en vers.

Cela vient de ce que son style, **non** seulement n'est pas étudié, mais n'est pas appris. Elle ne le tient de personne, il naît d'elle, et elle le crée chemin faisant, à tout instant renouvelé. Chose très remarquable, elle fait, en une époque où la langue est formée, ce que Montaigne faisait, un siècle avant, quand il fallait créer la langue. Ce « style libre, décousu, et hardi », que Montaigne disait être le sien, est celui aussi de la marquise. Il est « prime-sautier », comme disait encore Montaigne, inventé à mesure que la plume marche, et à la rencontre des idées qui s'offrent. De même l'expression est neuve, tirée du fonds de l'écrivain, non du vocabulaire en usage, et comme toute expression créée est une image, elle est une peinture continuelle, d'un coloris vif, de nuances fraîches. A écrire ainsi on échoue absolument si l'on n'est pas doué. ou l'on crée un style et l'on renouvelle la langue dont on se sert. C'est l'honneur de Montaigne, de Madame de Sévigné, et, à un degré moindre, de Jean-Jacques Rousseau. Il faut que les jeunes gens soient avertis de ces particularités, et pour bien comprendre la saveur propre des écrivains originaux, et pour se bien persuader que s'ils sont des maîtres, ils ne sont pas des *modèles*. On rirait de quelqu'un qui voudrait imiter la démarche d'un autre et le son de sa voix. Le style des écrivains originaux n'est pas autre chose que l'allure même de leur esprit et l'accent de leur parole intérieure. Ils apprennent à penser, mais non pas à penser comme eux ; ils apprennent à écrire, mais non pas à écrire en leur style.

Veut-on mieux voir, par un exemple, cette originalité du mouvement vif et libre, et cette originalité de l'expression qui est une image, et en quelque sorte une sensation jetée sur le papier ?

« J'ai été à cette noce de Mlle de Louvois. Que vous dirai-je ? Magnificence, illustration, toute la France, habits rebattus et rebrochés d'or, pierreries, brasiers de feu et de fleurs, embarras de carrosses, cris dans la rue, flambeaux allumés, reculements et gens roués ; enfin le tourbillon, la dissipation, les demandes sans réponses, les compliments sans savoir ce que l'on dit, les civilités sans savoir à qui l'on parle, les pieds entortillés dans les queues ; du milieu de tout cela il sortit quelques questions de votre santé, où,

ne m'étant pas assez pressée de répondre, ceux qui les faisaient
sont demeurés dans l'ignorance et dans l'indifférence de ce qui
en est. O vanité des vanités ! »

Toute Mme de Sévigné est dans ces quelques lignes, sa rapidité
et sa fougue de mouvement aisé et libre, la vivacité pétillante de
ses images, la finesse et la malice qui court et glisse presque
inaperçue, le geste familier de résignation souriante au mauvais
côté des choses, et dans tout cela, un air enjoué, une grâce aimable
et légère.

Si l'on voulait trouver quelques défauts dans ce style, si sédui-
sant, ce serait, quelquefois, un certain manque de naturel, et un
certain abus de l'esprit. Par certains côtés Mme de Sévigné est restée
précieuse, et a gardé quelque chose de l'air de l'hôtel de Rambouillet. Sa lettre célèbre sur le mariage de « Mademoiselle » avec
M. de Lauzun est amusante, mais le procédé y est trop sensible,
et le badinage tourne à la charade de salon; la pointe aussi, et
quelques traces d'esprit trop facile, se montrent çà et là dans ces
pages de si bonne compagnie d'ailleurs. Quelques souvenirs de
Voiture se laissent deviner ou soupçonner. Il est difficile que ce
genre d'imperfection ne se trouve pas dans des lettres adressées à
des personnages d'esprit et de goûts différents. Il ne faut jamais
oublier, en matière de style épistolaire, qu'une lettre est rédigée
par celui qui l'écrit, et un peu inspirée par celui à qui elle va.

A tout prendre, les lettres de Mme de Sévigné sont un des
ouvrages où se marque le mieux, surtout en ses qualités les plus
rares, cette chose légère et charmante, à peu près indéfinissable,
mais que nous sentons si vivement et que nous goûtons avec
passion, et qui s'appelle l'esprit français.

BOSSUET

BOSSUET

BOSSUET

I

VIE DE BOSSUET.

Jacques-Bénigne Bossuet naquit à Dijon le 27 septembre 1627. Il était fils et neveu de magistrats. Son père, nommé en 1633 conseiller au Parlement de Metz, qui venait d'être créé, laissa ses enfants aux soins de leur oncle qui était conseiller au Parlement de Dijon. Le jeune homme vécut dans la maison, surtout dans la riche bibliothèque de son oncle, et suivit ses classes au collège des jésuites de Dijon. En 1642, âgé de 15 ans, il fut envoyé, pour compléter ses études, au collège de Navarre, à Paris.

Une légende veut que, le jour même de son arrivée à Paris, il ait vu Richelieu rentrant dans la capitale, au retour de son voyage dans le Midi, déjà mourant, porté dans une chambre mobile, drapée de tentures rouges. — Il était déjà très lettré, très brillant d'esprit et de parole, et se fit une réputation d'écolier dans le rayon du quartier universitaire. On voulut le voir dans les sociétés mondaines et lettrées. Un ami de sa famille, le marquis de Feuquières, le présenta à l'hôtel de Rambouillet, et le jeune Bossuet y fit un sermon, qui fut admiré. Reçu licencié en théologie à

Metz en 1650, docteur en théologie et ordonnné prêtre en 1652, il fut mis à la tête d'une mission ecclésiastique envoyée en Lorraine pour convertir les protestants de ce pays. Il établit à Metz ce qu'on pourrait appeler son quartier général, et par de nombreux sermons, des œuvres de controverse contre le célèbre et vénérable pasteur protestant de Metz, Paul Ferry, il préluda à une vie qui devait être militante, toute de lutte acharnée et savante contre les adversaires de sa foi. — En 1657, déjà très célèbre, âgé de trente ans, en pleine force de corps et d'esprit, il fut appelé à Paris. Il y prêcha trois carêmes de suite, au couvent de Saint-Thomas-d'Aquin (1657-1660), avec un succès immense. En 1661, on l'appela à prêcher au Louvre devant le roi. Louis XIV fut frappé du talent du grand prédicateur et écrivit au père de Bossuet pour le féliciter d'avoir un tel fils. En 1669, il fut chargé de prononcer l'oraison funèbre de la Reine d'Angleterre, Henriette de France, épouse de Charles I. Le triomphe oratoire qu'il remporta en cette circonstance lui valut l'évêché de Condom, et presque aussitôt, l'année suivante, la charge de précepteur du Dauphin de France. Cette même année (1670), il eut à prononcer l'oraison funèbre de la fille de celle qu'il avait louée quelques mois avant, Henriette d'Angleterre, fille d'Henriette de France et de Charles I, épouse du duc d'Orléans, enlevée en pleine jeunesse dans des circonstances mystérieuses et douloureuses. — A partir de cette époque, il se consacra tout entier à l'éducation de son royal élève, et, dans ce dessein, écrivit quelques-uns de ses plus considérables ouvrages : le *Traité de la connaissance de Dieu et de soi-même* ; la *Politique tirée de l'Écriture sainte* ; le *Discours sur l'histoire universelle* (1681). Dès 1671, il avait été nommé membre de l'*Académie française*. L'éducation du Dauphin terminée, il fut récompensé de ses soins par sa nomination à l'évêché de Meaux (1682).

Dès lors sa vie fut tout entière, sauf quelques oraisons funèbres qu'on le sollicita de prononcer, consacrée à des œuvres de controverse et de défense de la foi catholique. C'est, en 1688, l'*Histoire des variations des églises protestantes*, dirigée contre l'Église réformée ; en 1693, la *Défense de l'Histoire des variations* ; en

1694, les *Maximes et réflexions sur la comédie*, véhémente condamnation du Père Caffaro, qui s'était laissé aller à une imprudente indulgence pour les spectacles réprouvés par l'Église ; de 1696 à 1698, une lutte énergique contre Fénelon, coupable, aux yeux de Bossuet, d'une indiscrète complaisance pour les maximes et les idées des quiétistes (Voir *Fénelon*). A cette querelle célèbre se rattachent les *Instructions sur les états d'oraison*, la *Relation sur le quiétisme*, et un grand nombre de lettres et écrits divers.

De 1692 à 1694, puis de 1699 à 1701, Bossuet entretint avec le grand philosophe allemand Leibnitz une correspondance où l'un et l'autre cherchaient loyalement les moyens de rapprocher les deux grandes familles chrétiennes désunies, protestants et catholiques, échange de vues qui n'aboutit point, mais qui fait honneur à tous deux.

En 1700, en qualité de président de l'Assemblée du clergé de France, Bossuet fait condamner les maximes erronées ou imprudentes des Casuistes, vigoureusement attaquées, quarante ans auparavant, par Pascal. Son ardeur semble croître en même temps que diminuent ses forces. Il réfute le *Traité des préjugés* du pasteur Basnage (1701) ; il combat la version du *Nouveau Testament* publiée par le libre exégète Richard Simon (1703) ; il écrit contre le même adversaire et son école la *Défense de la Tradition et des Saints Pères*, qui ne devait paraître qu'après sa mort. Et cependant il ne cessait de s'occuper avec un zèle soutenu de l'administration de son diocèse, « faisant honte, dit Saint-Simon, dans une vieillesse si avancée, à l'âge moyen et robuste des évêques, des docteurs et des desservants les plus instruits et les plus laborieux ». Affaibli par les affreuses douleurs de la pierre, il cessa de travailler, de combattre et de vivre le 12 avril 1704.

II

LE CARACTÈRE ET LA PENSÉE DE BOSSUET.

Rémusat disait en souriant : « Bossuet, après tout, est un conseiller d'État ». Sauf l'intention malicieuse, le mot est des plus justes. Bossuet, *avant tout*, est un homme de gouvernement. Il était né tel, il a voulu l'être ; il a subordonné, sinon sacrifié bien des parties brillantes de son génie à ce tour de son caractère et à cette direction de son dessein.

Personne, quoi qu'on en ait pu dire, ne fut, de son fonds, ni plus grand artiste, ni plus pénétrant philosophe, ni plus clairvoyant moraliste, ni plus profond publiciste, ni plus homme d'esprit que Bossuet. Aisément il eût pu être un Pascal, un La Rochefoucauld, un Leibnitz, un Montesquieu. Une preuve, c'est qu'il a été tour à tour l'un ou l'autre, chemin faisant, et sans vouloir s'y tenir. On trouvera dans les *Sermons sur la Pénitence* une théorie aussi profonde de la nature du crime et de cette « médecine de l'âme » qui est l'expiation, que celle qu'on admire dans Platon. La *Politique tirée de l'Écriture sainte* est tirée surtout d'un génie puissant, qui aurait pu écrire le *Contrat social ;* car il le prévoit, et le réfute. Le *Cinquième avertissement* aux protestants est une théorie complète de la démocratie moderne, et un acte d'accusation dressé à l'avance contre elle.

Est-ce un moraliste qu'on demande ? Pendant que Pascal écrit solitairement les *Pensées*, Bossuet les prêche, à tel point qu'on a pu croire (à tort) que Pascal avait trouvé son bien au pied de la chaire. — La *théorie de l'ennui* est dans les *Sermons :*

« Encore que la vie fût exempte de tous les maux extraordinaires, sa durée seule nous serait à charge, si nous ne faisions simplement que vivre, sans qu'il s'y mêlât quelque chose qui

trompe, pour ainsi dire, le temps, et en fasse couler plus doucement les moments. De là vient le mal que nous appelons l'ennui,
qui seul suffirait pour nous rendre la vie insupportable. »

La *théorie du divertissement* est dans les *Sermons* : « Comme les
mondains, toujours dissipés, ne connaissent pas l'efficace de cette
action paisible et intérieure qui occupe l'âme en elle-même, ils
ne croient pas s'exercer s'ils ne s'agitent, ni se mouvoir s'ils ne
font du bruit; de sorte qu'ils mettent la vie dans cette action empressée et tumultueuse; ils s'abîment dans un commerce éternel
d'intrigues et de visites, qui ne leur laisse pas un moment à eux...
Ils se plaignent de cette contrainte; mais, chrétiens, ne les
croyez pas; ils se moquent: ils ne savent ce qu'ils veulent.
Celui-là qui se plaint qu'il travaille trop, s'il était délivré de cet
embarras, ne pourrait souffrir son repos : il aime sa servitude, et
ce qui pèse lui plaît ; et ce mouvement perpétuel qui l'engage en
mille contraintes ne laisse pas de le satisfaire par l'image d'une
liberté errante. »

Le contraste de la grandeur et de la misère de l'homme,
« *gloire et rebut de l'univers* », « *contradiction* », « *prodige* » incom-
préhensible, est aussi magnifiquement étalé dans le *Sermon sur
la mort* que dans les *Pensées*. Les deux philosophes chrétiens se
rencontrent même dans les termes caractéristiques et les har-
diesses d'expression : « C'est pourquoi les sages du monde voyant
l'homme d'un côté si grand, de l'autre si méprisable, n'ont su ni
que penser ni que dire d'une si étrange composition. Demandez
aux philosophes profanes ce que c'est que l'homme: les uns en
feront un Dieu, les autres en feront un rien; les uns me diront
que la nature le chérit comme une mère et qu'elle en fait ses
délices; les autres qu'elle l'expose comme une marâtre, et qu'elle
en fait son rebut : et un troisième parti, ne sachant plus que
deviner touchant la cause de ce grand mélange, répondra qu'elle
s'est jouée en unissant deux pièces qui n'ont nul rapport et que
par une espèce de caprice elle a formé ce prodige qu'on appelle
l'homme... Vous vous trompez, ô sages du siècle: l'homme n'est
pas les délices de la nature, puisqu'elle l'outrage en tant de

manières. L'homme ne peut pas non plus être son rebut, puisqu'il y a quelque chose en lui qui vaut mieux que la nature
même... »

Voilà le grand moraliste, aux vues profondes et hardies. Mais,
ce que d'autres cherchent d'une curiosité plus vive, le moraliste
délié et ingénieux, habile à surprendre le secret des cœurs ? —
Bossuet l'eût été s'il eût voulu. Il eût pu écrire un volume de
pensées dans le genre de celles-ci : « La modestie et la modération dans les honneurs peut venir de principes mauvais: premiè-
rement, l'âme est contente et hume tout l'encens en elle-même,
et ce qui devrait être au dehors est au dedans. Secondement l'extérieur paraît affable, ce qui fait quelque montre de modestie, et
souvent cela vient de ce que l'âme, contente en elle-même et
pleine de joie, là répand sur ceux qui s'approchent, et les traite
bien. » (*Pensées chrétiennes et morales.*)

Et encore : « Combien en voit-on qui se servent de la philosophie non pour se détacher des biens de la fortune, mais pour plâ-
trer la douleur qu'ils ont de les perdre, et faire les dédaigneux
de ce qu'ils ne peuvent avoir ! » (*Ibid.*) — Ce n'est point sans raison que l'on disait au XVIIe siècle qu'où La Rochefoucauld finit,
le christianisme commence.

Mais le moraliste subtil et aiguisé, qui enveloppe une pensée
fine d'un tour adroit, nous en fait une piquante énigme, en telle
sorte qu'il suppose de l'esprit à son lecteur, et en exige de lui, et
lui en donne ? — Bossuet n'abuse pas de ce talent, il est vrai ;
mais encore semble-t-il qu'il y parviendrait sans trop d'effort :
« Condition périlleuse des prédicateurs, à qui il n'y a rien, ni tant
à désirer, ni tant à craindre que la satisfaction et même le profit
de leurs auditeurs. » (*Ibid.*)

Mais cette profonde et pénétrante amertume, marque certaine
des vrais moralistes qui ont vu à nu la misère morale de l'homme,
la trouverons-nous ici ? — Il est à croire que pour être un illustre pessimiste, il n'eût fallu à Bossuet qu'un peu plus d'affectation qu'il ne s'en permettait à l'ordinaire : « On croit se convertir quand on change, et quelquefois on ne fait que changer de

vice, que passer de la galanterie à l'ambition, et de l'ambition,
quand un certain âge est venu où l'on n'a plus assez de force pour
la soutenir, on va se perdre dans l'avarice. — Les hommes sont
sujets à un changement perpétuel : quand sera-ce que nous changerons par la conversion ? Tous les âges, tous les états chan-
gent quelque chose en nous : quand sera-ce que nous changerons
pour la vertu ? » (*Ibid.*)

Voilà des « maximes » toutes faites ; mais la plupart de ces
traits sont relégués en un canton lointain d'un gros volume, ou
engagés dans la trame serrée d'un grand discours. On ne s'avise
point d'eux d'abord. Il est incroyable combien les œuvres
de Bossuet ont perdu à ne point nous être arrivées à l'état de
fragments.

Publiciste, philosophe, moraliste, satirique, il aurait pu être
tout cela, et, un peu par mégarde, il l'a même été. Aurait-il eu
de l'esprit ? Je ne sais ; car il faut reconnaître que ce n'est point
où il s'est fortement appliqué. Mais sa grave et rude ironie est
assez proche parente de celle des *Provinciales*, et si elle est moins
cruelle que celle de Swift, elle n'est pas moins perçante que celle
des *Lettres persanes*. Prêchant la charité devant des courtisans, il
dit sans insister davantage : « C'est ainsi que savent aimer les
hommes du monde. Démentez-moi, Messieurs, si je ne dis pas la
vérité... *Si je parlais en un autre lieu, j'alléguerais peut-être la cour
pour exemple;* mais puisque c'est à elle que je parle, qu'elle se
connaisse elle-même ». — Il dit l'anecdote avec un sens du comique et une âpre malice peu réjouissante pour ses adversaires.
Rupture de Luther et de Carlostad : « Luther le défia d'écrire
contre lui et lui promit un florin d'or s'il l'entreprenait. Ils tou-
chèrent en la main l'un de l'autre en se promettant mutuelle-
ment de se faire bonne guerre. Luther but à la santé de Carlostad
et du bel ouvrage qu'il allait mettre au jour ; Carlostad fit raison,
et avala le verre plein : ainsi la guerre fut déclarée à la mode du
pays le 22 août 1524. L'adieu des combattants fut mémorable :
Puissé-je te voir sur la roue, dit Carlostad à Luther. — *Puisses-tu
te rompre le cou avant de sortir de la ville !* L'entrée n'avait pas été

moins agréable. Par les soins de Carlostad, Luther, entrant dans Orlemonde, fut reçu à grands coups de pierre. Voilà le nouvel Évangile. Voilà les *Actes* des nouveaux apôtres. » (*Variations.*)

Il combat un religieux qui assure que bien des personnes fréquentent le théâtre sans scrupule et sans danger : « Ce sont gens, dit l'auteur, d'une *éminente vertu*, et il les compte par *milliers.* Qu'il est heureux d'en trouver tant sous sa main, et que la voie étroite soit si fréquentée ! » — Et s'attaquant aux amateurs eux-mêmes des divertissements comiques : « Les gens du monde disent tous les jours qu'ils ne sentent pas ce danger. Poussez-les un peu plus avant, ils vous en diront autant des nudités, et non seulement de celles des tableaux, mais encore de celles des personnes. Ils insultent les prédicateurs qui en reprennent les femmes, jusqu'à dire que les dévots se confessent par là et trop faibles et trop sensibles. Pour eux, disent-ils, ils ne sentent rien. Je les en crois sur parole. Ils n'ont garde, gâtés qu'ils sont, d'apercevoir qu'ils se gâtent, ni de sentir le poids de l'eau quand ils en ont par-dessus la tête. » (*Maximes et réflexions sur la comédie.*)

Il est donc à croire que Bossuet eût été un beau génie selon le monde et même un bel esprit, pour peu que sa volonté s'y fût prêtée. A la gloire du pur homme de lettres, au prestige du philosophe indépendant et original, aux séductions du moraliste satirique, il a préféré je ne dirai pas un éclat plus solide, car en vérité il ne semble pas songer à la gloire, mais à un bien selon lui plus réel et plus efficace. — Il n'a voulu écrire, parler, penser que pour agir, que pour peser sur les volontés, les plier et les réduire à son dessein. En cela il ressemble assez à Voltaire, avec ces différences que Voltaire, au travers de sa vie d'action, aime la gloire encore et écrit des tragédies, et que Voltaire, peu arrêté en son dessein et d'une mobilité extrême, est partie homme de gouvernement, partie homme d'opposition, partie autre chose. Bossuet est homme de gouvernement de la tête aux pieds. Il en a tous les instincts, tous les besoins, tous les goûts, et toutes les ressources.

L'homme de gouvernement, avant toute chose, a le sens et le goût de l'*unité*. La concentration des efforts, des volontés, des pensées, étant la première condition de tout ouvrage humain, est la première préoccupation de son esprit. Bossuet a la passion de l'unité. Il la voit et l'admire dans l'Eglise dont il est ; il la met dans sa vie, dans la persévérance de son apostolat, dans la suite de sa doctrine, même dans ses pensées particulières, dans chacun de ses plus courts ouvrages, qui toujours se ramassent avec force autour d'une seule idée centrale et s'y ramènent tout entiers. — La dispersion lui fait horreur. Dans l'histoire il voudrait voir une pensée unique menant les hommes par un seul chemin, tracé d'avance, d'un point de départ de tout temps arrêté à un but éternellement prévu. — En Europe, il ne veut pas croire que la dispersion des forces chrétiennes puisse être autre chose qu'un accident et une épreuve, et la « *réunion* » est la grande affaire de sa vie, comme l'assurance que la réunion se fera un jour est une certitude de sa foi. — En France, une seule pensée, qui sera la sienne, animant l'Eglise, la faisant marcher du même pas, intimement associée à la grandeur de la monarchie qui se confond avec celle du pays, voilà son rêve de chrétien, de royaliste et de Français. — Dans sa chaire, parmi la variété d'un enseignement et d'un ministère qui se renouvelle chaque jour et presque à chaque heure, ne jamais perdre de vue l'unité de doctrine et ne point permettre qu'un seul mot aille autre part qu'au bien de la foi, voilà l'effort incessant de sa puissante volonté. — Cet homme, arrivant presque enfant encore à Paris, a vu Richelieu dans sa litière, triomphant et mourant, indomptable encore dans sa volonté héroïque, et montrant jusqu'à quel point une âme vigoureuse « est maîtresse du corps qu'elle anime ». On a dit qu'il devait avoir eu ce jour-là la vision d'une oraison funèbre. Il est possible. Mais il a dû surtout avoir la pensée d'une vie tout entière consacrée à une œuvre de domination, d'organisation, de réparation, et pourquoi ne pas le dire ? de despotisme intelligent.

L'homme de gouvernement a le goût de l'action. Bossuet a parlé magnifiquement de « cet incurable ennui qui fait le fond de la vie des hommes depuis qu'ils ont perdu le goût de Dieu ». Le goût de Dieu, c'est-à-dire le besoin de croire, se confond avec le besoin d'agir, parce qu'il lui donne sa matière et son aliment. Ces deux instincts s'unissent étroitement et se créent l'un l'autre, à ce point que c'est tantôt la conviction qui fait agir l'homme, et tantôt par besoin d'agir qu'il se donne une foi. Conviction et action, « foi qui agit » parce qu'elle est « foi sincère », c'est le ressort intime de Bossuet. Le sceptique nonchalant dont « l'ennui » est la manière d'être ordinaire, mais qui s'y complaît, ou tout au moins s'y accommode, n'écrit pas, ou écrit pour lui, comme il réfléchit, comme il observe, ou comme il rêve, d'une plume facile et paresseuse, abandonnée au charme d'une « liberté errante ». — Le pur artiste a, lui, un objet, mais un objet qui est au delà des hommes. Il n'a point charge d'âmes, ni ne tient à faire passer une idée ou une croyance dans l'esprit de ses semblables. L'œil fixé sur une vision de parfaite beauté, il cherche à l'exprimer, heureux dès qu'il la réalise, ayant dès lors rempli son dessein, ne se souciant point de convaincre, et tenant pour indifférent, du moins en tant qu'artiste, d'être compris. — L'homme de foi et d'action tout au contraire. Le succès ici est si important qu'il est l'œuvre même. Ce qu'il s'agit de faire chaque jour, ce n'est point un bel ouvrage, c'est un homme qui pense comme vous, et tant mieux seulement si c'est par un bel ouvrage qu'on l'a fait. La grandeur de l'œuvre totale se mesurera au nombre, non des admirateurs, mais des partisans.

Et, dès lors, que de conséquences ! L'artiste n'est certes point nécessairement un mélancolique, un attristé, un pessimiste ; mais il n'est point contradictoire qu'il le soit. Il ne se plaît pas toujours à une considération douloureuse des choses réelles ; mais il n'a pas besoin de les trouver bonnes. Il arrive même assez souvent que son goût de l'idéal et du parfait se tourne en un dégoût de la réalité et de ceux qui en jouissent, qui n'est pas toujours affecté. — Quelle que soit l'élévation morale de l'homme de gouvernement et de l'homme d'action, il ne peut pas trouver le monde mauvais. Qui veut agir a besoin d'espérer, et l'espérance, même pour celui qui fonde sur Dieu, se ramène toujours à être une confiance dans les moyens d'action, qui sont les choses et les hommes. Montaigne peut se complaire dans le spectacle de l'infirmité humaine, et Pascal même s'y attarder. Bossuet qui la sent mieux que personne, et l'exprime aussi vivement que qui que ce soit, ne peut pas s'y tenir, ni même s'y attacher longtemps. Son fond, comme celui de tous les hommes appelés par leur vocation à mener les hommes, est un optimisme éclairé et grave, sans illusion naïve, sans épanouissement béat, mais énergique pourtant et assuré. Quand il a montré à l'homme toute sa misère et tout son « néant », comme il aime à dire, avec plus d'empressement que d'autres, il met son effort et ses adresses à le relever. « Il ne faut pas permettre à l'homme de se mépriser tout entier »; car Dieu est mort pour lui, dit le chrétien ; et le philosophe ajoute : car l'homme est la matière même de mon œuvre, car le conduire est mon souci, l'édifier ma joie et le sauver mon espérance ; car je l'aime parce que je m'en occupe, et m'en occupe parce que je l'aime ; car je respecte en lui l'objet constant de ma pensée et de mon labeur ; car l'architecte ne méprise pas, encore qu'il s'impatiente quelquefois contre eux, les matériaux obscurs, lourds, mais tout illustrés de son travail, dont il construit son cher édifice.

L'artiste est volontiers indiscipliné, et même assez indulgent pour l'indiscipline des autres. Il n'est enrôlé que dans son idéal, ne fait point effort pour recruter des adhérents, et même, parfois, n'est point fâché que la foule marque d'autres penchants que les siens. L'homme d'action, à force de voir dans l'isolement une faiblesse, arrive à ne point aimer l'indépendance, parce qu'elle est un isolement. Il ne comprend pas l'homme qui marche seul, parce qu'il lui semble que l'homme qui marche seul ne va à rien. D'instinct il voit les hommes partagés en grandes armées bien ordonnées, bien commandées et obéissantes, estimant le trouble signe d'erreur, l'instabilité marque d'égarement, la dispersion preuve de folie. Toute la dialectique de l'*Histoire des Variations* se ramène à observer que les chefs de la Réforme n'ont pas eu tous les mêmes idées. Or qui n'a point de commun mot d'ordre ne forme pas un camp, qui n'est point un camp n'est pas une église, et qui n'est pas une église n'est point une vérité. — Quant aux opinions personnelles, non seulement elles sont dangereuses, mais elles sont méprisables. Bossuet compte encore l'opinion, même jugée fausse, d'une église protestante, parce qu'encore y a-t-il là pensée en commun. Il ne compte plus, et dédaigne, et raille, comme un fruit monstrueux de l'orgueil, les « *opinions particulières* », fantaisies singulières d'un penseur ou d'un chimérique isolé qui se repaît de sa vanité.

Mais exiger la discipline des autres et n'en accepter aucune est le fait d'un ambitieux égoïste, non d'un véritable pasteur d'hommes, et c'est précisément le défaut qu'il reproche avec insistance aux chefs de la Réforme. Le véritable homme de gouvernement soumet son esprit à une discipline plus sévère que celle qu'il impose. Elle consiste principalement en deux points : ne pas croire aisément qu'un homme ait raison contre tous les hommes ; ne pas croire aisément qu'un temps ait raison contre tous les temps ; suivre, avec discernement, mais suivre l'opinion générale d'une part, et d'autre part l'opinion traditionnelle. Qu'un philosophe orgueilleux cherche en lui seul le vrai ; il est plus sûr de le chercher dans la conscience générale de l'humanité. La vérité est dans les hommes ; elle est la pensée de là foule développée et démêlée par les habiles. De là le « bon sens » de Bossuet, si souvent remarqué et vanté. C'est le *sens général*, ou le sens commun, opposé aux « opinions particulières », aux vues hardies et ingénieuses, si fragiles, si téméraires, souvent si vaines. L'originalité, qu'il aurait aisément, n'est qu'un talent, ce n'est ni un mérite ni une assurance. Il faut s'en peu soucier, comme d'une vanité, et s'en défier, comme d'un péril. D'ailleurs ce peut être un appât à séduire les hommes ; ce n'est pas une ressource pour les gouverner. On les touche non par ce que nous concevons, mais par ce qu'ils sentent. Ce qui les émeut et entraîne, ce sont leurs idées mieux exprimées qu'ils ne les expriment. Le lieu commun est un moyen de gouvernement. Bossuet n'a pas la frivole délicatesse de s'en passer, et c'est ainsi que le penseur profond et vigoureux devient, par une de ces « glorieuses bassesses » dont il loue le christianisme, « le sublime orateur des idées communes (1). »

De là son goût des vérités simples et *peu nombreuses,* son dédain des menues recherches et des raffinements indiscrets. Théologien infaillible et d'une adresse de dialectique infinie, il ne s'enfonce point pour cela dans ces sentiers creux, où l'on sent pourtant qu'il est si à l'aise. C'est que l'orateur y serait gêné, dit Sainte-Beuve : « Quand on a une si belle sonnerie, on ne cherche pas midi à quatorze heures. » Ce n'est pas tant pour cela ; c'est parce que c'est avec des idées simples qu'on gouverne le monde. Ecoutons-le : « *Il n'est pas question d'avoir compris un grand nombre de vérités lumineuses ; il est question d'aimer beaucoup chaque vérité, d'en laisser pénétrer peu à peu son cœur, de regarder longtemps de suite le même objet, de s'y unir moins par des réflexions subtiles que par le sentiment du cœur.* » Cela est admirablement dit ; mais surtout c'est toute une *méthode de conviction,* un dessein très médité de juste discipline morale, une habileté suprême du gouvernement des âmes.

La tradition n'est pas autre chose que l'opinion générale étendue, agrandie et comme prolongée à l'infini. Y a-t-il quelque part une pensée sur laquelle tous les hommes, ou presque tous, tombent d'accord ? Il *doit y en avoir une,* et s'il en est une, c'est elle qui a le caractère de la vérité. Y a-t-il quelque part une pensée qui, sans avoir pour elle le consentement de tous les hommes, a pour elle l'approbation successive des siècles, et qui, au milieu de la diversité et de la dispersion des opinions humaines, a traversé les époques sans changer, recevant de chaque âge une nouvelle consécration et autorité ? Il doit y en avoir une, et si elle existe, cette pensée ayant accumulé sur elle les suffrages de tant de générations, est la véritable opinion du genre humain, et, plus encore que celle de tout à l'heure, est la vérité. Un homme n'est rien, mis en balance

---

(1) Rémusat.

avec tous les hommes ; un siècle au regard de tous les siècles est
ce qu'était un homme confronté avec tous les hommes, et en
dernière analyse c'est l'éternité qui a raison. La tradition c'est
le sens commun de l'histoire. Si Bossuet s'attache fortement au
sens commun dans le temps présent, il s'enchaîne plus étroitement encore à la tradition dans le passé.

Il la considère comme le signe éclatant de la vérité et la loi
même de sa pensée. Ce qui l'irrite le plus dans ses adversaires
protestants, c'est leur prétention de remonter à la pensée première
du christianisme d'un bond par-dessus les âges, et sans cheminer
par degré du temps présent aux conciles, des conciles aux Pères et des
Pères aux apôtres. Pour lui la tradition a la même autorité que la
« parole écrite », elle l'éclaire et elle la supplée. « Le sentiment
unanime de l'Église présente suffit pour ne point douter de l'Église
ancienne. » — « On doit croire que ce qui est reçu unanimement
et a toujours été retenu vient des apôtres, encore qu'il ne soit
pas écrit. » — Enfin « dans les dogmes » même « où l'Écriture
est la plus claire, la tradition est » encore « une preuve de cette
évidence ; n'y ayant rien qui fasse mieux voir l'évidence d'un
passage pour établir une vérité que lorsque l'Église y a toujours
vu cette véritée ». — Il va plus loin, et croit à un progrès, non
quant au fond, mais comme degré de précision, dans la vérité traditionnelle : « Il ne faut pas oublier que Vincent de Lérins a
poussé la chose jusqu'à dire que la tradition passe d'un état
obscur à un état plus lumineux, en sorte qu'elle reçoit avec le
temps une lumière, une précision, une justesse, une exactitude qui lui manquait auparavant (1). »

Mais les lois tirées du consentement général et de la tradition
pour la discipline morale et le gouvernement des âmes s'appli-
queront-elles à la société civile et au gouvernement des peuples?
— Pourquoi non? Sans doute il y a en cette nouvelle matière une
diversité plus grande. Mais encore la vérité fondamentale ne

---

(1) *Défense de la tradition et des saints Pères* (passim).

varie point. Si elle variait, elle ne serait pas la vérité. Et, là
comme ailleurs, elle est dans l'opinion commune et dans la tradition. En politique, il faut demeurer dans l'état auquel un long
temps a accoutumé le peuple. (*Avertissements aux protestants.*)
L'Église elle-même, en un État, ne doit point rêver une constitution autre que celle qu'elle y trouve ; « elle n'a point de lois particulières touchant la société politique ». — « Comme aux
étrangers et aux voyageurs il suffit de lui dire qu'elle suive les
lois du pays où elle fera son pèlerinage et qu'elle en révère les
princes et les magistrats. » (*Panégyrique de saint Thomas de Cantor-
béry.*) L'instinct conservateur, qui est le fond de l'homme de gouvernement, même du plus hardi, se retrouve ici très marqué.

Mais encore, à titre de conseil général à donner aux hommes,
n'y a-t-il point une politique de sens commun et de tradition, de
vérité par conséquent, qu'il convient qu'on préfère et qu'on recommande ? Oui, sans doute, et pour Bossuet c'est la royauté héréditaire, tempérée par des lois antiques, limitée par la crainte de
Dieu : — héréditaire et par conséquent traditionnelle, ayant
quelque chose de la solidité d'un patrimoine, de la dignité d'un
patriarcat et de l'autorité d'une Eglise ; — tempérée par de vieilles
lois vénérées, que le roi ne doit pas enfreindre (*Politique*, IV, 1, 4,
et VIII, 2, 1), et par suite ayant la tradition et en elle-même et
dans les lois anciennes qu'elle respecte ; — limitée par la crainte
de Dieu, connaissant ses commandements, les appliquant, vénérable en tant seulement qu'elle les applique, respectant les droits
du peuple, non dans le peuple qui les ignore, mais dans la justice
éternelle qui les constitue, et par cette union avec Dieu retenant
quelque chose en elle non seulement de la continuité de l'histoire,
mais encore de l'éternité du ciel. Voilà la conception politique de
Bossuet.

Et si la royauté est réellement ce qu'il vient de prescrire qu'elle
soit, elle n'est plus, comme elle lui paraissait d'abord (*Politique*,
I, 2, 1, ; I, 3, 1), un expédient. Elle devient une des formes du
gouvernement divin sur le monde. Le roi devient un successeur
de David, comme le Pape est un successeur de saint Pierre, et

tous deux procèdent de Dieu. Et Dieu a voulu les choses ainsi, et l'Ecriture sainte se continue dans les sociétés modernes, et la chaîne des temps n'est point rompue ni relâchée, et l'histoire humaine est un vaste développement du dessein de Dieu sur le monde, et Bossuet prend pour épigraphe de sa thèse de théologie : « *Timete Deum, honorificate regem* » ; et il peut écrire l'*Histoire universelle* comme étant l'histoire de la pensée de Dieu.

L'esprit de Bossuet se repose dans cette conception vaste, régulière, ordonnée et harmonieuse. Car l'esprit des hommes de gouvernement, à son degré supérieur de puissance et de clarté, est le génie des ensembles. Leur force est là, et, pour ceux qui sont grands, leurs lacunes mêmes, souvent à demi volontaires, viennent de là. Ce qu'on croit qu'ils méconnaissent est souvent ce qu'ils négligent, comme contrariant leur vue générale, mais trop secondaire ou trop accidentel, à leurs yeux, pour que la vérité de leur vue d'ensemble en soit altérée. Ils vont, l'œil fixé sur la grande vision des choses où ils ont fait entrer tout l'univers, et dans chaque pensée de détail ils voient le système entier de leur conception générale ; et dans le *Sermon sur l'Unité de l'Église*, ils voient le grand principe d'unité qui régit, selon eux, l'humanité ; et dans un *avertissement* aux protestants ils font entrer leur politique tout entière, et dans une querelle sur le quiétisme ils voient l'anarchie des opinions particulières opposée à la discipline de la tradition, et de la plus modeste instruction aux religieuses de Meaux au discours sur l'histoire universelle, il y a un degré continu, aux marches solides, mesurées et bien connues d'eux, que leur pensée gravit et redescend constamment d'un mouvement assuré et que leur vue ne quitte jamais.

Mais aussi, comme c'est dans l'ensemble que leur intelligence met sa force et a tout son jeu, c'est dans l'ensemble aussi qu'elle éclate à nos regards, et c'est à lire Bossuet dans toutes ses œuvres importantes qu'on se fait une idée vraie de la vigueur de son génie, de la portée de ses aperçus, de la grandeur sereine de son esprit.

III

BOSSUET ORATEUR ET ÉCRIVAIN.

« Ce dernier des Pères de l'Église », comme La Bruyère l'a
magnifiquement appelé, est donc avant tout un apôtre, un com-
battant pour la foi. Il est orateur, c'est-à-dire homme de luttes
dans le champ des idées. Sa chaire est une tribune. Il veut instruire,
prouver, réfuter, convaincre ; il consent à émouvoir, il dédai-
gnerait d'attendrir, et, s'il plaît, c'est sans qu'il y vise ; car il
sait que « *qui veut plaire, le veut à quelque prix que ce soit* ». Ce
qu'on sent dans sa parole, à l'ordinaire, c'est l'ardeur de sa foi,
la hautaine et impérieuse vigueur de sa logique, l'élan passionné
de son âme dominatrice, où il y avait des parties de magistrat,
de souverain et de conquérant.

Sa composition et l'ordonnance de ses œuvres est très particulière, et instructive sur son tour d'esprit. Sans doute, à prendre
les choses en gros, elle est celle des démonstrateurs et des orateurs. Chez lui, comme chez un Démosthène, un Pitt, ou un Mira-
beau, l'ordre logique domine. Les faits sont des preuves, les
observations sont des arguments, les narrations sont des syllo-
gismes. Et chez lui aussi les pensées non seulement se suivent et
s'enchaînent, mais encore s'entraînent l'une l'autre ; par le besoin
qu'éprouve l'auteur de se rapprocher d'un but qu'il voit sans cesse,
elles se hâtent, et courent, d'une allure qui donne l'impression du
chemin parcouru, du terrain gagné, du pays conquis. Et chez lui
aussi, à prouver, à discuter, à réfuter sans cesse, l'esprit s'anime,
comme à combattre, et du mouvement oratoire naît la chaleur qui
se répand sur tout l'ouvrage et le vivifie. — Mais ce que Bossuet
a de propre entre tous les grands orateurs, c'est qu'il est moins
orateur encore que théologien et docteur de la foi. Sa méthode,

sans en être changée en son ensemble, **en** reçoit une marque
sensible, très intéressante à étudier. On a parlé beaucoup de ces
coups de foudre d'éloquence où éclate toute la force accumulée de
sa logique. C'est qu'on s'applique à surprendre chez lui les procédés connus des orateurs, qui, en effet, vont de la dialectique
de plus en plus pressante aux explosions surprenantes du pathétique. Il est très vrai que cette démarche est souvent la sienne, et il
ne se pouvait guère qu'il en fût autrement. Mais ce qui est vrai
aussi, et non moins curieux, c'est que souvent il en va de tout
autre sorte, et que le coup de foudre attendu, et qu'il semble qu'il
nous devait, n'éclate point.

Il paraît, au premier abord, qu'une faute au point de vue de
l'art ait été commise, et que l'artiste ait eu une défaillance. Tel
livre des *Variations* (1) merveilleux de psychologie pénétrante et
de vigoureuse logique se termine assez platement, sans résumé
brillant, sans formule frappante, sans triomphante apostrophe,
comme un bon chapitre d'histoire. Le lecteur se sent frustré de la
forte impression finale. Il en est très souvent de même dans les
Sermons, je dis les plus beaux. Le premier point du *Sermon sur la
mort*, cet admirable premier point, qui contient les plus brûlantes
paroles qui soient parties des lèvres de Bossuet, se termine par
des citations d'Arnobe et du Psalmiste, relativement assez froides.
On peut vérifier cette observation sur bien d'autres exemples.

C'est que ce qui est une loi de l'art pour l'artiste n'en est point
une pour Bossuet, qui en a une autre. Il est avant tout théologien,
et entend rester tel. « Il procède d'Arnauld », dit Saint-Marc-
Girardin. Tout au moins, il ne comprend pas l'enseignement
catholique autrement qu'Arnauld. Par des analyses morales
ingénieuses, ou par d'habiles déductions, c'est à un grand effet
oratoire qu'un autre veut nous mener ; par ce même chemin, et
que parfois il abrège, c'est à une parole de saint Paul ou de saint
Thomas d'Aquin que Bossuet prétend nous conduire. C'est que

---

(1) Le livre V.

c'est l'Ecriture ou la tradition qui importe à Bossuet, et non l'éloquence. On dit qu'il s'appuie constamment à l'Ecriture. Ce n'est pas assez dire : il s'y appuie sans cesse, et surtout il y ramène toujours. Il vient de faire un développement au point de vue purement humain sur la fragilité de la fortune, et ce développement est très beau (*Sermon sur l'ambition*). Il s'arrête et se reprend : « *C'est trop parler de la fortune dans la chaire de la vérité. Ecoute, homme sage... C'est Dieu même qui va te parler par la bouche de son prophète Ezéchiel...* » Et toute la suite de la démonstration ne sera qu'un commentaire d'Ezéchiel, brillant sans doute, mais alourdi de textes, coupé de latin et de traduction de latin. Plus de mouvement. Eh! il s'agit bien de mouvement! Il s'agit d'enseigner Dieu.

Il le sait que l'œuvre d'art peut en souffrir, et, au cours d'une discussion un peu abstraite, il dit en passant : « Que si cette théologie ne vous ennuie pas, j'ajouterai... » et il continue; car il est en chaire pour parler théologie, et les convenances mondaines se contenteront qu'il s'en excuse d'un mot rapide. Et, tout de même, en sens inverse, quand la dissertation purement morale, et les peintures vives des âmes tourmentées ou frivoles, et les pressantes exhortations et les fougueuses apostrophes, et en un mot l'éloquence, ont tenu presque toute la place dans un long discours (*Sermon sur la nécessité de travailler à son salut*), par une pieuse feinte, il veut faire croire que ce n'est pas l'orateur qui parle, mais la doctrine, que ce n'est pas Bossuet qui a ému, mais « le prédicateur invisible ». Il s'empresse à l'assurer, et y insiste : « *Je n'ai rien fait, chrétiens, d'avoir peut-être un peu excité votre attention au soin de votre salut, par la parole de Jésus-Christ et de l'Evangile,* si je ne vous persuade de vous occuper souvent de cette pensée. Toutefois ce n'est pas l'ouvrage d'un homme mortel de mettre dans l'esprit des autres ces vérités importantes : c'est à Dieu de les y graver. *Et comme je n'ai rien fait aujourd'hui que vous réciter ses saintes paroles,* je produirai encore en finissant ce qu'il a prononcé de sa propre bouche dans le Deutéronome... » Et c'est par le Deutéronome qu'il terminera, et l'on peut dire sans scandale qu'en vérité le Deutéronome cité est plus faible que le Bossuet de tout à l'heure. Mais c'est le Deutéronome, et Bossuet est chrétien, et parle à des chrétiens.

C'est ainsi qu'aux yeux d'une critique purement littéraire, Bossuet renverse souvent l'ordre naturel de l'œuvre oratoire, s'affaiblit et se refroidit lui-même, résigne les ressources de son merveilleux génie, ou les relègue à la seconde place. Mais rien n'est plus beau que l'éloquence de Bossuet, si ce n'est de savoir y renoncer par vertu et par foi. Et encore cela n'est pas juste, même au point de vue littéraire. Car l'éloquence religieuse a ses lois propres, et n'est point tenue de se soumettre à celles d'un autre genre ; et la perfection, en chaque espèce d'œuvre d'art, est de remplir le dessein que cette œuvre particulière se propose.

Comme moyen de persuader, on pense bien que le fonds d'un pareil orateur est la dialectique. Celle de Bossuet est redoutable. Elle puise sa première force dans la clarté. Ce théologien est le plus limpide des discuteurs. Impression surprenante et qui a son côté plaisant : quand on lit les *Avertissements aux protestants* ou l'*Histoire des Variations*, on est inquiet devant les rubriques des chapitres, et un peu épouvanté de la nomenclature d'hérésies aux noms bizarres et des théories abstraites qu'elles annoncent. On lit le chapitre, et l'on comprend. On entre de plain-pied dans la réfutation des sociniens et dans la doctrine de la présence momentanée. Un sermon de Bourdaloue est plus difficile à entendre que les *Variations*, et ce livre de polémique théologique est parmi les plus lumineux de la langue française, aussi clair qu'une page de Voltaire, plus que l'*Esprit des lois*. Pascal a raison de dire que « ceux-là honorent bien la nature qui lui apprennent qu'elle peut parler de tout, et même de théologie ». — La subtilité même de Bossuet est claire, parce qu'il y a une subtilité qui est d'affectation, et qui consiste à présenter d'abord l'idée par ses dessous obscurs, et une autre qui est de pénétration, et qui consiste à creuser par degré l'idée jusqu'à ce que la lumière en atteigne le fond.

Son argumentation est d'une suite impérieuse et contraignante

qui donne l'idée d'une force tranquille serrant de plus en plus
étroitement ce qu'elle a étreint. C'est à lire tout un chapitre ou
tout un *point* qu'on en sent l'effet, et ici les citations ne montre-
raient rien. Mais quand l'argumentation est achevée et qu'il ne
reste à l'orateur qu'à en presser fortement les termes pour conclure avec vigueur, c'est alors qu'on peut citer : « Je sais que
vous êtes libres ; mais toutefois pour vous exciter, il faut quelque raison qui vous détermine : et quelle raison plus pressante
aurez-vous alors que celle que je vous propose? Y aura-t-il un
autre Evangile, une autre foi, une autre espérance, un autre
paradis, un autre enfer? Pourquoi donc résistez-vous maintenant?
pourquoi donc voulez-vous vous imaginer que vous céderez plus
facilement en un autre temps? D'où viendra cette nouvelle force à
la vérité, ou cette nouvelle docilité à votre esprit (1)? »

La psychologie fine et sûre est au premier rang des moyens de
persuasion. On est porté à céder à qui vous pénètre et à obéir à
qui vous connaît. C'est un fondement du gouvernement de l'E-
glise que l'art de sonder les cœurs. De là ces analyses des passions
humaines et ces portraits de nous-mêmes que les sermonnaires
chrétiens sont si habiles à nous présenter. Bourdaloue en est
plein. Il y a un livre de *caractères* à extraire de ses œuvres. Bossuet nous donne moins de *portraits* que d'analyses. Le portrait est
sans doute pour lui chose trop artificielle et sentant l'auteur. Ceux
qu'il a tracés, sans y viser, ne sont pas dans les *Sermons*. Ils sont
dans les *Oraisons funèbres* et dans les *Variations*. Ces derniers particulièrement sont très vifs, de haut relief, pleins de réalité, sans
appareil et sans apprêt, mêlés au récit, et s'en détachant pourtant
comme d'eux-mêmes, sans que l'auteur semble y songer.

C'est Luther, grandissant de page en page comme une force
redoutable et mystérieuse : d'abord pensif et réservé, d'une « extrême modestie » dans ses revendications, « condamné par le
pape, et ne réclamant qu'un concile que toute la chrétienté récla-

---

(1) *Sermon sur la nécessité de travailler à son salut.*

mait aussi depuis des siècles » : menant une vie grave et « sans
reproche devant les hommes » ; contenu en paroles « et remplis-
sant ses discours de pensées picuses, reste d'une bonne institu-
tion » ; puis enhardi par l'applaudissement, levant le front, « criant
contre des abus, qui n'étaient que trop véritables, avec beaucoup
de force et de liberté », montrant peu à peu, avec « un chagrin
superbe », « une hardiesse indomptée » ; enfin irrité par les
obstacles, devenant « rigoureux maître » pour ses adeptes, fou-
gueux et intraitable polémiste pour ses adversaires, mêlant les
bouffonneries énormes aux colères furieuses, déchaîné et plein de
tempêtes, effrayant le monde « des violences et du tonnerre de
Luther ».

C'est Mélanchton, ce « jeune professeur de la langue grecque »,
« chef des beaux esprits en Allemagne, joignant à l'érudition, à
la politesse et à l'élégance du stye une singulière modération »,
très tendre de cœur et très fin d'esprit, mais « simple et crédule
comme les bons esprits le sont souvent », entraîné dans la Réforme par la curiosité de sa souple et ingénieuse intelligence, par
son bon cœur aussi, parce qu'on « attaque Luther avec trop d'aigreur » ; dès lors « timide, inquiet », parce qu'il n'est pas assez
étroit d'esprit, et ne peut s'empêcher d'être « prévoyant » ; troublé à l'idée de la lutte sanglante, disant « qu'il valait mieux
tout endurer que d'armer pour la cause de l'Église » ; et cependant entrant dans la guerre civile, parce qu'il est dominé par le
terrible Luther ; « tremblant sous la colère de cet Achille, comme
il l'appelle, de ce Philoctète, de ce Marius », se disant « envi-
ronné de guêpes furieuses », se peignant lui-même comme Daniel
dans la fosse aux lions, ou Ulysse chez le Cyclope ; poursuivant
pourtant, dans le tremblement et les alarmes, soutenu parfois
d'un bon mot d'Érasme ; « car que ne peut un bon mot sur un
bel esprit ? » ; mais désolé à jamais, « souhaitant constamment
la mort », versant « des larmes qui ne tarissent pas pendant
trente ans » et « n'espérant plus trouver de sincérité que dans le
ciel ». — Portrait admirable de profondeur, de vivacité, aussi de
grâce, et où éclate ce grand trait qui en est comme la conclusion

morale : « Luther n'était pas le seul qui le violentât. Chacun est maître à certains moments parmi ceux qui se sont soustraits à l'autorité légitime, et le plus modéré est toujours le plus captif. »

C'est Calvin... Mais veut-on sortir de cette affaire de la Réforme où nous sommes forcés de revenir souvent parce que les *Variations* sont le maître livre de Bossuet, mais qui peut offrir certains côtés pénibles ? Qu'on lise le portrait de saint Jean-Baptiste pour savoir ce que Bossuet peut mettre de couleur vigoureuse, hardie et originale, à la manière d'un Saint-Simon ou d'un moderne, dans un tableau de sainteté : « Voici, mes frères, le prédicateur qui réclame votre audience. Il a raison de dire en se définissant lui-même qu'il est une voix, parce que tout parle en lui : sa vie, ses jeûnes, ses austérités, cette pâleur, cette sécheresse de son visage, l'horreur de ce cilice de poils de chameau qui couvre son corps et de cette ceinture de cuir qui serre ses reins, le désert affreux qu'il habite ; tout parle, tout crie, tout est animé. A voir ce prédicateur si exténué, ce squelette, cet homme qui n'a pas de corps, dont le cri néanmoins est si perçant, on pourrait croire qu'en effet ce n'est qu'une voix... mais au bruit de cette voix le désert est ému, les villes sont troublées, les peuples tremblants, les provinces alarmées (1). »

Rien qu'avec les citations que nous avons faites de notre grand orateur, nous en avons assez dit pour renseigner le lecteur sur les hautes beautés et les grandeurs du style de Bossuet. Le fond de ce style, il faut le dire, encore que cela paraisse naïf, est tout simplement une exacte et profonde connaissance de la langue, et telle que jamais peut-être écrivain français, non pas même Voltaire, ne l'a eue. Nous avons des écrivains créateurs, comme Montaigne, comme Pascal, et, au-dessous de ceux-ci, comme La Bruyère, qui gardent leur charmante ou puissante ou ingénieuse originalité. Mais les véritables grands maîtres de la langue française sont encore ceux qui n'ont eu besoin que de la posséder

---

(1) Sermon sur la véritable conversion.

tout entière, en sachant toutes les ressources, en connaissant tous les secrets, en pénétrant tout le génie. Bossuet et Voltaire sont au premièr rang de ceux-là. Leur extraordinaire mérite consiste à faire des dons de premier ordre de qualités qui semblent communes : l'absolue *propriété* des termes, et la *plénitude* de l'expression. Comme l'a dit très bien Sainte-Beuve, « même dans les moments où il n'est point particulièrement éloquent, Bossuet a une langue dont on peut dire, comme de celle de Caton et de Lucrèce, qu'elle est *docta* et *cordata ;* rien en lui de cet *amollissant* dont parlait Massillon et dont il se ressentait. »

Cette exactitude vigoureuse et cette savoureuse plénitude lui vient de ses fortes études latines qui lui ont donné le sens et le goût de l'expression drue et forte. Dans ses « Conseils pour former un orateur sacré », il ne manque pas de nous en avertir : « *On prend dans les écrits de toutes les langues le tour qui en est l'esprit, mais surtout dans la latine dont le génie n'est pas éloigné de celui de la nôtre, ou plutôt qui est tout le même.* » Qu'on ne s'y trompe point cependant, Bossuet ne veut pas s'en tenir au pur latin comme modèle de notre langue : « *Qui ne voit qu'il fallait plutôt, pour la gloire de la nation, former la langue française, afin qu'on vît prendre à nos discours un tour plus vif et plus libre dans une phrase qui nous fût plus naturelle* (1)? » L'expression latine dans toute sa vigueur, un tour plus vif et plus libre, voilà la prose française : c'est celle qu'a parlée Bossuet.

C'est chose exquise et saine que de lire dix lignes de Bossuet en choisissant un passage où il n'est nullement orateur, mais exprime simplement une pensée simple, sans mot à effet, mais lumineux et captivant par la seule vertu du terme juste. «.... Que s'il est ainsi, chrétiens, qui ne voit que la nature conjurée ensemble n'est pas capable d'éteindre un si beau rayon [notre intelligence], et qu'ainsi notre âme, supérieure au monde et à toutes les vertus qui le composent, n'a rien à craindre que de son au-

------

(1) Discours de réception à l'Académie française.

teur ?... Quoi ! cette âme plongée dans le corps, qui en épouse
toutes les passions avec tant d'attache, qui languit, qui se désespère, qui n'est plus à elle-même quand il souffre, dans quelle
lumière a-t-elle vu qu'elle eût néanmoins sa félicité à part ? Qu'elle
dût dire quelquefois hardiment, tous les sens, toutes les passions
et presque toute la nature criant à l'encontre : Ce m'est un gain
de mourir ? » — Quelquefois, surtout dans les sermons de la
jeunesse de Bossuet, on rencontre une imperfection qui certes
n'est pas celle qu'on s'attendrait à relever dans un tel homme :
quelque penchant ou quelque effort à *l'ingénieux*, quelque recherche de subtilité dans l'image. Ce n'est pas précisément du bel
esprit, c'est peut-être un souci d'éveiller son auditoire par le piquant d'une nouveauté dans les figures. Souvenir de Tertullien,
qu'il a beaucoup lu, ou influence des alentours, ou nécessité de
s'y accommoder, on ne sait ; mais il y a un Bossuet provincial,
qui se montre rarement, qui a peu vécu, qu'il ne faut pas avoir l'air
de vouloir dissimuler. C'est lui qui dit: « Quand je considère la
disposition des choses humaines... je la compare souvent à certains tableaux que l'on montre dans les bibliothèques des curieux
comme un jeu de la perspective. La première vue ne nous montre
que des traits informes... mais aussitôt que celui qui sait le secret
vous les fait regarder par un certain endroit..... (1). »

Ceci n'est qu'un peu trop spirituel. Mais après une page d'une
psychologie extrêmement fine, qui fait songer à Pascal, et d'une
sobriété de style admirable, je lis dans le sermon *Pour la Circon-
cision de N.-S.* : « Autant la volonté est maîtresse de ses objets,
autant elle est capable de se lier par ses actes. Elle s'enveloppe
elle-même dans son propre ouvrage comme un ver à soie ; et si
les lacets dont elle s'entoure semblent de soie par leur agrément,
ils ne laissent pas de surmonter le fer par leur dureté ». Certes,
cela est joli ; mais, précisément, c'est du joli. — Même sermon :
« Notre âme est comme un vaisseau, et la joie s'y verse comme

____

(1) Sermon sur la Providence.

une liqueur. Cette liqueur a été comme répandue dans tous les objets qui nous environnent et l'action de nos sens s'en va l'attirer et l'exprimer de tous ses objets pour la faire couler dans nos cœurs ainsi qu'un suc agréable. » — De même dans le sermon *Sur la réconciliation avec nos frères* : « Nos oraisons ce sont des parfums ; et les parfums ne peuvent monter au ciel si une chaleur pénétrante ne les tourne en vapeur subtile et ne les porte au ciel par sa vigueur. Ainsi nos oraisons seraient trop pesantes... si le feu divin du Saint-Esprit ne les purifiait et élevait. »

Voilà le mauvais goût de Bossuet. J'admets du reste qu'on dise que le mauvais goût de Bossuet ferait la grâce et l'éclat d'écrivains ordinaires, comme les moments d'humeur d'Henriette d'Angleterre eussent fait les beaux jours d'une autre femme.

Cela est rare, je l'ai dit, et cela disparaît dès que Bossuet est vivement ému. Or il l'est presque toujours. Alors l'image est ce qu'elle doit être, sous peine de n'être qu'un jeu d'esprit : elle est une sensation forte, l'idée se présentant d'elle-même à l'esprit de l'auteur sous une forme colorée et vivante ; elle est pleine, naturelle et sobre : « Ainsi l'homme, petit en soi, et honteux de sa petitesse, travaille à s'accroître et à se multiplier dans ses titres : tant de fois comte, tant de fois seigneur, possesseur de tant de richesses..... Et dans cet accroissement infini que notre vanité s'imagine, il ne s'avise jamais de se mesurer à son cercueil, qui seul néanmoins le mesure au juste. » — Voilà la véritable imagination dans l'expression, et voilà la véritable éloquence religieuse. On sent que ce qui l'anime c'est une profonde conviction, qui se tourne en émotion et en frisson sacré. C'est cette émotion qui donne tant de valeur à ces brusqueries familières dont Tocqueville était effrayé, qui, selon lui, donnait un caractère un peu « sauvage » aux sermons, et qui nous semble en être une des beautés singulières. A chaque instant : « Chrétiens ! soyez attentifs !... » — « Mais, écoutez bien ceci... » — « Ne pourrai-je aujourd'hui éveiller ces yeux spirituels et intérieurs qui sont cachés bien avant au fond de vos âmes ?... Tentons, essayons, voyons. »

C'est « le mouvement, » comme disent les rhétoriques, ce don indispensable et si rare que Bossuet possède pleinement, aisément, constamment. Et quand, ce qui arrive chez lui presque toujours, l'imagination et le don du mouvement conspirent ensemble, l'effet de pathétique est admirable, la puissance d'élévation et d'entraînement telle que nous nous sentons sur les confins de l'éloquence et de la poésie, et qu'il faut songer à Chateaubriand pour trouver chez nous quelque chose, non à égaler à Bossuet, mais à lui comparer : « Oh ! si je pouvais traîner le monde entier dans les cloîtres et dans les solitudes ! J'arracherais de sa bouche un aveu de sa misère et de son désespoir (1)... » —Dernières lignes du sermon *sur la ferveur de la pénitence :* « Oui, la colère approche toujours avec la grâce. La cognée s'applique toujours, par le bienfait même ; et la sainte inspiration, si elle ne nous vivifie, elle nous tue. »

Tout s'anime, tout s'enflamme. Les idées deviennent des êtres vivants, les abstractions bondissent et crient. Vices et passions dans l'âme du pécheur deviennent des monstres qui le déchirent ; il nous les montre du doigt ces « *pauvres intérieurs* qui ne cessent de murmurer » au cœur du mauvais riche, « toujours avides, toujours affamés dans la profusion et dans l'excès même. C'est en vain, ô pauvre Lazare, que tu gémis à la porte ; ceux-là sont déjà au cœur. Ils ne s'y présentent pas, mais ils l'assiègent ; ils ne demandent pas, mais ils arrachent. Représentez-vous dans une sédition une populace furieuse... ; dans l'âme de ce mauvais riche où la raison a perdu son empire, où les lois n'ont plus de vigueur, l'ambition, l'avarice, la délicatesse, troupe mutine et emportée, font retentir de toute part un cri séditieux, où l'on n'entend que ces mots : Apporte ! Apporte (2) ! »

Voilà de ses grands coups. Il en a de plus forts peut-être et plus pénétrants, et à ces terribles secousses je préfère encore, sans le moindre grand mot, sans même *que la phrase soit faite,*

----

(1) Sermon sur les *Obligations de l'état religieux.*
(2) Sermon sur l'*Impénitence finale.*

cette péroraison toute simple et nue, humble et triste, douce comme un recueillement, où il ne semble point que l'orateur parle, où l'on croit assister à son âme même, et qui emplit le cœur d'une émotion infinie, sans qu'on puisse démêler ce qui émeut (1).

« Eh bien, mon âme, est-ce donc si grande chose que cette vie ? Et si cette vie est peu de chose, parce qu'elle passe, qu'est ce que les plaisirs, qui ne tiennent pas toute la vie, et qui passent en un moment ? Cela vaut-il bien la peine de se damner ? cela vaut-il bien la peine de se donner tant de peine, d'avoir tant de vanité ? Mon Dieu, je me résous de tout mon cœur de penser tous les jours, au moins en me couchant et en me levant, à la mort. En cette pensée j'ai peu de temps, j'ai beaucoup de chemin à faire ; peut-être en ai-je encore moins que je ne pense. Je louerai Dieu de m'avoir retiré ici pour songer à la pénitence. Je mettrai ordre à mes affaires, à ma confession, à mes exercices, avec grande exactitude, grand courage, grande diligence, pensant non pas à ce qui passe, mais à ce qui demeure. »

Pour qui est-ce donc que saint Jean a dit : « Jamais homme n'a parlé comme cet homme » ?

LES ORAISONS FUNÈBRES (2).

Il faut parler à part des oraisons funèbres, non qu'en leur fond elles diffèrent des sermons, c'est le contraire ; mais parce que certaines qualités particulières de Bossuet y ont trouvé plus qu'ailleurs une illustre occasion de se déclarer et de se répandre.

---

(1) Dernières lignes du sermon sur les *Vaines excuses.*

(2) Inutile d'avertir le lecteur que nous ne disons ici que l'essentiel sur les *Oraisons,* commentaires et citations abondant aux mains de toutes parts sur ce point.

L'*oraison funèbre* pour Bossuet n'est pas autre chose qu'un *sermon*. N'ayant jamais voulu écrire ou parler que pour prouver, il n'a pas considéré l'*oraison* comme un *éloge*, mais comme une occasion de faire « entendre aux hommes de grandes et terribles leçons ». Ses *Oraisons* sont des leçons. Ces discours sur les tombes sont autant de *sermons sur la mort*. « Pour Bossuet la mort est un dogme » (Saint-Marc-Girardin). Faire l'éloge du grand personnage mort, sans doute, mais ne faire de cet éloge qu'un accessoire dans le discours, et l'encadrer dans une démonstration tendant à prouver aux hommes, ou leur faiblesse entre les mains de Dieu, ou leurs mérites quand ils se conforment à la loi divine, ou la fragilité de leurs desseins, ou la vanité de leurs espoirs, ou leur gloire dans le sein de l'Eternel, voilà la méthode constante que Bossuet a appliquée à l'oraison funèbre.

Par ce tour ingénieux et très naturel, Bossuet se trouve à l'aise dans un genre en soi un peu faux. Il y gagne de rester chrétien dans cette œuvre assez mondaine, de rester docteur de la foi, au lieu de devenir un simple panégyriste flatteur ou banal, de rester orateur enfin, véritable orateur. Car l'orateur est celui qui prouve, qui conduit une démonstration de son point de départ à sa conclusion ; et désormais, après cette transformation qu'il a faite de l'oraison funèbre, Bossuet a quelque chose à prouver. Il veut *à propos* d'un événement, d'une vie humaine, importante et illustre, *prise comme exemple*, révéler les desseins de Dieu sur les hommes, les voies longtemps cachées, et brusquement apparues, de la Providence, pour tout dire les rapports de l'homme avec Dieu. — L'oraison funèbre devient un sermon agrandi, et Bossuet pourra montrer dans l'oraison funèbre les qualités, développées et enrichies, du sermonnaire.

A-t-il à faire l'éloge de Henriette de France, reine d'Angleterre, par exemple ? Il considérera la vie de la reine comme une leçon que Dieu a voulu donner aux rois pour les avertir ; et dès lors, non seulement la vie de la reine Henriette, mais toute l'histoire de l'Angleterre sous Charles I, avec les révolutions, les exils, les ruines, et les sectes en lutte, et le Parlement et Crom-

well, tout rentre dans le cadre de l'oraison, devenue un traité sur
la Providence, sans cesser d'être une plainte, un acte de foi et
une prière. De même que Bossuet, quand il écrivait le *Discours
sur l'histoire universelle*, prenait les annales de l'antiquité tout
entière comme un exemple des vues de Dieu sur le monde et de
la manière dont il mène les événements humains, de même il
prend ici la vie d'une reine comme un exemple de la façon dont
Dieu dirige les rois, les perd, les corrige et les sauve. La méthode est toujours la même, parce que la pensée du grand docteur chrétien est immuable.

Cependant, si les oraisons funèbres ont toujours été en possession d'une admiration particulière parmi les hommes, c'est qu'en
outre de toutes ses qualités ordinaires auxquelles il avait su y
faire une place, Bossuet y a montré des qualités nouvelles, assez
rarement révélées en ses autres œuvres. Ce Bossuet toujours com-
battant, prèchant et dogmatisant sans cesse, que nous connaissons,
il faut se l'imaginer ayant à écrire une oraison funèbre, c'est-à-
dire, selon sa manière, un sermon sur la destinée humaine, mais
aussi, et quoi qu'il en ait, un discours d'apparat et une œuvre
d'art pur.

Il semble qu'il ait, sinon saisi, du moins accueilli cette occasion de montrer les grandes qualités d'artiste qui étaient en lui,
et de se délasser, pour un moment, à un travail, presque désintéressé, de belle ordonnance, de développement riche et de beau
style. Il ne faut pas dire que les oraisons funèbres sont l'ouvrage
le mieux écrit de Bossuet : on peut dire qu'elles sont l'ouvrage
où Bossuet a appliqué le plus curieusement et avec le plus de
complaisance les ressources infinies de son art d'écrivain et de
peintre. On voit qu'il se livre et s'abandonne au plaisir délicat,
qu'il se refuse trop souvent, de faire œuvre d'art au sein même
de l'œuvre de foi et de doctrine. Ç'a été sa manière d'être homme
de lettres et mondain, entre deux batailles, manière singulièrement austère encore, et délassement pieux, qui sied bien à un
grand évêque.

De même, sa sensibilité, qui a été vive, et qui, le plus souvent,

au cours de sa carrière militante, restait enfermée au dedans de
lui, a trouvé jour ici à s'épancher et à couler avec les larmes.
Rarement encore, il est vrai; car la plupart des oraisons sont
avant tout des discours édifiants admirablement tournés en
grandes œuvres d'art. Telle l'oraison de Henriette de France, celle
de la reine Marie-Thérèse, celle de Michel Le Tellier; tel le merveilleux discours sur la profession de foi de Mlle de La Vallière,
qui est une véritable oraison funèbre, mais sévère, et volontairement un peu froide.

Il se trouve deux oraisons où à l'élévation de la doctrine et à la
magnificence de la forme se joint cette tendresse relativement
inusitée. Dans l'oraison de Henriette d'Angleterre, duchesse d'Orléans, Bossuet a à parler, jeune encore, d'une jeune et charmante
princesse, frappée par la mort dans tout l'éclat d'une destinée incomparablement brillante : son cœur s'est profondément ému,
et un accent d'immense pitié, qui fait de son discours une œuvre
dramatique, a passé de son âme dans sa voix. — Dans l'oraison
du prince de Condé, il parle, âgé déjà lui-même, d'un vieil ami,
dans lequel il admirait un héros, dans lequel il chérissait aussi
un éclatant et doux souvenir de sa jeunesse. De là l'émotion discrète mais profonde de certaines parties de ce discours, où il prie
le prince d'agréer le tribut « d'une voix qui lui fut connue » ; de là
ce mélancolique retour sur lui-même, sur « ses cheveux blancs,
qui l'avertissent », et du terrible passage dont il s'approche, et
du « compte » qu'il doit « bientôt rendre », et des nouveaux et
derniers devoirs que lui impose ce déclin d'une vie toute consacrée
à la morale, à la vérité et à la foi.

IV

CONCLUSION.

Bossuet a eu dans la postérité la mauvaise fortune qui s'attache, à l'ordinaire, aux hommes de gouvernement. Il a été peu aimé ou mal aimé. Pour avoir peu de vrais admirateurs, il n'est que d'avoir des partisans. Ceux qui l'aiment pour ses idées et son système lui font tort par une adoration jalouse, indiscrète et belliqueuse. Ils l'aiment d'une sympathie peu aimable, parce qu'ils l'aiment de l'aversion qu'ils ont pour d'autres. — Ceux qui puisent leur impartialité dans un certain fonds de scepticisme, et qui se piquent de rendre justice à chacun parce qu'ils sont détachés de tout, le sont trop aussi pour bien juger un homme qui a été enchaîné à sa conviction d'une si forte attache. Cette pensée immuable est désobligeante pour la mobilité alerte et fuyante de leur esprit. Sainte-Beuve ne peut s'empêcher de se plaindre que Bossuet « ne sorte pas de cette nef, et ne sente pas le besoin d'en sortir ». — Je ne parle pas de ceux qui jugent les esprits du passé uniquement par comparaison avec le leur, les trouvent grands ou petits selon qu'ils s'en rapprochent ou s'en éloignent, et qui, sans tenir compte à Bossuet d'avoir prévu les idées modernes, lui reprochent de ne point les avoir. — Le commun des lecteurs enfin, ceux qui ne lisent pas, se tient un peu à l'écart, dans une admiration de confiance, mais un peu tiède, d'un homme qu'il faut lire tout entier pour le bien entendre.

Il a contre lui d'être systématique ; et c'est vu dans l'ensemble de son système qu'il imposerait le plus à l'esprit. — Il a contre lui d'avoir *maintenu* et *défendu*; car c'est la vivacité de l'attaque et l'ardeur brillante de l'assaut qui séduisent le plus les hommes. Pascal captive davantage dans la partie de son œuvre où il détruit, que dans celle où il s'essaie à reconstruire. Cette première partie, on en voudra toujours un peu à Bossuet de ne l'avoir que touchée, et d'avoir couru à l'autre, estimant qu'il n'était pas trop de toute sa vie pour l'accomplir. — Il a contre lui d'avoir lutté, il est vrai, mais pour ce qui était établi. Supposez Bossuet dans une société incrédule et démocratique : il ne ferait ni plus ni moins que ce qu'il a fait ; mais on y trouverait plus de saveur. Qu'en coûterait-il de se dire qu'il a, non défendu, mais attaqué à l'avance, et, dès lors, de lui accorder et le beau rôle de l'agression et le mérite de la prévoyance ? Ce ne serait point si mal le prendre ; car Bossuet voit assez loin dans l'avenir, et pour lui aussi, gouverner c'était prévoir.

En admettant qu'il faille faire un effort pour estimer à son juste prix cette saine, vigoureuse et lumineuse intelligence, Bossuet vaut cette peine. Il vaut qu'on cherche à embrasser, dans son unité imposante, qui est faite non de l'entêtement d'un esprit étroit, mais d'une multitude infinie de pensées originales, profondes et hardies, ramenées puissamment à une doctrine simple, ce génie grave, dédaigneux des succès frivoles et même des succès les plus glorieux, s'ils ne sont que purement artistiques, fait de conviction profonde et d'infatigable ardeur, et qui, ne s'attachant qu'à la vérité, a trouvé le grand art, par surcroît.

FÉNELON

M. François de Salignac
de la Motte Fenelon Archeveque
Duc de Cambrai

FÉNELON

I

François de Salignac de la Motte-Fénelon naquit au château de Fénelon dans le Périgord, le 6 août 1651. Il fut élevé dans sa famille d'abord, puis à l'Université de Cahors, enfin au collège du Plessis à Paris. Sa famille le destinait à l'Eglise, son caractère tendre et enclin au mysticisme l'y poussait. Il entra au séminaire de Saint-Sulpice, dirigé par le célèbre abbé Tronson, qui eut sur lui une grande influence. Il songeait alors à se consacrer aux missions du Levant et à aller convertir les infidèles. Il semble avoir regretté toute sa vie de n'avoir pas su donner suite à ce dessein. Parlant des missionnaires, quinze ans plus tard, avec un saint respect, et un enthousiasme où l'on sent une pieuse jalousie, il s'écriait (*Sermon sur l'Epiphanie*) : « Ils sont beaux les pieds de ces hommes qui vont porter jusqu'au bout du monde les lumières de la vérité et de la foi. »

Les circonstances dirigèrent sa vie à l'encontre de ses desseins. Ordonné prêtre à vingt-quatre ans (1675), il fut bientôt (1678) nommé supérieur des *nouvelles catholiques* (protestantes converties), et, dirigé d'abord et encouragé par Bossuet, il resta dix ans dans ces délicates fonctions. A cette période de sa vie se rapportent son remarquable *Traité de l'Éducation des filles*, resté classique, son *Traité du ministère des pasteurs* et sa *Réfutation du système de Malebranche*. Il fut chargé ensuite (1685) de la direction des *Missions* du Poitou et de la Saintonge, instituées pour ramener à la foi catholique les calvinistes de ces contrées. Il porta dans ces fonctions périlleuses un esprit de modération et de sagesse qui eut les plus grands et les plus heureux effets.

Proposé, à la suite de cette *campagne*, pour l'évêché de Poitiers et celui de la Rochelle, des intrigues de cour empêchèrent sa nomination, ce qui fut pour lui et pour nous une bonne fortune. Car on lui donna comme compensation le poste de précepteur du duc de Bourgogne, petit-fils de Louis XIV (1689), et nous devons à cette éducation qu'il entreprit, des livres d'instruction enfantine, qui sont parmi les meilleurs qu'il ait écrits. Ce sont les *Fables* en prose, les *Dialogues des morts*, modèles charmants d'un genre assez faux, et le fameux *Télémaque*, trop admiré pendant deux siècles, trop décrié depuis, et qui reste un des livres les plus originaux et les plus distingués de notre littérature. Récompensé comme écrivain par le choix unanime de l'Académie française (1693), comme précepteur par l'abbaye de Saint-Valery, il était au comble de la faveur, lorsqu'un concours de circonstances resté obscur le jeta dans une disgrâce relative d'abord, puis complète.

Des copies manuscrites du *Télémaque* circulaient, et les envieux y signalaient ou imaginaient des allusions un peu défavorables à la politique conquérante et aux habitudes fastueuses de Louis XIV. Bossuet peut-être commençait à être jaloux de l'influence de son ancien disciple. L'esprit même de Fénelon, qui ne laissait pas d'avoir quelque chose d'aventureux, déplut à Louis XIV, à qui on attribue ce mot, d'une authenticité très douteuse : « Je viens de causer avec le plus bel esprit et le plus chimérique de mon royaume. » Toujours est-il que Fénelon, qui aspirait, dit-on, à l'archevêché de Paris, fut nommé archevêque de Cambrai (1695).

C'était un très beau poste, mais qui l'éloignait de la cour, de son royal disciple, tout dévoué et plein de sa pensée, de M. de Beauvilliers, de M. de Chevreuse, de ce groupe ambitieux, brillant et iufluent, tout inspiré de l'esprit de Fénelon, qui fondait son espoir sur l'avènement futur du duc de Bourgogne. Le coup fut sensible à Fénelon. Il ne faut pas oublier que la monarchie française, qui devait être gouvernée successivement au XVIIIe siècle par deux prélats (Dubois, Fleury), l'avait été au XVIIe siècle par deux hommes d'Eglise aussi (Richelieu, Mazarin). Entre ces deux périodes, Louis XIV gouverna par lui-même. Mais deux évêques, Bossuet, Fénelon, ne pouvaient s'empêcher de songer à cette sorte de tradition et ont espéré tous deux la continuer, Bossuet comptant sur l'avènement de son élève le Dauphin, Fénelon sur celui du sien, le *Petit Dauphin*, duc de Bourgogne. Tous deux furent trompés dans leurs espérances, ou tout au moins dans leur expectative.

Jusqu'alors la promotion à l'archevêché de Cambrai n'était qu'un éloignement. Elle devint un véritable et très sévère exil, à l'affaire du *Quiétisme*.

Il est très difficile d'expliquer brièvement ce qu'est le quiétisme et surtout ce qu'il a été, c'est-à-dire à un degré très faible, dans l'esprit et le cœur de Fénelon. Nous n'en donnerons qu'une idée approximative. Qu'on se figure le fatalisme oriental, l'abandon absolu et passif aux volontés impénétrables de Dieu. Qu'on réduise cet état d'esprit à n'être qu'un alanguissement de l'âme ne voulant compter que sur Dieu pour arriver à l'état de sainteté, et cherchant à perdre la volonté humaine dans la volonté divine : on aura à peu près la notion du mysticisme espagnol. Qu'on atténue encore, et qu'on se figure une sorte de « silence de l'âme », une résignation muette dans l'adoration, ne supprimant point, mais émoussant la volonté personnelle et pouvant conduire à un état extatique dangereux pour la santé et la vigueur du cœur, voilà une esquisse du *quiétisme* français, tel que madame Guyon, femme distinguée et exaltée, le concevait et l'avait fait concevoir à mesdames de Beauvilliers, de Chevreuse et quelques autres. Qu'on diminue encore la part de passivité morale qu'une telle doctrine renferme, et l'on aura

quelque idée de ce qu'était cette opinion, ou plutôt ce penchant,
dans l'esprit de Fénelon.

La doctrine était peu répandue et n'avait qu'un caractère pour
ainsi dire confidentiel. Bossuet s'en émut pourtant. Ses idées et
son caractère répugnaient absolument au mysticisme, quelque
tempéré qu'il se révélât. Homme d'action, personne plus que lui
n'était vite effrayé de toute inclination à un relâchement de la
volonté et de l'énergie personnelle de l'homme en vue du bien.
Il trembla pour la dévotion saine et vigoureuse qui avait presque
de tout temps caractérisé l'Eglise française. Il prononça le mot
suprême, terrible dans sa bouche : « Il y va de toute l'Eglise »,
et publia ses *Etats d'oraison*, où il montrait les tendances périlleuses des *quiétistes*. Fénelon répondit sur-le-champ par son
Explication des maximes des saints (1697). La querelle s'envenima,
d vint ardente. Bossuet répliqua par la *Relation sur le quiétisme*
(1698), fit censurer le livre de Fénelon par les évêques français
et par la Sorbonne, mit le roi de son côté, poursuivit l'affaire avec
la dernière vigueur et cette ardeur invincible qu'il mettait à toutes
ses entreprises. Une seule autorité pouvait définitivement trancher
le débat, c'était le Saint-Père. Innocent XII fit attendre très
longtemps sa décision. Enfin, par un Bref du 12 mars 1699,
il promulgua la condamnation de vingt-trois propositions extrai-
tes du livre des *Maximes des saints*. Fénelon se soumit immédia-
tement.

Il se retrancha dès lors dans l'administration de son diocèse,
et ramena à lui la sympathie même de ses ennemis par sa douceur, sa bienfaisance, son hospitalité large comme celle d'un
grand seigneur et simple comme celle d'un apôtre, les services
signalés qu'il rendit même au pays tout entier, par son dévouement et sa munificence à l'égard des officiers et soldats français,
dans ce diocèse qui était continuellement un lieu de passage de
troupes. Louis XIV lui-même avait été ému, et commençait à
permettre qu'on lui parlât de M. de Cambrai. Enfin le grand
Dauphin était mort (1711); le groupe fidèle des amis de Fénelon
tournait les yeux du côté de Cambrai, en prévision de l'avène-

ment du jeune duc de Bourgogne. Mais celui-ci meurt à son tour (1712), « et le parti de Bourgogne » ne représente plus qu'un ensemble d'idées politiques, au lieu d'un concours d'espérances. La vie politique de Fénelon était finie.

Il était fatigué, du reste, et sentait les atteintes de l'âge. Une chute de voiture acheva d'ébranler sa frêle constitution. Il mourut le 7 janvier 1715, six mois avant Louis XIV.

Pendant son séjour à Cambrai, il avait écrit : l'*Examen de conscience sur les devoirs de la royauté*, les *Mémoires concernant la guerre de succession d'Espagne*, les *Plans de gouvernement*, le *Traité de l'existence de Dieu*, la *Lettre à l'Académie française* composée à la demande de Dacier, secrétaire perpétuel de l'Académie. Enfin il laissait en portefeuille des *Dialogues sur l'Éloquence*, qui semblent remonter à sa jeunesse, et qui furent publiés après sa mort.

II

CARACTÈRE DE FÉNELON.

Fénelon était d'un naturel à la fois tendre et ardent, qui explique les divers aspects de sa vie, ainsi que l'antagonisme qui finit par éclater entre Bossuet et lui. C'était un artiste rencontrant un homme d'action. Il avait de l'artiste l'ouverture d'âme et l'entraînement au rêve que l'on remarque dans la lettre écrite par lui à Tronson sur le projet d'évangéliser l'Orient ; il en avait le charme, la séduction, une sorte d'enchantement qui émanait de lui et captivait les cœurs ; un certain tour d'esprit poétique et presque romanesque, très sensible dans le *Télémaque*, qui expliquerait très bien le mot dur, mais vrai en partie, attribué à Louis XIV ; un goût de plaire et un talent de retenir qui était à la fois une forme de sa bonté et un tour de son ambition.

Très bon, du reste, du fond du cœur, infiniment serviable, bienfaisant en prélat, magnifique en grand seigneur, et charitable en saint, il a pratiqué toutes les méthodes de l'art de donner avec grâce. Très avisé aussi, pénétrant dans les cœurs sans s'imposer, ménageant son crédit, et d'une dignité admirable dans la disgrâce, tel était son attrait dans les diverses fortunes que son influence s'exerça même de loin sur les âmes, à une époque où l'éloignement de la cour était l'oubli absolu. Il avait une nature fine et exquise, de celles qui mettent leurs qualités dans tout leur jour, et aveuglent sur leurs défauts, ou les font aimer. Cet ascendant qu'il exerça sur les cœurs et les imaginations n'a pas disparu avec sa personne, et dure encore : il est de ceux que la postérité trouve insuffisant d'admirer et pour qui elle a des indulgences et des complaisances attendries, tant en eux tout était sympathie. Saint-Simon a tracé de lui un magnifique portrait, devenu classique, qu'il faut connaître et que nous donnons ici, sans en effacer les ombres, nous bornant, avec regret, à l'abréger.

« Ce prélat était un grand homme maigre, bien fait, pâle, avec un grand nez, des yeux dont le feu et l'esprit sortaient comme un torrent, et une physionomie telle que je n'en ai pas vu qui y ressemblât, et qui ne se pouvait oublier quand on ne l'aurait vue qu'une fois. Elle rassemblait tout, et les contraires ne s'y combattaient point. Elle avait de la gravité et de la galanterie, du sérieux et de la gaîté ; elle sentait également le docteur, l'évêque et le grand seigneur ; ce qui y surnageait, ainsi que dans toute sa personne, était la finesse, l'esprit, les grâces, la décence et surtout la noblesse. Il fallait faire effort pour cesser de le regarder. Tous ses portraits sont parlants, sans toutefois avoir pu attraper la justesse de l'harmonie qui frappait dans l'original et la délicatesse de chaque caractère que ce visage rassemblait. Ses manières y répondaient dans la même proportion avec une aisance qui en donnait aux autres, et cet air et ce bon goût qu'on ne tient

que de l'usage de la meilleure compagnie et du grand monde,
qui se trouvait répandu de soi-même dans toutes ses conversations... Avec cela un homme qui ne voulait jamais avoir plus
d'esprit que ceux à qui il parlait, qui se mettait à la portée de
chacun sans le faire jamais sentir, qui les mettait à l'aise et
qui semblait enchanté ; de façon qu'on ne pouvait le quitter, ni
s'en défendre, ni ne pas chercher à le retrouver. C'est ce talent si
rare qui lui tint tous ses amis si entièrement attachés toute sa
vie, malgré sa chute, et qui, dans leur dispersion, les réunissait
pour se parler de lui, le regretter, le désirer, comme les Juifs le
Messie. C'est aussi par cette autorité de prophète qu'il s'était
accoutumé à une domination qui, dans sa douceur, ne voulait
point de résistance. Aussi n'aurait-il point longtemps souffert de
compagnon s'il fût revenu à la cour, et entré dans le conseil,
qui fut toujours son grand but ; et une fois ancré et hors du
besoin des autres, il eût été bien dangereux non seulement de
lui résister, mais de n'être pas toujours avec lui dans la souplesse et l'admiration... Les aumônes, les visites épiscopales
réitérées plusieurs fois l'année, et qui lui firent connaître par
lui-même à fond toutes les parties de son diocèse, la sagesse et
la douceur de son gouvernement, ses prédications fréquentes
dans la ville et dans les villages, la facilité de son accès, son
humanité avec les petits, sa politesse avec les autres, ses grâces
naturelles qui rehaussaient le prix de tout ce qu'il disait et
faisait, le firent adorer de son peuple ; et les prêtres, dont il se
déclarait le père et le frère, et qu'il traitait tous ainsi, le portaient tous dans leurs cœurs. Parmi tant d'art et d'ardeur de
plaire, et si générale, rien de bas, de commun, d'affecté, de
déplacé, toujours en convenance à l'égard de chacun ; chez lui
abord facile, expédition prompte et désintéressée ; un même
esprit, inspiré par le sien dans tous ceux qui travaillaient avec
lui dans ce grand diocèse ; jamais de scandale ni rien de violent
contre personne ; tout en lui et chez lui dans la plus grande
décence... A tout prendre, c'était un bel esprit et un grand
homme. »

III

FÉNELON ÉCRIVAIN.

> J'estime fort votre style flatteur,
> Et votre prose, encor qu'un peu traînante.

Ce trait de Voltaire définit assez bien les qualités et les défauts du style de Fénélon. Fénelon n'est pas un grand écrivain ; c'est un écrivain distingué, au style abondant, facile, harmonieux, plein d'une grâce un peu molle et d'une délicatesse un peu frêle. L'originalité, la forte empreinte d'un génie vigoureux lui manque. Il est de ceux qu'on peut imiter sans grand péril, son expression n'étant point de source, ni son tour d'allure personnelle, mais simplement d'un homme qui connaît bien toutes les ressources du langage français et s'en sert avec adresse, avec aisance et avec bonheur. On pourra dire que Fénelon se connaissait parfaitement en style ; on ne peut guère dire : le style de Fénelon.

Aussi les traits distinctifs de ce style, ou plutôt les habitudes ordinaires de cette plume habile, étaient la grâce, une noblesse tempérée, et un développement égal, plein et comme arrondi de la phrase. L'expression chez lui est brillante, fleurie sans relief, et un peu redondante, mais agréable et d'un ton frais. Il a vanté, en matière de style, « une lumière douce qui soulage ses faibles yeux ». La sienne est douce en effet et ne fatigue point les yeux ; mais il n'est que juste d'ajouter qu'elle les flatte et les retient. On le lit sans admiration, mais sans peine, et avec un plaisir un peu paresseux, comme on écoute la conversation aimable d'un homme instruit, attrayant sans chaleur, et spirituel sans traits vifs. Ce sont des qualités de second ordre, ne pouvant être comparées à celles d'un Bossuet ou d'un Pascal, très estimables pourtant, celles d'un professeur éminent ou d'un charmant homme du monde qui aurait des lettres. Il n'a pas été véritablement éloquent, et se connaissant bien, il a peu prêché. Il a été un précepteur merveilleux, un pédagogue d'un admirable sens, un bon critique, un romancier, ou poète en prose, singulièrement agréable et plein de ressources, un écrivain politique clair, judicieux, avec des qualités précieuses de belle et facile ordonnance. Il eût été au premier rang dans un siècle moins fécond en écrivains de génie.

LA BRUYÈRE

LA BRUYÈRE

I

SA VIE.

Jean de La Bruyère naquit à Paris « dans la cité, près de Notre-Dame et de l'Hôtel-Dieu », le 16 août 1645. Il était fils de Louis de La Bruyère, contrôleur général des rentes de la ville. Il fut élève à l'Oratoire (point contesté), puis étudiant en droit, et après avoir pris sa licence à l'Université d'Orléans (1665), il devint avocat au Parlement de Paris. En 1673, il acheta un office de trésorier des finances dans la généralité de Caen. Il ne semble pas qu'il y ait *résidé*. Il vivait très obscurément à Paris, lisant, étudiant, observant beaucoup, grand promeneur, grand fureteur, habitué des boutiques de curiosités et des librairies. En 1684, Bossuet, qui le connaissait, on ne sait au juste par suite de quelles circonstances, et qui l'appréciait beaucoup, le présenta dans la maison des Condé et l'y fit agréer comme précepteur du duc de Bourbon, petit-fils du grand Condé et âgé alors de 16 ans (15 août 1684).

L'éducation de l'enfant terminée (11 décembre 1686, à la mort du vainqueur de Rocroy), La Bruyère, conformément aux habitudes du temps, resta dans la maison de Condé, à titre de « gentilhomme de Monsieur le Duc ». Il traduisit les *Caractères de Théophraste*. Il écrivit les « *Caractères et les mœurs de ce siècle* » et en publia neuf éditions, toujours revues et augmentées, dont la première est de 1688 et la dernière de 1695. Il se présenta une première fois à l'Académie française en 1691, et Pavillon lui fut préféré. Candidat une seconde fois en 1693, il fut élu. Il écrivait dans les derniers temps de sa vie des *Dialogues sur le quiétisme*, qu'il laissa inachevés, et qui ont été publiés en 1699.

Il mourut à Versailles, subitement, d'une attaque d'apoplexie, le 10 mai 1696. Le 28 mai, Bossuet écrivait : « Toute la cour l'a regretté, et Monsieur le Prince plus que tous les autres. »

II

LA PHILOSOPHIE DE LA BRUYÈRE.

La Bruyère n'a aucune originalité ni aucune profondeur comme philosophe. Il a très peu d'idées générales, et celles qu'il a sont celles de tout son temps. Il est spiritualiste à la façon de Descartes, et chrétien selon Bossuet. Sa vue d'ensemble sur le monde se résume en un pessimisme un peu amer et assez superficiel. Dans l'homme il a vu surtout l'ambition, la vanité, l'hypocrisie, la futilité, et les manies sottes et puériles ; dans la femme, une faiblesse d'intelligence qu'il semble tenir pour incurable, et une frivolité de cœur sur laquelle il insiste avec une amertume désobligeante ; dans la société, un grand et universel effort vers la fortune et la jouissance des biens matériels, une prosternation générale devant ceux qui possèdent ces biens ; dans la vie humaine, une immense déception, une chaîne de désirs trompés devenant des regrets, et de regrets se transformant en de nouveaux désirs, jusqu'à ce que la mort étouffe le dernier qui naissait encore.

C'est, d'abord et surtout, une philosophie d'homme du monde railleur et désabusé ; — puis, dans une certaine mesure, qu'il ne faudrait pas exagérer, une philosophie de célibataire morose et de demi déclassé, mêlé à un monde qui le regarde de haut, et qu'il voit d'en bas ; — enfin, par endroits (ceci peu apparent, peu fâcheux en lui, mais sensible pourtant, et à remarquer sans y insister), une philosophie d'homme assez fier de soi, prenant très au sérieux sa mission de moraliste, se haussant, à cause de l'idée qu'il en a, à de hautes considérations, où il cesse d'être original, et en parlant avec une certaine complaisance mêlée d'un peu de pédantisme.

III

SES SENTIMENTS.

Ses sentiments sont plus profonds que ses idées.

Il avait une sensibilité très inquiète et très susceptible. Comme il arrive assez souvent chez les pessimistes (La Rochefoucauld), si sa philosophie est amère, son cœur est bon. Il a sur la bienfaisance, la pitié, l'amitié, l'amour, des expressions charmantes qui, évidemment, partent du cœur. « Il y a plaisir à rencontrer le regard de l'homme qu'on vient d'obliger. » Son article sur les paysans (*De l'homme*) est plein d'une compassion profonde, et, ici, l'amertume est de la sympathie. Sa pitié est une pitié qui n'est point banale, qui s'accuse, se déclare et s'échauffe, qui lui fait dire « *je* » : « Le peuple n'a guère d'esprit, et les grands n'ont point d'âme... Faut-il opter ?... Je veux être peuple. »

Les sentiments tendres du cœur lui ont inspiré des mots touchants, et qui sentent la sincérité, l'effusion même. « Il y a un goût dans la pure amitié où ne peuvent atteindre ceux qui sont nés médiocres ». — Cette fragilité du cœur, qu'ailleurs il accuse avec amertume, voici qu'il la regrette avec une désespérance qui est tendresse : « Cesser d'aimer, preuve sensible que l'homme est borné... C'est faiblesse d'aimer, c'est une autre faiblesse que d'en guérir. » — « Il *devrait y avoir* dans le cœur des sources inépuisables de douleur pour de certaines pertes. » — Il exprime avec un charme qui est fait de simplicité et de candeur les délices du commerce avec ceux qu'on aime : « Etre avec des gens qu'on aime, cela suffit : rêver, leur parler, ne leur parler point, penser à eux, penser à des choses indifférentes, mais auprès d'eux, tout est égal ».

On sent une tendresse à la fois et une discrétion d'une touchante délicatesse dans certains regrets du cœur qu'il laisse échapper : « Il y a dans le cours de la vie de si chers plaisirs et de si tendres engagements que l'on nous défend, qu'il est naturel de désirer du moins qu'ils fussent permis : de si grands charmes ne peuvent être surpassés que par celui de savoir y renoncer par vertu. »

Il y a beaucoup d'Alceste dans La Bruyère, de l'*Alceste vrai*, non poussé au grand et béatifié, comme il l'est dans l'admiration indiscrète de certaine critique moderne, mais de l'Alceste avec ses qualités et ses défauts, bon, tendre, très sensible, honnête et droit, morose aussi, chagrin, assez orgueilleux, jetant sur la société un regard sévère, où il entre de la déception, de l'amour-propre blessé, et quelque injustice.

IV

LA BRUYÈRE OBSERVATEUR.

La Bruyère est avant tout un homme qui se promène, qui regarde, qui voit net, et qui peint vif. Il dit lui-même, en songeant à soi, comme il arrive toujours, se faisant critique, à un écrivain qui est autre chose que critique : « Tout le talent d'un auteur consiste à bien définir et à bien peindre ». Bien définir, c'est voir exactement, sans confusion de ce qu'on regarde avec ce qui est à côté ; bien peindre, c'est trouver les mots qui exprimeront l'objet vu avec tout son relief et sa couleur. Une galerie de portraits, voilà, en effet, ce qu'il a laissé.

Ce qu'il excelle à saisir, c'est le geste et l'attitude caractéristique. Ses défauts même lui servent ici, son peu de profondeur, son penchant aux observations superficielles. Il est très moderne en cela. Le mot *pittoresque*, tout moderne, vient à l'esprit constamment, en le lisant. C'est ce qui fait sa place bien à part dans son temps.

On a trop dit que c'est son style, très intéressant du reste ; mais son style vient précisément de cette faculté de voir vivement, d'un regard subtil et aigu, « d'asséner ses regards », comme dit Saint-Simon, sur les gens qui passent. C'est là sa vraie et curieuse originalité. D'autres (Nicole, Bossuet, Bourdaloue, Massillon) ont fait des observations pénétrantes sur les mœurs des hommes. Mais le *portrait*, d'un dessin net, d'un puissant relief, rendant comme vivants la physionomie, le geste, l'expression de visage, l'allure, là il est passé maître, au-dessous de La Fontaine, de pair avec Saint-Simon.

De là, comme pour Saint-Simon, son succès chez les modernes. Le goût des généralités (quoiqu'on ait beaucoup exagéré ce point de vue) est vraiment très répandu au XVIIᵉ siècle, et se continue, s'accuse peut-être, au XVIIIᵉ. Voltaire fait remarquer que les *Caractères* ont baissé dans l'estime des hommes « quand une génération entière attaquée dans l'ouvrage fut passée », mais qu'ils ne seront pourtant jamais oubliés, « parce qu'il y a des choses de tous les temps et de tous les lieux ». C'est jusqu'à un certain point, au contraire, par les menus détails significatifs que ce livre plaît aux générations dont nous sommes, très curieuses du *petit fait* vrai, caractéristique d'une époque, et pittoresque.

Les observations de La Bruyère, comme il est naturel de la part d'un habile observateur qui n'était point un grand esprit, sont intéressantes et piquantes, à proportion qu'elles portent sur de plus petits objets. Il y a dans ce livre des *Caractères* de grands portraits *historiques* (Louis XIV, prince de Condé, Guillaume d'Orange), ce sont les plus faibles ; des *caractères généraux* (l'ambitieux, l'hypocrite, l'égoïste, le bel esprit, le vaniteux, l'avare), bien meilleurs déjà, un peu froids encore. Enfin il y a des *portraits de personnages secondaires du temps*, sans aucune généralisation, et peints d'après nature (l'archevêque de Harlay, Fontenelle, Benserade, La Fontaine, Santeuil, Lauzun) ; ils sont excellents ; des peintures de menus travers (le distrait, l'homme qui parle de lui, le nouvelliste, l'homme qui sait tout, le faux savant) ou de *manies* (l'amateur de médailles, l'amateur d'estampes, d'oiseaux, de tulipes, de prunes). C'est cette dernière partie de l'ouvrage qui est la meilleure, la plus originale, la plus vivante, la plus pénétrante, et la plus soignée peut-être, si l'on peut dire qu'il y ait quelque chose dans son œuvre que La Bruyère ait moins soigné que le reste.

A n'en pas douter, cet homme très sérieux, et qui se prenait au sérieux un peu plus peut-être qu'il ne fallait, du fond de son esprit tendait au burlesque, dans une juste mesure de goût du reste, et toujours retenu par ses opinions littéraires toutes classiques et son grain de prétention aux grandes vues philosophes. Mais c'est encore dans la liberté d'un portrait satirique des ridicules vulgaires qu'il est le plus lui-même, et que son talent, distingué, mais un peu court d'ailleurs, et de faible haleine, devient verve abondante et brillante.

Il a fait, à tout prendre, une esquisse de philosophie très pâle, une analyse des sentiments du cœur plus touchante que forte, un tableau du grand monde où l'amertume supplée un peu à la vraie connaissance des choses ; enfin une manière de « Roman comique » ou de « Roman bourgeois » de la « *Ville* » tout à fait supérieur, abondant en observations vraies, fines et plaisantes, fourmillant de silhouettes vives, de profils enlevés à la pointe d'un crayon effilé, d'attitudes vraies et qui sautent aux yeux, de gestes où se trahit un caractère. C'est le premier des « chroniqueurs » et des « caricaturistes ». « Cela est peint », comme disait Mme de Sévigné en parlant de La Fontaine, et « cela est amusant », dans tous les sens du mot, mais particulièrement dans le sens où les peintres modernes l'emploient, c'est-à-dire à la fois vrai et curieux, sans banalité, observation exacte faite par un esprit original.

V

LA BRUYÈRE ÉCRIVAIN.

« Un style rapide, concis, nerveux, des expressions pittoresques, un usage tout nouveau de la langue, mais qui n'en blesse point les règles », voilà le jugement de Voltaire sur le style de La Bruyère, et nous n'avons presque rien à y ajouter.

Il est bien certain que La Bruyère a fait et voulu faire un usage nouveau de la langue. Chose assez remarquable, il use d'un style tout nouveau pour ne rien dire de très nouveau. Il est assez avisé pour l'avoir fait exprès. De même qu'il ne répugne pas à prendre un caractère vulgaire (l'homme qui digère, l'homme malpropre à table), en se réservant de le bien peindre et de le rendre intéressant par ce côté, de même il ne se refuse point de reprendre une pensée commune, à la condition de lui donner du piquant par la manière de la dire.

Cette curiosité de style, qui ne va pas sans prétention, qui sent un peu le professeur, à laquelle nous préférerons toujours la simplicité sûre d'elle-même et toujours heureuse de Voltaire, mais qui marque aussi l'amour de la langue, et un certain respect du lecteur et zèle à lui plaire, a été remarquée tout de suite par les contemporains, non pas toujours pour lui faire éloge. D'Olivet lui reproche le néologisme et le goût affecté, critiques qui renferment une part de vérité. Vigneul-Marville nous dit : « Sa manière d'écrire, *selon Ménage*, est toute nouvelle, et n'en est pas meilleure. Il est difficile d'introduire un nouveau style dans les langues et d'y réussir, principalement quand ces langues sont montées à leur perfection, comme la nôtre l'est aujourd'hui. »

Le fond de cette nouvelle manière consiste à substituer le style coupé au style périodique.

Cette révolution dans le style devait se produire. Elle était en germe dans l'esprit français lui-même. Les écrivains du moyen âge n'usent point de phrases longues. La langue française, en son allure originelle, est analytique, et doit admettre difficilement la période, qui est une synthèse, une manière d'embrasser toute l'idée avec toutes ses dépendances, et de la présenter avec elles en un ensemble bien lié. L'habitude du latin, au XVI⁰ siècle, a donné à nos auteurs un penchant à l'imiter, à lui prendre cette phrase qui embrasse toute une pensée, en enveloppant avec elle tout son cortège d'idées secondaires de preuves, d'atténuations, ou de conséquences. C'était une conquête. Nous l'avons appropriée à notre usage, nous ne l'avons pas perdue : rien de mieux. Mais il était bon qu'à côté, pour l'usage courant, pour l'usage aussi des œuvres légères, des lettres, des pamphlets, des livres didactiques, des pièces comiques, des discours familiers, des propos de moraliste, nous eussions le langage rapide, bref, concis, aisé et ailé, où la pensée ne se déroule pas avec majesté, mais jaillit et court, de l'allure naturelle qu'elle a dans une causerie, dans une discussion, dans une lettre à un ami.

N'oublions pas qu'il y avait déjà de ce style chez le plus grand artiste dans le genre oratoire que nous possédions, chez Bossuet. Bossuet use du style périodique dans les *Oraisons funèbres*. Il donne des exemples et des modèles de style coupé dans ses *Sermons*, plus familiers, dans son *Histoire des Variations*, où il discute. La Bruyère, et c'est son grand honneur, a bien compris qu'il n'était pas, dans ses peintures de la « Ville » ou du « Faubourg », un grave philosophe qui médite, un Nicole qui enseigne la morale chrétienne, et qu'à ses croquis légers il fallait un trait vif et court. Il a créé tout un style, d'abord pour se distinguer,

cela est incontestable, ensuite pour conformer sa manière d'é-
crire au genre adopté.

Cela fait, restait la mise en œuvre. Un ouvrage formé d'es-
quisses sans lien entre elles, qui devait n'avoir ni plan ni dessein
suivi, ni transitions, où, un portrait fini, un autre portrait commence, risquait d'être très monotone, s'il n'était pas relevé par
une grande variété de tours. C'est à cette variété que La Bruyère
s'est appliqué constamment, avec un soin extrême, une curiosité
infatigable, une minutie même, qui, à son tour, ne va pas sans
quelque fatigue.

Des débuts nouveaux et rares, par exclamation, par apostrophe,
par interrogation, par *délibération* (« dirai-je ?... peindrai-je ?... ») ;
par saillie brusque et qui étonne ; — des conclusions inatten-
dues, avec surprises, revirement subit, *mot de la fin*, chute ingénieuse comme au quatorzième vers d'un sonnet ; — dans le
cours du développement, des comparaisons imprévues, des
alliances de mots nouvelles, des hyperboles, des arrêts subits,
des suspensions, des boutades, des mouvements oratoires, des
paradoxes pour aboutir à des vérités de sens commun, des pro-
blèmes ou manières d'énigmes qui tiennent l'esprit en suspens et
dont la dernière ligne seulement donne le mot ; quelquefois le
portrait sous forme d'apologue (*Irène*), ou sous forme de petit
roman ou de nouvelle (*Emire*), ou de morceau oratoire (« *Ni les
troubles, Zénobie, qui agitent votre empire*), ou de pastiches (*Montaigne dirait : Je veux avoir mes coudées franches...* ») — tous les
procédés, « de compte fait », comme il aime à dire, pour varier
le tour et le style en mille manières, ont été employés par lui,
avec un art laborieux et puissant, toujours renouvelé, légèrement
pénible à la longue, singulièrement attachant toutefois, et propre à fournir de matière à une étude complète de toutes les ressources, infinies, et qu'il semble accroître, qu'il a accrues, de
notre admirable langue.

VI

LE CHAPITRE DE LA SOCIÉTÉ ET DE LA CONVERSATION.

Plaçons La Bruyère là où il sera en meilleur lieu pour bien voir, ne regardant ni de trop haut ni de trop bas, et pour bien peindre, n'ayant ni jalousie qui fasse trembler sa main, ni trop d'amertume ni trop de mépris, puisqu'il s'agit de ses égaux, au centre de la société parisienne, dans un salon, ou chez le libraire Michallet, écoutant les conversations, voyant entrer et sortir les hommes du monde, les bourgeoises, les directeurs de conscience, les auteurs à la mode, guettant les ridicules, flairant les travers, prenant des notes en son esprit, et déjà songeant au tour de phrase dont il habillera un geste surpris, une intonation remarquée, une sottise complaisamment saisie au vol ; en un mot, lisons le chapitre de *la société et la conversation*.

Beaucoup de critiques, quelques portraits, un petit nombre de conseils.

Pour ce qui regarde la *société* proprement dite, il y a des choses du temps, et des choses de tous les temps. Les choses du temps sont la peinture de l'hôtel de Rambouillet, le jargon des Précieuses, les Turlupins, le portrait de Fontenelle (Cydias), celui de Benserade (Théobalde).

L'hôtel de Rambouillet était déjà une matière historique et presque d'archéologie. La Bruyère est très sévère pour lui. D'un salon où ont causé Corneille, Montausier, madame de Sablé, madame de Sévigné et madame de La Fayette, c'est médire que parler ainsi : « Une chose dite entre eux peu clairement en entraînait une autre encore plus obscure, sur laquelle on enchérissait par de vraies énigmes... » Cependant il a très judicieusement saisi le défaut capital de cette compagnie, à savoir l'abus de l'esprit. Mais de quelle sorte d'esprit ? C'est là le point. D'un mot La Bruyère le définit excellemment. C'était « un esprit *où l'imagination a trop de part* ». Voilà le vrai. L'esprit de Racine, de Molière et de Boileau, plus tard de Voltaire, est un bon sens aiguisé de malice ; l'esprit de la génération antérieure à Molière est un esprit qui n'est qu'esprit, qui n'a pas de fond, qui n'est qu'une tournure plaisante de la fantaisie. Voiture est là tout entier. Ce que cet esprit avait de caduc et de suranné presque en naissant s'explique par là, encore qu'il fût vif et piquant parfois.

Le jargon des Précieuses est bien saisi aussi. La Bruyère en voit l'origine dans la lecture des romans, et le définit « une conversation fade et puérile sur les choses du cœur ». Il en constate la décadence et le montre tombé du commerce des « honnêtes gens » dans l'habitude de la bourgeoisie.

Les Turlupinades aussi étaient une mode sur son déclin. Elles consistaient dans certains jeux de mots et équivoques, restes du « genre burlesque » dont l'usage avait passé du peuple « à la jeunesse de la cour », et que Molière et Boileau ont vivement censurés. La Bruyère ridiculise cet esprit facile, ces plaisanteries qui sont « froides et qu'on donne pour telles, et qu'on ne trouve bonnes que parce qu'elles sont extrêmement mauvaises. »

Le portrait de Fontenelle est méchant, cruel, merveilleux de relief, du reste. Ce bel esprit de profession, qui « a une enseigne, un atelier, des ouvrages de commande et des compagnons qui travaillent sous lui », portant dans le monde des airs de docteur en bel esprit, contradicteur doucereux et important, coquette de lettres, idole des caillettes, « composé du pédant et du précieux » (« le pédant le plus joli du monde », comme dira plus tard J.-B. Rousseau), est dessiné d'un trait vigoureux et creusé, qui le fixe à jamais dans l'esprit.

Celui de Benserade, Fontenelle vieilli, bel esprit sur le retour, est plus dur encore, sent les représailles et la vengeance personnelle, et n'est qu'injuste.

Les observations qui, faites sur la société de l'époque, s'appliquent toutefois à tous les temps, sont encore les plus intéressantes. « *La petite ville* » est une esquisse d'une vivacité merveilleuse. On la voit « située à mi-côte », ses boulevards baignés d'une petite rivière, paraissant comme « peinte sur le penchant de la colline ». Quel plaisir d'y vivre ! On y entre : factions, familles déchirées par des haines héréditaires, mariages engendrant des guerres civiles, caquets, mensonges, médisances, doyen méprisant les chanoines, chanoines dédaignant les chapelains, chapelains molestant les chantres. « On n'y a pas couché deux nuits qu'on ressemble à ceux qui l'habitent ; on en veut sortir. »

Les *Erudits ridicules* sont bien attrapés encore. Ce sont ceux qui ignorent tout du temps présent, mais savent la généalogie des rois Mèdes et Babyloniens, qui croient Henri IV fils de Henri III, mais savent qu'Artaxerce Longuemain avait une main plus longue que l'autre, n'ignorant point que des écrivains graves affirment que c'était la droite, mais se croyant fondés à soutenir que c'était la gauche.

Voici encore les *Pédants*, les gens au ton dogmatique, qui ne parlent de ce ton que parce qu'ils sont ignorants, et qui enseignent avec suffisance ce qu'ils viennent d'apprendre. — Voici les *Indiscrets*, ceux qui croient garder un secret parce qu'ils n'en livrent que la moitié, et font deviner le reste, gens « transparents », qui laissent lire sur leur front, dans leurs yeux et au travers de leur poitrine, ou gens indélicats qui murmurent : « C'est un secret, un tel m'en a fait part et m'a défendu de le dire », et qui le disent. — Voici un défaut qui tient à la fragilité de notre nature, à notre impuissance à nous souffrir les uns les autres ; deux êtres excellents, honnêtes gens, raisonnables, chacun « de sa part » faisant l'agrément des sociétés, et qui ne peuvent vivre ensemble, et qui demain seront séparés ; ceux-là qui vivaient dans une union parfaite depuis soixante années, et qui, à plus de quatre-vingts ans, se sont aperçus qu'ils devaient se quitter l'un l'autre. « Ils n'avaient de fonds pour la complaisance que jusque-là. »

Les ridicules propres à la conversation sont l'affectation, le manque de tact, l'intempérance à parler de soi.

Voyez *Acis*. Il vous parle un long temps. Vous cherchez à comprendre, vous croyez avoir saisi, vous n'y êtes pas. Enfin vous entrevoyez. Il voulait vous dire qu'il fait froid. Que ne disait-il : il fait froid ? Cela est trop simple pour lui et trop bourgeois. La raison de cette affectation ? C'est qu'il manque d'esprit, et voilà une révélation qui va bien l'étonner. Il y a une autre raison, c'est qu'il croit avoir plus d'esprit qu'un autre. Qu'il revienne au simple, on croira peut-être qu'il en a.

Et Théodecte ? Celui-là est né encombrant. Partout il se croit chez lui, tire à lui l'attention, crie, interrompt, plaisante, raille, bouscule et gêne toute la compagnie. Il faut se taire devant lui, se faire petit, ne point occuper de place. Il y a mieux, il faut fuir.

Celui-ci ne manque point précisément de tact envers les autres, il en manque envers lui-même. Vous le rencontrez, inconnu de lui, dans une voiture publique. Ne lui dites rien. Laissez-le faire. Il vous racontera « son nom, sa demeure, son pays, l'état de son bien, son emploi, celui de son père, la famille dont est sa mère, sa parenté, ses alliances, les armes de sa maison ». Est-ce bavardage ? Cela, et autre chose. Il entre une sotte vanité dans cet étalage de soi. Il veut que vous « compreniez qu'il est noble, qu'il a un château, de beaux meubles, des valets, un carrosse ».

Autre travers bien répandu, les protestations de franchise et de loyauté, « dire incessamment qu'on a de l'honneur, de la probité, qu'on ne nuit à personne, et jurer pour le faire croire ». Est-ce contrefaire l'homme de bien ? Eh non ! c'est « ne savoir pas le contrefaire ».

Ce n'est qu'un ridicule, mais bien fâcheux, dans la conversation, que de prodiguer sans discernement des citations mal digérées. « *Lucain a dit une jolie chose ; Il y a un beau mot de Claudien ; Il y a cet endroit de Sénèque...* » Eh ! mon Dieu ! parlez de votre cru, ou taisez-vous !

Voilà les défauts courants de la conversation et des compagnies. Ce qu'il faudrait dans le monde, c'est être discret sur soi et

sur les autres ; ne point railler, ou ne railler que sur ces « petits
défauts que l'on abandonne volontiers à la censure et dont on ne
hait pas d'être raillé » ; donner peu de conseils, car, « si
nécessaires pour les affaires », les conseils dans la société ne
vont qu'à « faire remarquer les défauts qu'on n'avoue pas ou que
l'on estime des vertus » ; être poli enfin, et la politesse est toute
une étude très délicate et difficile. Elle consistait, selon Pascal, à
se gêner pour les autres : « La politesse est : incommodez-vous ».
Mais ceci n'est qu'une politesse négative, toute de réserve et
d'abstention. La Bruyère en fait un art plus savant, et une
sollicitude plus empressée. Il veut qu'on trouve l'adresse de
faire briller le caractère et l'esprit des autres : « L'esprit de
conversation consiste bien moins à en montrer beaucoup qu'à.
en faire trouver aux autres : celui qui sort de votre entretien
content de soi et de son esprit, l'est de vous parfaitement. Les
hommes n'aiment pas à vous admirer ; ils veulent plaire : ils
cherchent moins à être instruits et même réjouis qu'à être goûtés
et applaudis ; et le plaisir le plus délicat est de faire celui
d'autrui ».

Quant à ceux qui désespéraient d'acquérir cette science délicate, il y a une autre solution, et La Bruyère la donne à la fin
du chapitre, comme une dernière boutade où se retrouve son grain
de misanthropie chagrine : « Le sage quelquefois évite le monde,
de peur d'être ennuyé.

Voilà cet homme de cœur, de sens, d'esprit, un peu hautain,
un peu blessé, un peu morose, d'une grande pénétration, d'une
grande finesse, qui émeut quelquefois, plus souvent amuse,
presque toujours instruit. Son influence a été sensible. Il avait
fait son domaine et sa matière des menus ridicules, oubliés par
Molière, qui avait couru aux grands travers. A leur tour les
glaneurs , les poètes comiques secondaires du XVIIIe siècle,
Régnard, Destouches, La Chaussée, Picard, lui empruntèrent
des caractères de second ordre pour les porter au théâtre (*le
Distrait*, *le Glorieux*, *l'Irrésolu*, *le Préjugé à la mode*, *la Petite ville*).

Sa manière d'écrire a été le modèle des *Lettres Persanes*. De nos jours on l'imite sans gratitude et peut-être sans discrétion. Les ouvrages de morale courante et de satire mondaine qui paraissent chaque jour ramènent à La Bruyère par le goût qu'ils donnent d'une critique malicieuse et spirituelle, sans le satisfaire.

MADAME DE MAINTENON

MADAME DE MAINTENON

MADAME DE MAINTENON

I

SA VIE (1).

Françoise d'Aubigné, petite-fille de l'illustre Agrippa d'Aubigné, le soldat-poète ami de Henri IV, naquit dans la prison de Niort, où son père, homme sans probité et sans mœurs, était enfermé, le 27 novembre 1635. Son enfance, commencée sous de si tristes auspices, fut très malheureuse. Son père, sorti de prison par le bénéfice de l'amnistie à la mort de Richelieu, alla chercher fortune en Amérique. Pendant la traversée, la petite Françoise fut si malade qu'on la crut morte. Le coup de canon qu'on devait tirer pour saluer la disparition du corps dans la mer était déjà chargé. Revenue en France, et son père mort (1647), Françoise fut plus malheureuse encore. Sa mère, femme distinguée et courageuse, semble ne l'avoir point aimée, ou sans rien de cette douceur tendre qui est nécessaire aux enfants. Elle avait une tante, Mme de Villette, qu'elle aimait fort, avec qui elle passa plu-

---

(1) Nous ne parlons pas dans cette étude de Madame de Maintenon institutrice ni de Saint-Cyr ; nous renvoyons sur ces deux points à notre livre : *Madame de Maintenon institutrice* (un vol. in-12 ; Lecène et Oudin, éditeurs).

sieurs années au château de Mursay dans le Poitou, qui resta toujours le seul souvenir chéri et caressé de son enfance, mais qui lui fut encore une cause de grandes misères. Françoise avait été baptisée catholique; Mme de Villette, héritière du cœur et en partie de l'esprit fanatique du calviniste Agrippa, éleva la petite fille dans la religion protestante. Plus tard, vers l'âge de douze ans, retirée à Mme de Villette, et confiée à une autre tante, Mme de Neuillant, la petite d'Aubigné fut ramenée, et un peu rudement, paraît-il, à sa religion première. Elle résista longtemps. Mme de Neuillant était avare, dure et méchante, et, pour la petite fille, le protestantisme c'était sa tante Villette, et le catholicisme sa tante Neuillant. On la convainquit enfin, en glissant provisoirement sur une restriction d'enfant naïve et bien touchante. Françoise ne consentit à redevenir catholique qu'à la condition qu'il lui serait loisible de ne point croire que la tante Villette serait damnée.

Devenue jeune fille, Mlle d'Aubigné vint à Paris partager la pauvreté, la misère même de sa mère, qui vivait d'une rente de deux cents livres sauvée des naufrages, et de quelques charités discrètes. On habitait le Marais cependant, qui était le quartier aristocratique d'alors, et l'on allait un peu dans le monde, chez les d'Albret, chez les Richelieu. Car les d'Aubigné étaient de grande noblesse, et cette jeune fille en « robe d'étamine » et « trop courte » était la petite-fille d'un homme que Henri IV avait tutoyé. Du reste, elle fut très vite recherchée pour elle-même. Elle était vive à cet âge (elle le fut toujours sous toute sa réserve), très spirituelle, très enjouée et, après tant de misères, malgré la pauvreté présente, dans la joie de vivre et d'une jeunesse vigoureuse, s'épanouissant. Elle fut distinguée par des juges difficiles en beauté, en qualités mondaines, et en esprit. Le chevalier de Méré, l'homme à la mode d'alors, la remarqua, l'aima peut-être, sans vouloir aller jusqu'à un engagement. Il la recommandait comme compagne de voyage à la duchesse de Lesdiguières, dans ces quelques lignes qui sont tout un portrait : « Fort belle et d'une beauté qui plaît toujours... douce, reconnaissante, secrète, fidèle, modeste, intelligente... et n'use de son esprit que pour divertir ou se faire aimer ». C'est dire qu'à cette époque de sa vie, et plus tard sans doute, pour autant qu'elle voulut le retrouver, elle avait *le charme*, comme nous disons de nos jours, cet attrait indéfinissable qui séduit dès le premier abord et qui enchaîne. Avec tout cela, il semble qu'en sachant attendre, elle se fût mariée convenablement. Ce fut peut-être la seule erreur diplomatique de sa vie : elle était pressée par la misère, peu gâtée à la maison, elle n'avait pas encore cette confiance « en son étoile » qu'elle eut plus tard. Scarron, poète burlesque, infirme, laid, malade, mais bon et amusant, assez aisé, lui proposait de l'épouser, en lui reconnaissant vingt-quatre mille livres de dot par contrat ; elle accepta ; elle avait seize ans (1652). Elle fut Mme Scarron pendant huit années (1652-1660).

Ce ne fut pas un mauvais temps pour elle. La maison de Scarron était gaie. On recevait très bonne compagnie. On disait des vers. On causait plus spirituellement qu'en aucun lieu de France. Les dîners de Mme Scarron étaient célèbres, et l'on se disputait pour en être. Le plus souvent ils étaient copieux. Quelquefois cependant le rôti manquait. Mais Mme Scarron était si spirituelle, et contait si bien, qu'il arrivait qu'on n'y songeât point. La servante se penchait à l'oreille de sa maîtresse : « Madame, le rôti manque : encore une histoire ». On écoutait, on devisait, chacun se trouvait de l'esprit, et l'on avait mieux dîné qu'ailleurs.

Scarron mourut en 1660. Il ne laissait que des dettes. Les vingt-quatre mille livres reconnues à Mme Scarron par son contrat de mariage furent contestées par la famille. Un procès les eût dévorées. Mme Scarron y renonça, et se retrouva dans la misère absolue. Mais rien ne marque mieux le caractère de la sympathie qu'elle inspirait, où l'affection, le respect et l'estime se mêlaient également, que la conduite de ses amis en ces circonstances. Dans la misère elle ne fut ni abandonnée, ni offensée. On alla droit à la reine-mère, on l'intéressa à ce que Bussy-Rabutin, la pire langue du siècle, ou à peu près, appelait « cette glorieuse et irréprochable pauvreté », et l'on obtint une pension de deux mille livres. C'était presque l'aisance, une pauvreté décente au moins, et à une personne aussi entendue que Mme Scarron, permettant même des charités et des économies.

Ici commence pour Françoise d'Aubigné la vie à laquelle elle semblait comme destinée par son caractère. Libre de soins, sans parents, sa vie assurée, elle pouvait vivre dans une tranquille retraite. Elle se multiplia au service des autres. Ce n'était point ambition, à cette époque, ni nécessité de situation, comme plus tard. C'était mouvement naturel, besoin d'action, besoin de se prodiguer et besoin de plaire. Dans toutes les maisons où elle allait, sans indiscrétion et sans hâte, elle rendait de tels services, prenant les intérêts de la famille, s'occupant des affaires, instruisant et élevant les enfants, se répandant en bons offices, que bientôt on ne pouvait plus se passer d'elle. Par le goût de se rendre utile, elle se rendait nécessaire. Tout le secret de sa fortune est là. « Elle plaisait, dit Saint-Simon, son ennemi, par les grâces de son esprit, ses manières douces et respectueuses, son attention à plaire à tout le monde. » C'était assez pour réussir à souhait. Par surcroît elle était charmante de sa personne ; c'était son luxe : « *Lyrianne*, dit Mlle de Scudéry dans la *Clélie*, était grande et de belle taille, mais de cette grandeur, ajoute naïvement l'auteur, qui n'épouvante pas, et qui sert seulement à la belle mine. Elle avait le teint fort uni et fort beau, les cheveux d'un châtain clair et très agréables, le nez très bien fait, la bouche bien taillée, l'air noble, doux, enjoué et modeste, et pour rendre sa beauté plus parfaite et plus éclatante, elle avait les plus beaux yeux du monde. Ils étaient noirs, brillants, doux, passionnés et pleins d'esprit ; leur éclat avait je ne sais quoi qu'on ne saurait exprimer : la mélancolie douce y paraissait quelquefois avec tous les charmes qui la suivent presque toujours ; l'enjouement s'y faisait voir à son tour avec tous les attraits que la joie peut inspirer. » Telle était Mme Scarron à vingt-cinq ans, chérie des d'Albret, des Richelieu, des d'Heudicourt, bien accueillie de tous, et sa bienvenue au monde lui souriant dans tous les yeux. Ce fut son vrai moment de bonheur. « Je suis heureuse », écrivait-elle à ses amis, et plus tard, à Saint-Cyr, c'est toujours à cette période de sa vie qu'elle revient avec le plus de complaisance, comme au temps où elle n'a connu « ni chagrin, ni ennui ». Cependant son « étoile » se levait, et la fortune, sans qu'elle la cherchât, vint la prendre par la main. Mme de Montespan était fort gênée des enfants, tout jeunes encore et tenus cachés, qu'elle avait eus dans sa liaison avec le roi. Elle cherchait une gouvernante. Elle avait rencontré Mme Scarron chez les d'Albret. Elle la jugea active, intelligente et surtout « secrète ». Elle lui proposa d'élever les enfants. Mme Scarron montra, en cette occurrence délicate, la droiture de son jugement et le sentiment exact des bienséances qu'elle eut toujours. De la part de Mme de Montespan, la proposition, sans être blessante, était inquiétante pour une conscience susceptible. De la part du roi, dans les idées du temps, elle était indiscutable. Mme Scarron exigea un ordre du roi. Le roi ordonna.

Dès lors la vie devint terrible pour Madame Scarron. Il fallait courir de nourrices en nourrices, soigner les enfants, passer les nuits, et le matin, rentrée chez soi par une porte de derrière, sortir, sans traces de fatigue, par la porte de devant, pour se montrer au monde et paraître n'avoir pas changé d'existence. Madame Scarron suffit à tout. Elle avait dans un tempérament robuste une volonté héroïque. Bientôt le secret perça. Les enfants grandissaient. On les réunit dans une vaste maison de la banlieue, près de Vaugirard, en pleine campagne à cette époque. Puis on décida, malgré elle, qu'elle viendrait à la cour. Le roi reconnut ses enfants, établit Madame Scarron à Versailles, la gratifia d'une somme avec laquelle elle acheta la terre de Maintenon, et lui donna l'ordre de prendre le titre attaché à cette terre (1675). Madame Scarron n'existait plus. La cour apprit le nom de la marquise de Maintenon, qu'elle devait prononcer si souvent avec respect, puis avec crainte, pendant quarante ans.

Madame de Maintenon, sans songer encore à la fortune incroyable qui l'attendait, put dès lors avoir l'ambition qu'elle entretint pendant onze ans, sans savoir jusqu'où elle la conduirait, celle de s'établir dans la confiance et la confidence de Louis XIV.

Dans les commencements, au temps de la maison de Vaugirard. le roi l'estimait, mais ne l'aimait pas. Elle lui paraissait trop élevée de pensées, trop idéale, trop « sublime » et trop « spirituelle », dans le sens que ces mots avaient alors. A travers cette conversation grave et un peu sévère qu'elle avait avec lui, il ne voyait pas encore ce qu'il aimait tant chez les hommes, le bon sens clair et la raison ferme. Peu à peu elle conquit sa sympathie comme celle de tout le monde. Le roi la vit plus souvent, il goûta son esprit juste, ses grâces simples : il en vint à l'aimer. A toute autre la tête aurait tourné. Madame de Maintenon était aussi judicieuse qu'elle avait toujours été, et à cet âge (quarante ans) plus assurée dans sa raison tranquille et froide qu'elle ne fut jamais. Elle ne s'étonnait de rien, et savait tout prévoir, sans rien précipiter. Elle sut attendre, montrant au roi ce qui le flattait le plus, un dévouement sans tumulte et sans faste, une reconnaissance unie et égale, une humeur respectueuse et confiante, dans une dignité inaltérable. Détacher le roi de Madame de Montespan et le ramener à la reine, tel fut le dessein de Madame de Maintenon. Ce qu'elle se proposait dans ce plan, c'était la gratitude de la reine, l'estime unie à l'affection de la part du roi, et l'honneur. Vit-elle plus loin, et songea-t-elle à la mort possible de la reine? C'est le secret des cœurs où nul ne pénètre, et qui échappe à l'analyse. Elle réussit dans son dessein formel, et Marie-Thérèse lui dut la consolation de ses derniers jours. La récompense fut pour Madame de Maintenon au dessus même de ses rêves. Dix-huit mois environ après la mort de la reine, vers la fin de 1684 (car les contemporains eux-mêmes ne le surent jamais au juste), un mariage secret, mais authentique, unit Louis XIV à celle qui était née dans la prison de Niort. Elle ne fut pas reine, elle fut l'épouse du roi. Louis XIV, et toute la cour à son exemple, l'appelait « Madame » en lui parlant, « Madame la marquise de Maintenon » en parlant d'elle. Mais, sans régner, elle gouverna plus que n'avait jamais fait Marie-Thérèse. Elle fut le premier personnage de l'Etat après Louis XIV. Son desscin avait abouti plus loin qu'il n'avait jamais visé, sans qu'il en eût coûté à sa dignité et à sa conscience. Elle avait été souverainement habile dans l'honnêteté, droite et adroite. Un mot, qui est d'elle, la peint très bien : « Rien n'est plus habile qu'une conduite irréprochable. »

Quelle fut la part prise par Madame de Maintenon dans la politique intérieure de Louis XIV? Cette affaire sort de notre sujet, comme elle dépasse notre compétence : nous n'en dirons rien. Ce qu'il nous semble, c'est que, tout compte fait, Madame de Maintenon s'est beaucoup plus occupée du roi et de la famille royale que du royaume. Etre l'*épouse*, la femme du foyer et de la maison, continuer l'éducation des princes, qu'elle aimait jusqu'à la faiblesse (le duc du Maine), élever la jeune duchesse de Bourgogne, petite-belle-fille de Louis XIV qu'elle reçut à l'âge de treize ans, vive, pétulante, espiègle, charmante, dont elle orna l'esprit et cultiva le cœur, et qui devint la plus aimable et la plus séduisante princesse qu'eût jamais vue la cour de France, adoucir la vieillesse de Louis XIV, le distraire, le relever, « l'amuser », tâche rude et dépassant quelquefois les forces même de Madame de Maintenon, voilà surtout quel fut son souci et quelle fut sa vie. Cette tâche, qu'elle s'imposa, fut pénible et souvent ingrate. Madame de Maintenon, est-il besoin de le dire? avait des ennemis furieux ; elle en eut qui étaient puissants. Elle avait, dans le sein de la famille royale, des défiances à combattre, des révoltes à apaiser, des querelles intérieures à arranger. « Je viens d'être tirée à quatre princes », écrivait-elle un jour. Vers la fin, elle, si robuste, se sentait épuisée. « Si l'on me tirait le cœur de la poitrine, disait-elle, on le trouverait sec et tors comme celui de M. de Louvois » ; et regardant de petits poissons très malheureux dans l'eau claire d'un bassin de Versailles : « Ils sont comme moi : ils regrettent leur bourbe ». Pour finir, à la maladie de Louis XIV, elle eut le roi à soutenir, à soigner, à encourager. Quand l'agonie commença, et qu'elle eut reçu des médecins l'assurance que le roi ne reprendrait pas connaissance, elle n'attendit pas le dernier soupir, et partit, trop tôt pour une épouse peut-être. Etait-ce lassitude ou sécheresse de cœur? Nous sommes tentés d'y voir plutôt, poussés jusqu'à un certain excès, cette raison ferme et ce sens juste des situations qu'elle avait à si haut point. Rester jusqu'au dernier souffle, c'était sembler vouloir rester après, et, après, ne plus savoir comment sortir. Situation fausse. Une reine devait rester, l'épouse devait disparaître. Elle disparut avec une certaine hâte de discrétion, et une alarme un peu ombrageuse **de** dignité.

Elle se retira à Saint-Cyr, où elle mourut le 15 avril 1719. Son acte de décès fut rédigé ainsi : « *Le 17e jour du mois d'avril* 1719 *a été inhumé... très haute et très puissante dame Françoise d'Aubigné, marquise de Maintenon, institutrice de la maison royale de Saint-Louis* ». « Il semble que ce titre d'institutrice soit le seul que Madame de Maintenon ait voulu prendre devant la postérité » (Gréard). En 1793, Saint-Cyr fut dévasté, et la commune prit le nom de *Val-libre*. En 1794, la tombe de la marquise, ayant été découverte dans le chœur, fut brisée, le cercueil violé, les restes profanés; « elle fut ce jour-là traitée en reine » (Sainte-Beuve).

II

CARACTÈRE DE MADAME DE MAINTENON.

On voit assez que ce roman étrange, qui est l'histoire vraie de Madame de Maintenon, a été plus brillant que joyeux. Madame de Maintenon n'a un peu respiré que dans la maison de Scarron et dans les quelques années qui suivirent. Le reste a été tout de misères dans la jeunesse, et d'infinis labeurs, sous un air riant, dans l'âge pénible. Il faut remarquer aussi que cette femme qu'on a tant enviée n'a jamais été ni fille, ni mère, ni même épouse. Son père était méprisable, sa mère ne l'aimait pas. Elle n'eut pas d'enfant. Elle a épousé successivement deux hommes âgés **et** malades. Elle n'eut pas les bonnes raisons pour aimer la vie, ou

pour s'en consoler, de Madame de La Fayette ou de Madame de
Sévigné. Qu'un peu de sécheresse se fût glissée dans ce cœur si
souvent comprimé, il n'y aurait pas à s'en étonner. Ce qui nous
étonne au contraire, ce sont les moments de gaîté qu'on surprend
chez cette femme que toute sa vie, dans l'infortune et dans la grandeur, et ici plus encore, a obligée de se surveiller et se contenir;
comme ce qui nous frappe ce n'est pas une certaine pointe d'orgueil et quelque penchant à parler de soi, mais au contraire
qu'elle n'ait pas été saisie par le vertige, parvenue si haut, partie
de si bas. Cela revient à dire que le fond de Françoise d'Aubigné
était un souverain bon sens, une raison d'une fermeté invincible.
« *Consultons la raison* », disait en souriant Louis XIV ; et se tournant vers elle avec ce charme qu'il avait quand il voulait : « *Qu'en
pense votre solidité ?* » C'est bien cela : énergique comme d'Aubigné, et, plus que lui, avisée et perpétuellement lucide. Madame
du Deffand la trouve « sèche, austère, insensible, sans passion »,
mais remarque qu'elle a de la droiture : « Je persiste à trouver que
cette femme n'était pas fausse ». De la part d'un appréciateur
malveillant, l'observation est précieuse ; car c'est justement l'hypocrisie que l'on a le plus reprochée à Madame de Maintenon. Nous
avouons ne pas l'apercevoir dans sa vie, à moins que l'on ne considère comme une hypocrisie chez la femme l'effort de savoir se taire.
Ce qui nous séduit au contraire dans l'épouse de Louis XIV, c'est
la droiture du cœur et du sens, un sentiment net de la vérité dans
les choses pratiques, ce qu'on pourrait appeler le « *sens du réel* ».
Cette héroïne d'un roman invraisemblable fut la femme du monde
la moins romanesque qu'il y ait eu. Elle n'eut jamais d'illusions,
même sur elle, et pourtant elle n'était point triste. Sa franchise,
son humilité vraie quand elle s'est trompée, et sa simplicité à le
reconnaître (affaires de Saint-Cyr) est touchante : « La peine que
j'ai sur les filles de Saint-Cyr ne se peut réparer que par le
temps... Il est bien juste que j'en souffre, puisque j'y ai con-
tribué plus que personne, et je serai bien heureuse si Dieu ne m'en
punit pas plus sévèrement. Mon orgueil s'est répandu par toute
la maison et le fond est si grand qu'il l'emporte même par-dessus

mes bonnes intentions... Que vos filles ne se croient pas mal avec moi [pour cela]... en vérité, ce n'est point elles qui ont tort. » Fénelon ne s'écrierait-il point : « Oh ! qu'il y a de grandeur à se rabaisser ! » Nous dirons seulement qu'il y a là une telle fermeté de raison qu'elle va jusqu'à en être émouvante comme un trait de sensibilité. C'est avoir de la raison jusqu'au fond du cœur. Quelques détails nous touchent moins, une certaine affectation de modestie, par exemple la quenouille filée dans ses appartements aux heures de conversation. Encore faut-il peut-être voir là moins une affectation qu'une protestation contre l'oisiveté de la cour, et un petit exemple à l'adresse de Madame de Bourgogne. A Saint-Cyr elle parle trop d'elle ; mais elle a trop d'esprit pour ne pas s'en apercevoir, et vite elle s'en accuse, tout en continuant, avec une sincérité malicieuse qui désarme : « Puisqu'on ne peut éviter le ridicule de parler de soi... » — « On veut toujours parler de soi, dût-on parler contre. » C'est juste le mot de La Rochefoucauld : « On aime mieux dire du mal de soi que de n'en rien dire. » Ces deux philosophes désabusés devaient se rencontrer. Je remarque cependant cette différence que La Rochefoucauld n'a presque jamais parlé de lui.

En résumé, Madame de Maintenon était une femme supérieure, de grand cœur, d'incroyable volonté, de belle intelligence, de sagacité infinie, de raison et de bon sens incomparable, dévouée, discrète, presque simple, et presque modeste. Une certaine tendresse de cœur, le charme troublant d'une sensibilité qui s'épanche, une âme facile à l'émotion et qui la provoque chez les autres, voilà ce que tous ceux qui en parlent, plus ou moins selon les humeurs, regrettent de ne pas trouver en elle. Ces penchants sont-ils compatibles avec l'infaillibilité de raison pratique et de sens droit qui était le fond de Madame de Maintenon? Nous ne savons; mais nous sommes un peu tentés de craindre que les critiques ne lui aient reproché d'avoir manqué des défauts ordinaires du sexe dont elle était.

III

MADAME DE MAINTENON ÉCRIVAIN.

Madame de Maintenon avait beaucoup de goût littéraire, sans le moindre pédantisme. Nous n'avons pas souvenir d'une seule citation dans toutes ses œuvres, dans toutes ses conversations avec ses élèves, ce qui est remarquable chez un professeur. Comme elle ne recommande aucune lecture, on ne voit pas bien quels auteurs elle eût considérés comme utiles à former l'esprit des jeunes filles. Cependant elle laisse percer son goût pour saint François de Sales, qui est un écrivain fleuri, mais simple de pensée et de cœur, doux et persuasif. On sait par sa vie qu'elle a confiance dans le goût de Boileau, et enfin qu'elle a une passion pour Racine, et un faible pour Fénelon. Il est très probable qu'elle avait pour le tendre et le délicat en littérature un penchant que, par raison, elle écartait ou comprimait en matière d'éducation. Racine surtout a eu évidemment ses préférences. Elle adorait *Esther*. Elle s'enflamma pour *Athalie*, ce qui lui fait plus d'honneur encore, parce qu'il est bien certain qu'*Athalie* en sa nouveauté fut très peu goûtée. Elle la fit jouer plusieurs fois dans les appartements du roi. Elle la défendait contre sa nièce, mademoiselle de Caylus, qui trouvait la pièce froide. C'est un double honneur pour Madame de Maintenon d'avoir aimé Racine, et d'avoir renoncé à le faire jouer à Saint-Cyr. Pour elle-même, elle n'a pas un style remarquable. Ce n'est pas un grand écrivain, parce que, pour être un grand écrivain, il ne suffit pas d'avoir du goût, il faut avoir de l'imagination, et Madame de Maintenon en a peu. Ce qui fait en elle l'excellent professeur la condamne à être un écrivain secondaire. Mais les qualités secondaires précisément, ou plutôt moyennes, de l'écrivain elle les a pleinement. Madame du Deffand parle excellemment de son style « net, clair, et *court* ». Ce style simple, naturel, *sans tour*, sans parure, est d'un grand charme dans les lettres intimes, les entretiens, les instructions, les expositions. Au fond, c'est le style des administrateurs, des bons professeurs, des diplomates, et des hommes d'action. C'est celui de Commines, moins les longueurs qui tiennent au temps; c'est celui de l'excellent écrivain Mézeray; c'est celui de Henri IV, moins la verve et la saveur gasconne; c'est surtout celui de Louis XIV, avec plus, je ne dirai pas de bonne grâce, mais de bonhomie. Il semble que ce soit pour Madame de Maintenon que La Bruyère a écrit cette ligne remarquée : « Un style grave, sérieux, scrupuleux va fort loin ». Ajoutez vigoureux et solide, et vous aurez une définition assez exacte de la manière d'écrire de Madame de Maintenon, qui n'est que sa manière de penser. Quelquefois (assez rarement) certains charmes inattendus s'y mêlent, par exemple de l'esprit sans prétention, mais non sans finesse. Madame de Maintenon, nous l'avons déjà vu, sait sourire; elle sait même plaisanter.

Les contemporains ont beaucoup parlé de son « enjouement » parce qu'ils l'ont connue jeune, tandis que nous n'avons dans les « œuvres » que Madame de Maintenon assez âgée, et très âgée. Même en cette saison de la vie elle a quelques traits de bonne humeur assez agréables. Un jour, Bourdaloue devait prêcher à Saint-Cyr : « Au moins, mon Père, lui dit d'Aubigné, dînez bien, car Saint-Cyr est la maison de Dieu : on n'y mange ni on n'y boit. — Il est vrai, dit Madame de Maintenon, que notre fort est l'instruction, et notre faible l'hospitalité. » Retirée à Saint-Cyr à l'âge de plus de quatre-vingts ans, le médecin Besse l'avait un jour mise à la diète. A son tour, Madame de Maintenon trouvant que Saint-Cyr était trop la maison de Dieu, écrit à la supérieure le billet suivant : « J'ai beau dire que j'ai beaucoup d'appétit et point de mal, on me laisse sans nourriture :

> Fagon, en des maux plus pressants,
> M'abandonnait à ma sagesse;

> Et pour un rien Saint-Cyr, de concert avec Besse,
>   Me refuse les aliments.
> Et voilà ce que c'est qu'avoir quatre-vingts ans !

Ordonnez donc, ma chère fille, qu'on m'apporte de la nourriture. Voulez-vous que la postérité dise :

> Cette femme qui dans son temps
> Fit un si brillant personnage,
> Eut à Saint-Cyr beaucoup d'enfants,
> Et mourut faute d'un potage.

A une maîtresse trop silencieuse elle donne une petite leçon bien plaisante dans sa raillerie tempérée et de belle humeur : « ... Je crois qu'il faut présentement vous exhorter à parler plus que vous ne faites. Il y a sept ou huit jours que vous êtes dans le recueillement et le silence ; vous devez avoir fait une provision de vie intérieure, et mon intention n'est pas de vous la faire quitter. Je désire seulement que, selon l'esprit de votre institut, vous joigniez un peu le service de Marthe à la contemplation de Madeleine, et que vous remplissiez votre quatrième vœu (qui était d'enseigner)... »

Quelquefois aussi la droiture de raison, jointe à l'ardeur de convaincre, se tourne en véritable éloquence. Ainsi, quand Madame de Maintenon défend deux élèves menacées de renvoi parce que leur mère, impliquée dans une conspiration, avait péri sur l'échafaud, elle écrit à un des confesseurs de la maison : « ... On dit que les Jésuites ne recevraient pas un homme en pareil cas, que les Sœurs de la Visitation en useraient de même. Si cet esprit vient de saint Ignace ou de saint François de Sales, je m'y soumets sans répugnance ; mais si ce n'est que l'effet de la sagesse humaine ou de la dureté des communautés, je désirerais de tout cœur qu'on s'en sauvât dans celle-ci. Le père de M. de Luxembourg a eu le col coupé : on lui confie la personne du roi et ses armées. Nous avons vu mourir M. de Rohan sur un échafaud, et toute sa famille était en charge auprès du roi, recevant des compliments sur cette douleur, sans qu'il entrât dans la tête d'un seul courtisan de lui en faire des reproches. Quoi! l'honnêteté mondaine ira plus loin que la charité!... On dit que dans les classes elles en seraient moins respectées... je mettrais ces fautes au nombre des plus punissables ; celles qui auront le cœur bien fait en seront incapables, et il faut redresser les autres..... Je dis tout ceci pour la justice et pour l'envie que j'ai que nos filles aient l'esprit et le cœur bien faits... Il n'est pas besoin, Monsieur, de les recommander à votre charité. Je prie Dieu de les consoler et de les bénir. »

Cette femme, si distinguée à tant d'égards, a donc, même comme écrivain, de belles et hautes qualités, un style pur, clair, d'un dessin ferme, et capable quelquefois d'énergie et de flamme. Ecoutons-la quand elle s'anime dans sa passion dominante, presque unique, qui est pour Saint-Cyr. L'imagination dans l'expression apparaît : « Rien ne m'est plus cher que mes enfants de Saint-Cyr ; j'en aime tout, jusqu'à leur poussière. » Et encore : « Vive Saint-Cyr ! Prions Dieu pour qu'il vive autant que la France et la France autant que le monde ! » Est-ce bien elle, associant son amour pour son troupeau à son amour pour le royaume, et, dans son zèle d'institutrice, laissant échapper un cri de reine!

SAINT-SIMON

LOUIS DUC DE St SIMON,
Pair de France Grand D'Espagne.

SAINT-SIMON

I

Louis de Rouvray, duc de Saint-Simon, naquit le 16 janvier 1675, à Versailles. Il était fils de Claude de Saint-Simon, page et favori de Louis XIII. Il fut élevé à la Ferté-Vidame (Eure-et-Loir), où était le château de son père. Il reçut une éducation qui le disposait à être un mécontent. Son père ne l'entretint que de Louis XIII, « ce roi des gentilshommes », et ne lui apprit que la haine de Mazarin. — Présenté à Louis XIV par son père, en 1692, à l'âge de 17 ans, il prit du service dans les mousquetaires gris. Il était capitaine à Nerwinden (1693). Il acheta un régiment de cavalerie et fit les campagnes du Rhin, de 1694 à 1697. — En 1702, il y eut une promotion d'officiers généraux dont il ne fut pas. Se croyant victime d'un passe-droit, il se démit, vint vivre à la cour, disposé à y trouver tout mauvais. Il y vécut en oisif ambitieux, curieux et aigri. Il était du parti de Monseigneur de Bourgogne (Beauvilliers, Chevreuse, et au loin, à Cambrai, Fénelon). D'autre part, il était l'ami particulier du duc d'Orléans (plus tard Régent), mais du duc d'Orléans seul, indépendamment des amis de celui-ci, à ce point qu'il n'allait jamais aux réceptions du Palais-Royal. — Il avait pour ennemis

la cabale du Grand Dauphin, le monde de Meudon, la cour particulière de Madame de Maintenon (d'Antin, etc.), les *Bâtards*
(comte de Toulouse, duc du Maine, surtout celui-ci), les ministres
(à l'exception de Chamillard), le monde du Parlement, la plupart
des généraux (à l'exception de Catinat) ; Villeroy, qu'il regarde
comme un comédien ; Villars, qui est pour lui un parvenu ; Vendôme, qui est un corrompu, et de race illégitime.

De 1710 à 1715, il passa par des alternatives diverses. En 1710,
il prit part à une grande affaire, le mariage du duc de Berry, petit-
fils de Louis XIV, avec la fille du duc d'Orléans. Il y réussit. —
En 1711, le Grand Dauphin mourut. Le duc de Bourgogne devenait héritier. C'était les cieux ouverts pour Saint-Simon. Il eut
un moment de grande faveur. Le duc de Bourgogne travaillait
avec le roi, et Saint-Simon avec le duc de Bourgogne. — En 1712,
la duchesse de Bourgogne, puis le duc de Bourgogne meurent.
Saint-Simon songe à quitter la cour. Les coups le frappent sans
relâche. Chevreuse meurt ; Beauvilliers meurt ; le duc de Berry
meurt ; Fénelon meurt ; et pendant ce temps le duc d'Orléans
était suspect à ce point que seul Saint-Simon, à Versailles, avait
le courage, qui l'honore, de l'aborder.

Le 1er septembre 1715, Louis XIV meurt. Saint-Simon arrive
enfin au pouvoir avec le duc d'Orléans. Il fait partie du Conseil
de Régence. Il y joue un rôle de politique passionné et chimérique, conseille la convocation des Etats-Généraux, la banqueroute,
l'alliance espagnole, étudie les questions d'étiquette et de préséance, s'occupe d'affaires ecclésiastiques, s'oppose au rappel
des protestants proscrits par la révocation de l'Edit de Nantes ;
devient encombrant, impopulaire et désagréable, et disparaît de
la scène politique.

Il y rentre en 1722 par une mission diplomatique en Espagne.
Il s'agissait de marier Louis XV à la fille de Philippe V. Il s'acquitta très bien de ses fonctions, quoique sans succès. Il revint
avec des avantages personnels, la Toison d'Or pour son fils aîné,
et la Grandesse pour son cadet.

Il était toujours de l'opposition. La Régence, comme aupara-

vant Louis XIV, ne faisait pas assez pour la grande noblesse. A
propos du sacre (1722), il adresse au Régent un *Mémoire pour
les Ducs*, qui révèle la blessure de son âme. Le titre seul est déjà
curieux : « MÉMOIRE DU DUC DE SAINT-SIMON PRÉSENTÉ A S. A. R.
MONSEIGNEUR LE DUC D'ORLÉANS SUR LES PRÉROGATIVES QU'IL PRÉTEND
QUE LES DUCS ONT PERDUES DEPUIS LA RÉGENCE DE S. A. R. ET QUEL-
QUES AUTRES QUI LEUR ONT ÉTÉ ÔTÉES SUR LA FIN DU RÈGNE DE
LOUIS XIV, CE QUI ANÉANTIT TOTALEMENT, SELON LUI, LA DIGNITÉ
DE DUC ».

Les expressions violentes abondent dans ce mémoire. Saint-
Simon y relève, avec aigreur, l'excitation des gens de qualité
(simples nobles) contre les ducs, les places données aux femmes
de qualité, et à celles qui, sous le feu roi, n'en ont jamais pu avoir
les distinctions, comme de manger à la table royale, d'entrer dans
les carrosses du Roi, et d'être rangées, au bal, au-dessus des du-
chesses. « Tel est l'état où la Régence a mis les ducs. Peuvent-ils
attendre quelque chose, ni se fier jamais qu'à des décisions bien
exécutées, encore dans l'inquiétude continuelle d'une décision
contraire, le lendemain, qui anéantira l'autre ?... De croire que
rendre un point sur trente qu'on a ravis à des hommes de courage
puisse entrer pour dédommagement du reste, c'est s'abuser. Restituer les paroles, rétablir les gens en leur rang... c'est le moyen
unique de ramener les cœurs, les courages et la confiance. »

Le ton de ce factum montre assez que Saint-Simon, à cette époque, en était revenu à la situation où il était sous Louis XIV. Il
était supporté avec ennui. Dubois était tout-puissant. Saint-Simon,
qui l'abhorrait, devait compter et ruser avec lui. Il sentit qu'il fallait partir. Il se retira à la Ferté (1722). — En 1723, il revint,
après la mort de Dubois, pour voir mourir le Régent. Il chercha à
s'insinuer auprès du duc de Bourbon, nouveau chef de l'Etat. On
lui fit comprendre, dans les trois jours, que sa présence à Versailles était désagréable au gouvernement. Il partit, cette fois pour
ne plus revenir.

Il vécut encore vingt-deux ans, dans ses terres, rédigeant ses
Mémoires, ne renonçant pas encore absolument à s'occuper des

affaires publiques, entretenant une correspondance avec Fleury, paraissant quelquefois à Paris, chez la duchesse de La Vallière, chez la duchesse de Mancini. Sa vieillesse fut triste. Il perdit la duchesse de Saint-Simon en 1743 ; son fils aîné, duc de Ruffec, en 1746 ; son second fils, marquis de Ruffec, en 1754. Il mourut dans un voyage à Paris, en son hôtel de la rue Grenelle, le 2 mars 1755, vingt-deux jours après Montesquieu.

II

HISTOIRES DES « MÉMOIRES ».

Saint-Simon, dans sa retraite à la Ferté-Vidame, n'a fait que rassembler et rédiger ses Mémoires. Il les écrivait au jour le jour, le soir, au camp, en voyage, ou à Versailles, confiné « *dans sa boutique* », verrous tirés. Il les avait commencés en 1694, à l'âge de 21 ans, après la bataille de Nerwinden. Tant qu'il fut dans les affaires, on ignorait qu'il écrivît. Quand il fut dans sa retraite, on le sut. Aussi, à peine fut-il mort, le 2 mars 1755, que les scellés furent apposés à son appartement de Paris, et le 4 mars à son château de la Ferté. Par son testament, le duc de Saint-Simon donnait tous ses manuscrits à son cousin, Monseigneur de Saint-Simon, évêque de Metz. Ces manuscrits contenaient : 1° les Mémoires de Dangeau, annotés jour par jour, de la main de Saint-Simon; 2° les *Mémoires* (proprement dits) du duc de Saint-Simon ; 3° des pièces diplomatiques relatives à l'ambassade d'Espagne ; 4° des études sur divers sujets, politiques, historiques, commerciales, ecclésiastiques; 5° la correspondance de Saint-Simon avec Monseigneur de Metz, les Noailles, Fleury, le duc d'Orléans, etc. — Il y eut d'abord procès des créanciers tendant à ce que les manuscrits fussent retenus pour garantie de leurs droits. L'affaire, d'appel en appel, durait encore, lorsque tout à coup, en 1760, un *Ordre du Roi* (ministère Choiseul) intervint, confisquant indistinctement toutes les caisses et sacs de manuscrits, en dépôt jusqu'alors chez un notaire au Châtelet. Ils furent transportés au dépôt du Louvre (archives des affaires étrangères). Ils étaient perdus, pour bien longtemps, tant pour Monseigneur de Metz que pour le public.

L'abbé Voisenon, alors très en cour, fut commis à l'examen de ces papiers. Pour son plaisir, il en tira des extraits, qui eurent, par voie de copies, une demi-publicité dans le monde officiel et dans le grand monde. Plus tard, en 1762, Duclos, historiographe de France, fut, à ce titre, autorisé à y puiser. Choiseul les avait probablement fait copier ; car on le voit, dans son exil à Chanteloup, les lire avec Madame du Deffand, qui en écrit à Walpole (1770). Un peu plus tard encore, Marmontel obtint, pour son Histoire de la Régence, la licence d'y faire des recherches.

De 1781 à 1791, de premières ébauches d'édition commencent à paraître, copiées probablement sur les copies de Voisenon. C'est, en 1780, dans un recueil intitulé « Pièces intéressantes pour servir à l'histoire », de volumineux extraits, mais informes, sous ce titre : « Extrait du Mémorial ou du recueil d'anecdotes de M..., duc ». C'est, en 1786, une « Galerie de l'ancienne cour, avec mémoires et anecdotes pour servir à l'histoire de Louis XIV et de Louis XV » ; en 1789, les « *Mémoires du duc de Saint-Simon* » édités par Soulavie ; en 1791, les « OEuvres complètes du duc de Saint-Simon » (13 vol.), par le même.

En 1813, paraissent les « Mémoires du duc de Saint-Simon, mis dans un meilleur ordre et accompagnés de notes critiques et historiques par Laurent. » (C'est Soulavie revu, un peu arrangé, avec erreurs corrigées, dates rétablies.)

En 1820, Lemontey, qui travaillait à une Histoire de la Régence, signale le *Journal de Dangeau annoté par Saint-Simon.* Mais son histoire, où il avait profité du Journal de Dangeau et des annotations de Saint-Simon, fut entravée, et ne put paraître qu'après la révolution de 1830.

Cependant les vrais *Mémoires*, copiés soigneusement et intégralement sur le texte, allaient voir le jour.

En 1819, le général marquis de Rouvray de Saint-Simon demanda audience à Louis XVIII, et lui dit : « Sire, je viens vous demander l'élargissement d'un de mes ancêtres qui est embastillé depuis cent ans ». Louis XVIII, qui était accommodant, et qui avait des lettres, accorda sans restriction la mise en liberté. — Il restait au marquis à l'obtenir. Le garde du dépôt des archives s'y opposa obstinément. Le marquis de Rouvray, à force d'instances, n'obtint, en 1828, que la moitié *des seuls Mémoires*. En 1829, il obtint la seconde moitié. Quant aux pièces diplomatiques, aux *études* et à la correspondance, elles furent toujours refusées, et sont encore aux archives des affaires étrangères.

M. le marquis de Rouvray s'occupa de la publication de ce qui lui était abandonné. En 1830, parurent enfin les « MÉMOIRES COMPLETS ET AUTHENTIQUES DU DUC DE SAINT-SIMON SUR LE SIÈCLE DE LOUIS XIV ET LA RÉGENCE ». C'est l'édition dite « *Edition du marquis* ».

Malgré des erreurs considérables, et dont quelques-unes sont amusantes, c'est l'édition historique, la véritable édition *princeps* des fameux Mémoires. Les autres ont été faites sur elle, avec recours aux manuscrits, et plus de science critique. De celles-là, celle qui fait autorité est l'édition Chéruel et Régnier, 20 volumes (1873), publiée par la maison Hachette, qui poursuit en ce moment, dans la collection dite des *Grands Écrivains*, une nouvelle édition confiée à M. de Boislisle, **et qui sera définitive.**

III

CARACTÈRE DE SAINT-SIMON.

Saint-Simon était un petit homme, malingre, d'apparence chétive, de mine tirée, lèvres minces, nez retroussé et pointu, nerveux et bilieux à l'excès ; de tempérament ferme encore, mais de race appauvrie déjà et déclinante. Sa fille était contrefaite ; son fils aîné de complexion faible ; son fils cadet sujet à des convulsions terribles, peut-être épileptique ; lui-même prodigieusement emporté et sans équilibre. Les nerfs travaillaient sans cesse en lui, et secouaient furieusement « sa frêle machine », pour parler sa langue.

Dans un procès des ducs contre M. de Luxembourg, l'avocat de celui-ci ayant semblé mettre en doute la loyauté royaliste des ducs, Saint-Simon se leva de la tribune où il était, criant à l'imposture et « demandant justice contre ce coquin » ! — « M. de LaRochefoucauld me retint à mi-corps et me fit taire. Je m'enfonçai de dépit plus encore contre lui que contre l'avocat ; mon mouvement avait excité une rumeur. »

Il est irréfléchi, et, dans l'émotion d'un débat, perd la tête. Au « lit de justice » de 1715, Saint-Simon, protestant devant le Parlement contre certaines prétentions du Parlement lui-même, s'écrie : « M. le duc d'Orléans nous a promis acte de nos protestations ». Le président de Novion répond froidement : « Où les porterez-vous, vos protestations ? — Ici ! — Vous nous reconnaissez donc pour vos juges ! » D'un mot imprudent il avait renversé les rôles à son désavantage et perdu la cause. « Mauvais avocat ! » lui dit un ami en riant.

Voilà le fond de la complexion, une humeur violente, intempérante, et tout le contraire de ce qu'on appelle la possession de soi. Comme fond de sentiments, un orgueil intraitable et maladif. Dans le monde il n'a vu que la noblesse française, et dans celle-ci que les ducs et pairs. Saint-Simon n'a pas l'orgueil nobiliaire, il a l'orgueil ducal. Ce n'est pas un gentilhomme ; et quand il méprise, formellement, la noblesse, « les hommes de qualité », il sait bien pourquoi. C'est un féodal, un noble du xive ou xve siècle, antérieur à Richelieu, même à Louis XI. Il n'a pas cessé de considérer comme une monstruosité la société française de 1648 à 1755, le siècle de Louis XIV surtout, « ce long règne de vile bourgeoisie. »

Sa haine, ici, est très perspicace. Ce qu'il voit très bien, c'est que le Tiers-Etat gouverne déjà. Il le voit gouvernant par les ministres, les commis et les intendants, tous plébéiens ; essayant de gouverner par les parlements, commençant à gouverner par l'opinion publique menée par les hommes de lettres (de là son mépris pour les littérateurs), pesant sur les affaires publiques par les financiers. Aussi abhorre-t-il ministres, commis, légistes, financiers, et l'Académie française, et s'épanche-t-il en doléances sur le luxe grandissant, l'importance prise dans le pays par l'argent. — Et que devient la noblesse au milieu de tout ce désordre ? « Cette noblesse française si célèbre, si illustre, *est devenue un peuple*, presque de la même sorte que le peuple même, et seulement distingué de lui en ce que le peuple a la liberté de tout travail, de tout négoce, des armes même, au lieu que la noblesse est devenue un autre peuple qui n'a d'autre choix que de croupir dans une mortelle et ruineuse oisiveté qui la rend à charge et méprisée. » La rancune ici est merveilleusement clairvoyante.

Ce n'est pas que Saint-Simon n'aime point le peuple. Il le plaint d'être écrasé d'impôts trop lourds, qui n'enrichissent point le roi et n'engraissent que des commis. Mais il aime le peuple en féodal. La preuve en est que cette bourgeoisie puissante dont nous parlions tout à l'heure, c'est le peuple qui s'élève ; et il ne peut pas la souffrir. Ce qu'il voudrait, c'est le gouvernement paternel, pensant au peuple et pensant pour lui, le rêve des Beauvilliers et des Fénelon. Saint Louis entouré des pairs de France et le peuple heureux sous leur loi, voilà sa vision perpétuelle. Mais la monarchie de 1700 n'est que la décadence de la monarchie.

Quand on a ces idées de 1700 à 1760, il y a trois partis à prendre : ou s'en réjouir, et rêver l'avènement d'un monde nouveau (Rousseau) ; ou, partant de cette vue que la monarchie élimine peu à peu les éléments de sa force, chercher à les retrouver et à les réparer (Montesquieu) ; ou rester chez soi, et c'est précisément, dans l'intérêt même de ses idées, ce que Saint-Simon aurait dû faire. — Le rôle d'une noblesse est d'être une aristocratie ; et une aristocratie doit être locale, provinciale, *résidente*, exercer son influence de près sur le peuple, pour la garder, et non la perdre en venant former à Versailles une décoration inutile. Mais Saint-Simon n'avait pas ce désintéressement. Il était ambitieux plus pour lui que pour sa caste. De là le contresens de toute sa vie : cette *cour* qu'il tient pour funeste, il en a fait partie avec acharnement, ferment lui-même de cette décomposition, qu'il déplore, de l'ancienne société française. De là aussi la déformation par degrés de son caractère, qui est très intéressante à étudier. — Le féodal à la cour de Louis XIV devient peu à peu un homme de vaines prétentions, un homme de parti, un homme d'intrigue, et, par suite des déceptions de l'homme d'intrigue, un furieux.

L'orgueil à la cour devient vanité. Saint-Simon les a toutes : celle de grand seigneur, d'abord. Dans ce monde étroit de la cour, la grandeur du rang ne se marquant qu'aux préséances, Saint-Simon s'occupe avec un entêtement, ridicule même alors, des questions d'étiquette. Le féodal devient un faiseur d'armorial. — Question de savoir si les membres du Parlement garderont leur bonnet à l'entrée des ducs et pairs. Ne pas oublier que les ducs et pairs ont le droit de traverser le parquet de la salle du lit de justice en diagonale. Noter les dix ou douze manières que le Roi a d'ôter ou de toucher son chapeau selon qu'il répond au salut d'un prince, d'un duc, d'un maréchal, d'un simple homme de qualité. Savoir si tel gentilhomme a droit à ce qu'on inscrive sur la porte de son appartement : « M. un tel », ou « *Pour* M. un tel ». Etudes sur l'ordre des pairies ; sur les règlements de la maison du Roi ; sur la préséance entre MM. les ducs de Saint-Simon et de La Rochefoucauld, sur les ordres de chevalerie, les naissances et les baptêmes et les mariages des rois et des reines, etc. Un chapitre du *Voyage à Lilliput* Les récits des événements les plus importants, comme celui de la mort de Turenne, sont encombrés de ces chapitres-là.

Il a même des vanités plus mesquines encore. Cet homme grave et austère (ne l'oublions pas), ami de de Rancé, hôte fréquemment de la Trappe, a jusqu'à de purs ridicules d'homme de cour. Lui qui se plaint des vaines dépenses, est fier au dernier point d'avoir fait acheter au duc d'Orléans le diamant « Le Régent ». Il rappelle avec complaisance la beauté de son train d'ambassadeur en Espagne, ses succès de danseur, etc.

Il y a un autre moyen à la Cour de réparer sa splendeur déchue : c'est l'intrigue et la cabale. Saint-Simon s'est vite plié à ces basses menées. Le duc s'y oublie. Pour avoir des nouvelles, des bruits de couloir, il fait d'étranges connaissances. Il fréquente les chirurgiens, les valets du Roi. Il devient l'homme des secrets et des confidences, des chuchotements entre les portes. Le goût s'en mêle. Il aime, même quand il est en faveur et puissant, traiter les affaires avec des manières de conspirateur. Au lit de justice pour la dégradation du duc du Maine (1718), voyez comme il est heureux d'être seul à connaître le coup de théâtre qui se prépare, ses clins d'yeux d'intelligence avec le Régent, et son air d'importance pour ceux qui ignorent, et les ducs qui le supplient de parler, de dire un mot, et vingt fois : « On vit bien que j'étais dans la bouteille », et ses refus de rien trahir. Oh ! la belle chose que de savoir quelque chose que les autres ne sauront que dans un quart d'heure ! — Mais il y a de mauvais jours dans ce personnage. Il faut bien accueillir, inviter à sa table ce de Mesmes, qu'on traite de « scélérat » dans ses Mémoires, être l'ami du P. Letellier qu'on abhorre, ployer et gauchir avec Dubois qu'on méprise, chercher à le duper par de feintes douceurs, et

finalement être parfaitement berné par lui. Le féodal est tombé
au rôle de courtisan maladroit et mystifié.

Tout cela mène peu à peu à tous les défauts de l'homme de
parti; on en devient borné, et de courte vue. Saint-Simon est un
écrivain de génie; mais ce n'est pas un homme intelligent.
« M. de Saint-Simon ne s'occupe que de rangs et de faire des
procès à tout le monde », dit de lui Louis XIV. « C'est un homme
d'une suite enragée (passionné et têtu) », dit son ami le duc d'Orléans. Il y a du vrai dans la boutade furieuse du marquis d'Argenson
dans ses *Mémoires*: « Ce petit boudrillon voulait qu'on fît le
procès à M. le duc du Maine, qu'on lui fît couper la tête, et le duc
de Saint-Simon devait avoir la grande maîtrise d'artillerie. Voyez
un peu quel caractère injuste, odieux et anthropophage de ce
petit dévot sans génie et plein d'amour-propre ! » — Il ne voit
pas, lui, de vue si pénétrante à sonder les caractères des hommes,
les changements historiques les plus importants et les forces
sociales nouvelles qui s'élèvent. Ses notices sur les écrivains sont
sèches et froides. Il a vécu jusqu'en 1755, et ne s'est douté ni
de Montesquieu ni de Voltaire. Rien de *l'Esprit des Lois* ni des
Lettres Persanes. Sur Voltaire ces lignes merveilleuses de dédain
et d'ignorance: « Arouet, fils d'un notaire, qui l'a été de mon
père et de moi, fut exilé et envoyé à Tulle pour des vers satiriques fort impudents. Je ne m'amuserais pas à marquer une si
petite bagatelle, si ce même Arouet, devenu grand poète et académicien sous le nom de Voltaire, n'était devenu une sorte de
personnage dans la république des lettres, et même une manière
d'important dans un certain monde » ; et ailleurs : « Il était
fils du notaire de feu mon père, que j'ai vu bien des fois lui
apporter des actes à signer. Il n'avait jamais pu rien faire de ce
fils libertin, dont le libertinage a fait enfin la fortune sous le nom
de Voltaire, qu'il a pris pour déguiser le sien ».

Il méprise l'Académie française comme un lieu où même un
très petit gentilhomme ne devrait point se commettre. « Dangeau,
qui ne méprisait rien, avait brigué et obtenu de bonne heure
une place dans l'Académie française. » Il est profondément

étonné et vraiment fâché de voir un duc d'Orléans s'occuper d'études scientifiques et d'art : « Il était né ennuyé… Il se jeta dans la peinture après que le grand goût de la chimie fut passé ou amorti. Il peignait presque toute la journée. Il s'amusa après à faire des compositions de pierres, à la merci du charbon, qui me chassait souvent de chez lui… Enfin jamais vie de parti-culier si désœuvrée ni si livrée au désœuvrement et à l'ennui. » — S'occuper de chimie et de peinture lui paraît le comble de la dépravation d'un esprit désœuvré et blasé. Que n'est-il homme de cabale !

Mais l'effet le plus fort d'une vie manquée d'homme de parti, est de faire un homme haineux. On se prend toujours à autrui de ses mécomptes. Saint-Simon s'en est pris à peu près à tout le monde. Il a des trésors de haine toujours prêts et qui s'épan-chent largement. Il en est venu à ne pas comprendre la bonté. Elle l'étonne et le confond. Le duc d'Orléans, à la mort du Grand Dauphin, son ennemi, ne peut se tenir de pleurer : « Quel fut mon étonnement ! *Monsieur !* m'écriai-je en me levant dans l'excès de ma surprise. » Le duc s'excuse comme il peut, allègue, avec confusion, le sang, l'humanité, demande pardon à son ami d'avoir bon cœur : « Je louai ce sentiment ; mais j'en avouai mon extrême surprise… Il se mit la tête dans un coin, le nez de-dans, et pleura amèrement et à sanglots, chose que si je n'avais vue je n'eusse pas crue. » Il y revient ailleurs : « Qu'on se sou-vienne… des sanglots cachés dans le recoin de cet arrière-cabi-net où je surpris M. le duc d'Orléans la nuit de la mort de Mon-seigneur, de mon étonnement extrême, de la honte que j'essayai de lui en faire, et de ce qu'il m'y répondit. »

Ce Grand Dauphin pleuré par le duc d'Orléans, il est bien mort. On s'en est assuré. Il n'y a plus qu'à aller se reposer. Ecou-tez Saint-Simon : « Madame de Saint-Simon et moi nous fûmes encore deux heures ensemble. La raison plutôt que le besoin nous fit coucher, mais avec si peu de sommeil qu'à sept heures du matin j'étais debout ; mais il faut l'avouer, de telles insomnies sont douces et de tels réveils savoureux. » En vérité, cet homme n'est plus ni chrétien, ni Français, ni gentilhomme, ni « honnête homme », ni homme : c'est un homme de parti.

Cette haine devient une véritable fureur acharnée, déchaînée et sauvage, qui se baigne dans l'humiliation du vaincu, dans l'allégresse de la vengeance. Ne comptons pas trouver, pour en marquer l'excès, d'expression plus forte que Saint-Simon lui-même : le Parlement a été humilié et ramené à l'obéissance sous les yeux des *ducs* triomphants. Saint-Simon repaît ses yeux de la déconvenue de « ces bourgeois superbes, prosternés à genoux, rendant à ses pieds un hommage au trône » ; il a les yeux « fichés, collés » sur eux. « Moi, cependant, je mourais de joie. J'en étais à craindre la défaillance ; mon cœur, dilaté à l'excès, ne trouvait plus de place à s'étendre. La violence que je me faisais pour ne rien laisser échapper était infinie, et néanmoins ce tourment était délicieux... Je triomphais, je me vengeais, je nageais dans ma vengeance ; je jouissais du plein accomplissement des désirs les plus véhéments et les plus continus de toute ma vie. J'étais tenté de ne me plus soucier de rien... Les yeux des deux évêques pairs rencontrèrent les miens. J'avalai par les yeux un délicieux trait de leur joie, et je détournai les miens des leurs, de peur de succomber à ce surcroît... J'accablai le premier président de mes regards acérés et forlongés avec persévérance. L'insulte, le dédain, le mépris, le triomphe lui furent lancés de mes yeux jusqu'en ses moelles... Je me plus à l'outrager par des sourires dérobés, mais noirs, qui achevèrent de le confondre. Je me baignais dans ma joie et je me délectais à la lui faire sentir. »

C'est le délire de la haine qui enfièvre ce cerveau étroit et enflammé. Et cela est écrit dix ans après l'événement, de sang-froid, si le mot pouvait jamais s'appliquer à Saint-Simon. Il faut passer à la période révolutionnaire ou remonter à la croisade des Albigeois pour trouver pareils éclats de rage et pareille puissance de haine. Le féodal déçu, gêné, humilié, peu à peu aigri, devenu courtisan gauche, rancunier, tortueux, homme de basse cabale et de petites menées, se détend dans un furieux

transport de haine exaspérée et atroce, où il croit se relever de
tant de déboires, et qui est sa dernière bassesse. Le noble ami
d'Orléans et de Rancé a des heures où il prend l'aspect d'un
Marat en hermine.

IV

SAINT-SIMON ÉCRIVAIN.

Ses défauts ont servi à son talent. Au fond de l'homme d'intrigue toujours à l'affût, il y eut une curiosité intense toujours
en éveil. Tout en lui aiguise cette curiosité : la nécessité de
savoir, de deviner, d'arracher à chacun ce qu'il sait, et, pour
ainsi dire, ce qu'il ne sait pas ; le besoin de combiner les intrigues, et, pour cela, de connaître tout ce qui doit servir, tout ce
qui peut nuire ; le besoin de mépriser, et pour cela de lever les
masques, percer les mines, creuser les cœurs, « aller au tuf » ; le
besoin de haïr, et, pour cela, de chercher impatiemment le point
faible, le défaut dissimulé, la tare secrète, le vice intime et
honteux.

Aussi cette curiosité a-t-elle comme des regards et des serres
inévitables d'oiseau de proie. Notez les mots qui reviennent sans
cesse dans Saint-Simon : « Le regard que j'assénai sur lui »,
« j'étais tout yeux », « j'observai des yeux et des oreilles ». Il
y met son activité entière ; il y met aussi son plaisir : « *La promp-
titude des yeux à voler partout en sondant les âmes...* La combinai-
son de tout ce qu'on y remarque... Tout cet amas d'objets vifs
et de choses si importantes forme un plaisir à qui sait le prendre,
qui est un des plus grands dont on puisse jouir dans une cour. »

De tout cela a dû se former un grand moraliste ? — Non pas
précisément. Le moraliste est un esprit très réfléchi, qui a vu les
hommes, les a quittés, et ne tient à eux que par la curiosité (La
Bruyère, Pascal, par excellence La Rochefoucauld). Saint-Simon

est trop passionné pour être méditatif, « contemplteur » ; a la réflexion n'a pas le temps de naître. Il n'a jamais quitté les hommes, même dans sa retraite, toujours dévoré du désir d'action et de rôle à jouer. Aussi, d'analyse du cœur, d'anatomie à la Tacite ou à La Rochefoucauld, très peu chez lui. D'*explication* des caractères, infiniment peu : il se contente de *voir*, dans une clarté très vive, peu soucieux ou peu capable de donner la raison des choses.

En cherchant bien, on trouve quelques-unes de ces remarques qui révèlent le psychologue sous l'observateur : « Madame de Villeroy me parut propre à ce dessein par une fermeté souvent peu éloignée de la rudesse, qui, jointe au bon sens, tient quelquefois lieu d'esprit. » Mais cela est rare. Le moraliste complet est celui qui observe les hommes par une étude attentive de leurs actes, et les explique par un retour et une étude approfondie sur lui-même. Saint-Simon bien évidemment ne s'étudie pas. Il a beaucoup parlé des favoris. A-t-il trouvé le mot de la Rochefoucauld : « La haine pour les favoris n'est autre chose que l'amour de la faveur? » Il eût fallu pour cela connaître M. de Saint-Simon aussi à fond que M. de Villeroy.

Il ne peut donc pas compter comme moraliste. Il est admirable comme peintre. Ici le don de voir suffit, si l'on y ajoute une passion qui échauffe et vivifie tout. Or ce sont les deux qualités maîtresses de Saint-Simon, « curieux comme Froissart, pénétrant comme La Bruyère, et passionné comme Alceste » (Sainte-Beuve).

Toutes les manières de peindre sont dans cette étonnante galerie. On y trouve la silhouette légère, enlevée en quelques traits sobres et nets ; le grand portrait de couleur riche et de dessin large ; le dessin sec, en phrases courtes, sans une image, d'un relief incroyable pourtant ; le coup de crayon rapide, dans une incise ou une parenthèse, qui fait qu'une figure, un profil, un geste, semble percer la phrase lourde et encombrée et vous sauter aux yeux ; le tableau, où se distribue un grand ensemble dans une large lumière magnifiquement répandue.

Veut-on une caricature faite de deux traits de plume ? « Madame de Montchevreuil était une grande créature, maigre, jaune, qui riait niais, et montrait de longues vilaines dents, d'un maintien composé, à qui il ne manquait que la baguette pour être une parfaite fée. » — Veut-on une peinture décorative, à encadrer à un plafond de Versailles ; *vraie* pourtant, où le trait laid ne soit pas oublié s'il est caractéristique et, partant, donnant la vie à l'image ? « Les joues pendantes, le front avancé, de grosses lèvres *mordantes*, des cheveux et des sourcils châtain brun, fort bien plantés, des yeux les plus *parlants* et les plus beaux du monde, peu de dents et toutes pourries, le plus beau teint et la plus belle peau, peu de gorge, mais admirable, le cou long, avec un soupçon de goître qui ne lui seyait pas mal, un port de tête galant, gracieux, majestueux, et le regard de même, le sourire le plus expressif, une taille longue, ronde, menue, aisée, une marche de déesse sur les nuées. » —Voilà la duchesse de Bourgogne.

Il excelle à saisir, à marquer et à ramener dans un portrait, quelquefois trop abondant en détails, le trait de physionomie caractéristique, celui qui doit rester dans la mémoire et définir à l'esprit le personnage. Qu'était le cardinal Dubois ? « Un petit homme maigre, *effilé*, *chafouin*, à perruque blonde, à *mine de fouine ;* tous les vices combattaient en lui à qui en demeurerait le maître... Il excellait en *basses intrigues*, toujours avec un but où toutes ces démarches tendaient, *cheminant ainsi dans la profondeur et les ténèbres*, avec une patience qui n'avait de terme que le succès, à moins que, *cheminant ainsi dans la profondeur et les ténèbres*, il ne vît jour à mieux *ouvrir un autre boyau*. Il passait *ainsi sa vie dans les sapes*.... » L'animal rampant, souple, cheminant et se coulant sous terre, insaisissable et inévitable, cette image reste gravée ; et cela sans allégorie, sans métaphore pesamment et violemment prolongée, sans procédé de rhétorique, librement, négligemment, avec quelle sûreté pourtant et quelle adresse !

Les personnages les plus différents de caractère sortent aussi heureusement de la toile sous ce pinceau créateur. « L'heureux Villars, fanfaron plein de cœur » (Voltaire), est un homme tout en dehors et « porte un air qui saute aux yeux d'abord ». Il n'est pas étonnant, qu'étant si bien dans la manière de Saint-Simon, il éclate admirablement dans ces pages, que nous voyions se lever devant nous cet audacieux à la physionomie vive, ouverte, « *sortante* », avec son « effronterie », sa « fanfaronnerie », sa « magnificence de Gascon », son cynisme exubérant et hâbleur, son « activité sans pareille », sa « valeur brillante », force de la nature magnifiquement déchaînée, Danton du champ de bataille. — Mais Maulévrier, c'est le contraire, homme obscur et rentré, ambitieux, sombre, mélancolique, bilieux et amer, Didier ou Oreste du xvii⁰ siècle. Il est aussi heureusement surpris, et marqué de traits aussi forts. « Visage peu agréable, esprit fertile en intrigues sourdes, ambition démesurée allant jusqu'à la folie, dangereux à ceux qu'il aime, les faisant vivre dans des mesures et des transes mortelles », d'un empire étonnant sur lui-même pour une action concentrée, « faisant semblant d'avoir perdu la voix pendant plus d'un an sans se trahir une fois... » On réussit à l'éloigner par une mission diplomatique, et l'on respire. L'effet de ces quelques pages est une angoisse inquiète, qui peint tout l'homme, et ses victimes.

Il semble qu'on voie passer un personnage de Tacite quand il nous raconte La Rochefoucauld (le fils de l'auteur des *Maximes*, l'ami particulier de Louis XIV). La suite savante de cette biographie à larges traits est d'une grandeur sobre qu'on n'oublie point. Voilà bien *le favori*, rien que favori, tout entier dans son personnage, vivant dans son rôle, s'y attachant avec fureur quand il lui échappe, mourant de l'impossibilité de le jouer encore ; borné, glorieux, magnifique, tout en belle figure, en ajustements, en faste ; toujours en représentation ; au lever, au coucher, aux chasses, aux promenades, aux changements d'habit du Roi, toujours en scène ; « valet par l'assiduité et la bassesse », envieux des autres valets, même les plus bas ; puis s'affaiblissant, perdant la vue, sifflé et s'obstinant au théâtre, doucement congédié ; revenant encore au cabinet du Roi « par les derrières », ries, ces audaces et ces négligences incroyables : « Tacite à bride abattue ». (Sainte-Beuve.) Il le sait : « Je ne suis point un sujet académique ; je suis *emporté toujours par la matière*, et peu attentif à la manière de la rendre, sinon pour la bien expliquer. » Marmontel a un bon passage sur ce style vu d'ensemble et dans sa couleur générale : « On le voit peint dans ses Mémoires ; avec ses talents supérieurs, ses défauts et même ses vices, avec cette éloquence si pleine parfois, si véhémente et si rapide, et cette affluence de paroles qui le rend si diffus lorsqu'il est négligé ; avec ce don d'approfondir les caractères, d'en saisir toutes les nuances, de les marquer par des touches si fines et des traits si vigoureux ; et cette partialité qui exagère tout à ses yeux et lui fait tout louer et blâmer sans mesure... » Une appréciation anonyme d'un contemporain est plus précise et plus pénétrante : « Il est inutile que M. le duc de Saint-Simon désavoue cet écrit (le mémoire *pour les Ducs*), son style *laconique* [brusque, sans transitions], *dur, bouillant, inconsidéré*, lui ressemble trop pour qu'on s'y puisse méprendre. » —Familiarités, négligences, duretés, allures rudoyantes, heurtantes, étaient bien ce qui devait frapper d'abord dans cet étrange homme de génie, qui, pour reproduire le mot fameux de Chateaubriand, « *à écrit à la diable pour la postérité* ». Entrons dans le détail.

Ce style est tout entier sensation, sensation brusque, détente de nerfs. Il voit dans un éclair. La figure se détache et se découpe devant lui avec la netteté d'une projection sur un tableau noir. « Madame Pelot (dans une altercation), entre les deux poings de son adversaire, lui faisait des révérences perpendiculaires. » — « Harlay était un petit homme maigre avec un visage en losange. » — M. de Canillac monte un degré, et arrive en face d'un spectacle imprévu : « Canillac se met à monter et dépasse jusqu'un peu plus que les épaules. *Je le vois d'ici aussi distinctement qu'alors.* A mesure que la tête dépassait, il avisait cette chaise, le Roi et toute cette assistance..... Il demeura court, à regarder, la bouche ouverte, les yeux fixes... »

C'est de là que dérive, dans Saint-Simon, *l'imagination dans l'expression*. Comme chez les poètes, elle est l'effet instantané et irréfléchi d'une vision violente. Elle n'est pas la traduction d'une idée et une image. Elle est une sensation pure. — Toute image qui n'est pas une sensation n'est qu'un procédé. « Monseigneur et Madame de Bourgogne tenaient (après la mort du Grand Dauphin) une espèce de cour, et cette cour était *comme la première pointe de l'aurore.* » — « Ils étaient pleins d'attention sur eux-mêmes pour cacher leur *élargissement* et leur joie. » — « Je m'entendis appeler *comme de main en main.* » — « Une *fumée de fausseté* qui sortait malgré lui de tous ses pores. » — Nous voilà en présence d'une autre ressource de Saint-Simon : il est si peintre qu'il peint des objets immatériels : « Il avait conservé pour Mlle de La Val- lière une estime et une considération *sèches* ». — Madame des Ursins, délaissée, fréquentait à Rome le roi et la reine d'Angle- terre en exil : « C'était une idée de cour et un petit fumet d'af- faires pour qui ne s'en pouvait passer ».

Quand il ne crée pas l'expression, il la renouvelle encore, comme les poètes. Il n'a pas, il ne peut pas employer l'expression courante, usée. L'habitude de créer l'expression toute vivante ne lui ôte pas la ressource d'avoir un immense vocabulaire ; au contraire, son imagination anime sa mémoire en lui faisant sentir toute la saveur des mots une fois rencontrés. Aussi est-il plein de termes archaïques pittoresques : « La querelle s'échauf- fait et *bâtait mal* pour notre homme » ; — « cédant à des douleurs si fortes et si *prégnantes* » ; — « il était en *brassières* » ; — « c'était aussi son vrai ballot (mot des Contes de La Fontaine), et il s'en acquitta fort bien. » — Quand l'expression est à la fois pittoresque et populaire, ce qui souvent est tout un, elle est à souhait pour lui : « Le garde des sceaux parla peu, digne- ment, en bons termes, mais comme un chien qui court sur la braise. » — « D'Estrées revint à soi le premier, *se secoua, s'ébroua,* et regarda la compagnie comme un homme qui revient de l'autre monde. » — Remarquez que l'expression abstraite ne lui suffit pas. Elle est trop *réfléchie,* et le produit d'un travail de généralisation sur l'image, qui la refroidit. De là ces adjec- tifs neutres pris pour substantifs : « un sombre » (un air sombre) ;

« un étincelant, un vif » ; deux adjectifs neutres accordés ensemble : « le farouche abattu de leurs yeux ».

Les défauts d'une pareille manière d'écrire paraissent aisément. Le premier, et comme le seul, c'est qu'à des hommes qui sentent si vivement, la langue du pays dont ils sont ne suffit plus. La langue est faite par le commun des hommes. Elle est le produit de l'imagination de tous. Elle est insuffisante à ceux qui sont aux extrêmes. Elle paraît trop grossière et lourde aux raffinés : Joubert aurait voulu écrire avec des mots qui eussent été des notes de musique. Saint-Simon n'a pas de mots assez puissants, d'une couleur assez aveuglante ou d'un relief assez tranchant, pour exprimer la fureur de sa haine, l'intensité de sa joie, l'élargissement de son orgueil ou simplement la vivacité de l'image qui frappe ses yeux. Il s'aperçoit lui-même que la sensation le tyrannise et que le terme pour la rendre lui manque : « M. du Maine crevait de joie. Le terme est étrange ; mais on ne peut rendre autrement son maintien. » — « D'exprimer ce qu'un seul coup d'œil rendit dans ces moments si curieux, c'est ce qu'il est impossible de faire. »

Et en effet la langue qu'il parle le laisse en chemin, quelque violence qu'il lui fasse. Il a des métaphores qui n'aboutissent pas. L'image intérieure qui l'obsédait n'a pu trouver de signe exact dans le répertoire de signes qui est le vocabulaire : « Les mesures immenses à décrier ce prince sur toutes sortes de points, pour former contre lui une voix publique dont ils pussent s'appuyer auprès de Monseigneur, et en cueillir les fruits qu'ils s'étaient proposés .. ». Il a des syntaxes inextricables comme des broussailles : trop de choses se présentent à la fois à sa pensée, toutes urgentes et impérieuses ; et à les distribuer sagement, il ralentirait leur mouvement qui l'entraîne ; et à les faire attendre, il les laisserait comme refroidir ; il les entasse violemment dans une phrase touffue, fourmillante et impénétrable.

Ce style tout de sensations était absolument nouveau. La Bruyère, avec le style coupé, annonce le xviiie siècle. Avec son style où passent toutes les vibrations de nerfs surmenés,

Saint-Simon annonce certains écrivains du xix° siècle. Michelet le rappelle souvent. Chez d'autres, venus depuis, ce style est devenu procédé, et, à son tour, s'est fait une rhétorique. Il est absolument dangereux à imiter. Souvent admirable chez Saint-Simon, il lui est propre comme son tempérament lui-même. Il faut aller l'étudier chez lui, et l'y laisser. Les grands artistes feront comme lui sans le copier. Ils sentiront très vivement, et lutteront contre la langue rebelle, profitant de toutes ses ressources, et y ajoutant, l'assouplissant et la renforçant, pour trouver l'expression des sensations qui abonderont dans leur âme.

Ils seront peut-être plus heureux, même comme artistes, que Saint-Simon. Car s'il est vrai que le sentiment vif de la vie est le fond de l'artiste, il n'est pas encore l'artiste tout entier. Une certaine aptitude à dominer ses sensations sans qu'elles s'affaiblissent ou se glacent, le don de se prêter aux choses tout entier, sans se donner pourtant à elles, et de savoir se reprendre au moment qu'on veut, pour les exprimer; l'adresse de les posséder sans qu'elles vous possèdent; la sérénité de l'esprit au milieu de l'orage du cœur, la pleine possession de la pensée au-dessus du magnifique tumulte des sensations qui obsèdent et envahissent, voilà ce qui fait l'artiste complet et supérieur. Saint-Simon a été trop tyrannisé par ses forces mêmes pour les convertir en génie. Il reste un homme admirablement doué, qui nous montre des parties brillantes de grand artiste.

TABLE DES MATIÈRES

FIN DE LA TABLE DES MATIÈRES.

Poitiers. — Imprimerie Oudin.